高职高专电子信息类“十三五”规划教材

虚拟仪器与 LabVIEW 程序设计

主　编　陈　栋　　崔秀华

参　编　陈　勇

西安电子科技大学出版社

内 容 简 介

本书系统介绍了虚拟仪器的概念和图形化编程语言 LabVIEW 编程技术。全书共分为 9 章，内容包括虚拟仪器的基本概念、LabVIEW 开发平台以及虚拟仪器程序的创建、结构、数组、簇、波形图、波形图表、字符串和文件控制、仪器控制等。书中通过大量实例和练习介绍 LabVIEW 的基本原理和虚拟仪器编程技术，从而更好地帮助学生运用虚拟仪器技术。

本书可作为高职高专院校测试技术、仪器仪表、工业控制、电气、机电等专业的教材，也可供相关专业的工程技术人员参考。

图书在版编目(CIP)数据

虚拟仪器与 LabVIEW 程序设计/陈栋，崔秀华主编.

—西安：西安电子科技大学出版社，2017.2(2020.1 重印)

高职高专电子信息类“十三五”规划教材

ISBN 978–7–5606–4355–7

Ⅰ. ① 虚…　Ⅱ. ① 陈…　② 崔…　Ⅲ. ① 虚拟仪表—高等职业教育—教材　② 软件工具—程序设计—高等职业教育—教材　Ⅳ. ① TH86　② TP311.56

中国版本图书馆 CIP 数据核字(2016)第 276183 号

策　　划　陈　婷

责任编辑　陈　婷

出版发行　西安电子科技大学出版社(西安市太白南路 2 号)

电　　话　(029)88242885　88201467　　邮　　编　710071

网　　址　www.xduph.com　　电子邮箱　xdupfxb001@163.com

经　　销　新华书店

印刷单位　咸阳华盛印务有限责任公司

版　　次　2017 年 2 月第 1 版　　2020 年 1 月第 2 次印刷

开　　本　787 毫米×1092 毫米　1/16　印　张　13.5

字　　数　316 千字

印　　数　3001～5000 册

定　　价　32.00 元

ISBN 978-7-5606-4355-7/TH

XDUP 4647001-2

前　　言

虚拟仪器的概念最早是由美国国家仪器(NI)公司在 1986 年提出的，同时，NI 公司推出了图形化的虚拟仪器开发环境 LabVIEW。虚拟仪器是计算机技术与仪器技术完美结合的产物，代表了仪器的发展方向。LabVIEW 具有直观、易学、易用等特点，是测控领域工程师进行虚拟仪器开发的工业标准软件。

近几年，LabVIEW 在国内普及和应用的速度不断加快，许多理工科院校都已开设了 LabVIEW 和虚拟仪器的相关课程，并建立了相关的虚拟仪器实验。虚拟仪器技术在教学实验和科研中起着越来越重要的作用。

本书主要介绍虚拟仪器的相关知识和 LabVIEW 编程技术。为了帮助读者快速轻松地运用 LabVIEW 编程技术，充分享受虚拟仪器带来的灵活性和便捷性，本书内容编排由浅入深、循序渐进，对编程各知识点讲解透彻，并在各章节穿插了大量简单的实例和练习，便于初学者自学。全书共分为 9 章，第 1 章～第 5 章为 LabVIEW 编程基本知识；第 6 章介绍了 LabVIEW 的数据采集技术；第 7 章介绍了仪器控制的基本知识，基于仪器控制技术读者可以开发自动化测试软件；第 8 章介绍了 LabVIEW 的实用编程技术；第 9 章主要介绍了虚拟仪器(如双踪虚拟示波器及电压、电流、电阻测量仪)的设计过程。

本书由南京信息职业技术学院陈栋、崔秀华主编；中国质量认证中心南京分中心陈勇工程师对全书提出了很多中肯的建议；陈栋负责统稿工作，并对书中实例给出了很好的建议。

由于编者水平有限，书中不妥之处在所难免，真诚希望广大读者给予批评指正(邮箱：chendong.dz@njcit.cn)。

编　者

2016 年 6 月于南京

目　录

第 1 章　虚拟仪器概述

本章主要介绍虚拟仪器的基本概念、LabVIEW 开发平台，以及基于虚拟仪器技术的测试系统的构建。

- 虚拟仪器的基本概念
- LabVIEW 开发平台
- 基于虚拟仪器技术的测试系统

1.1　虚 拟 仪 器

虚拟仪器是计算机硬件资源、仪器与测控系统硬件资源和虚拟仪器软件资源三者的有效结合。本节将主要介绍测量仪器的发展历程，虚拟仪器的基本概念、基本功能及组成等基本知识。

1.1.1　测量仪器的发展历程

测量仪器发展至今，大体经历了四代发展历程，即模拟式仪器、数字式仪器、智能仪器、虚拟仪器。

第一代模拟式仪器通常又称为指针式仪器，是用指针和刻度板(盘)或记录笔和记录纸之间的相对移动，由长度或角度的变化位置来表征生产过程变量(被测值)的显示仪器，如图 1.1(a)所示的电流表。这一代仪器应用和处理的信号均为模拟量，常用的模拟仪器有电压表、电流表、功率表等，其特点是：体积大，功能简单，精度低，响应速度慢。

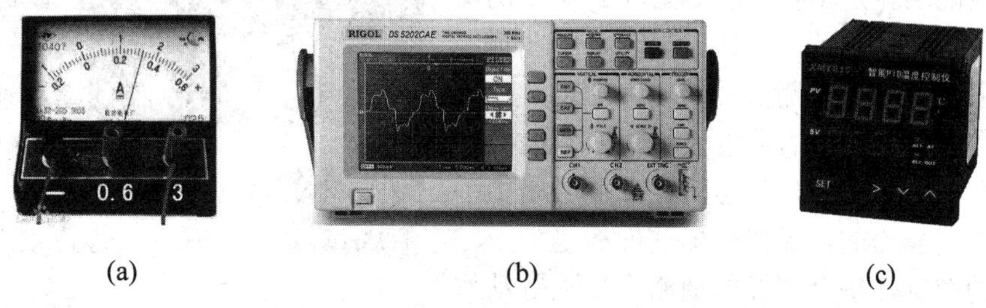

(a)　　(b)　　(c)

图 1.1　模拟式仪器、数字式仪器和智能仪器

第二代数字式仪器是含有数字逻辑电路或微处理器件的测量仪器，基本工作原理是将待测的模拟信号转换成数字信号并进行测量，测量结果以数字形式输出显示，如图 1.1(b)所示的数字示波器。目前常用的数字式仪器有数字示波器、数字电压表、数字频率计等。与第一代模拟式仪器相比，数字式仪器具有精度高，速度快，读数清晰、直观的特点，其

结果既能以数字形式输出显示，还可以通过打印机打印输出。此外，由于数字信号便于远距离传输，因此数字式仪器适用于遥测遥控。

第三代智能仪器是含有微型计算机或者微型处理器的测量仪器，拥有对数据的存储、运算、逻辑判断及自动化操作等功能，如图 1.1(c)所示的智能温度控制器。这一代仪器是计算机科学、通信技术、微电子学、数字信号处理、人工智能、超大规模集成电路等新兴技术与传统电子仪器相结合的产物。近年来，智能仪器凭借其体积小、功能强、功耗低等优势，迅速地在家用电器、科研单位和工业企业中得到了广泛的应用，如能够自动进行差压补偿的智能节流式流量计，能够进行程序控温的智能多段温度控制仪等。目前智能仪器正向着微型化、人工智能化、网络化等趋势发展。

虚拟仪器是测量仪器仪表发展的新阶段，是现代计算机技术和测量技术相结合的产物，是传统仪器观念的一次巨大变革，是将来仪器发展的一个重要方向。计算机和仪器的结合有两种方式：一种方式是计算机装入仪器，智能化仪器就是其典型的例子。随着计算机功能的日益强大以及其体积的日趋缩小，这类仪器的功能也越来越强大，目前已经出现含有嵌入式系统的仪器。另一种方式是将仪器装入计算机，以通用的计算机硬件及操作系统为依托，用软件来实现各种仪器的功能，即虚拟仪器(Virtual Instrument，VI)。

1.1.2 虚拟仪器的基本概念

虚拟仪器是指在以计算机为核心的硬件平台上，功能由用户设计和定义，虚拟仪器面板，其测试功能由测试软件实现的一种计算机仪器系统。虚拟仪器技术就是利用高性能的模块化硬件，结合高效灵活的软件来完成各种测试、测量和自动化的应用。灵活高效的软件能帮助用户创建完全自定义的用户界面，模块化的硬件能方便地提供全方位的系统集成，标准的软硬件平台能满足对同步和定时应用的需求。

虚拟仪器概念最早是由美国国家仪器(NI)公司在 1986 年提出的，同时，NI 公司推出了图形化的虚拟仪器开发平台 LabVIEW，标志着虚拟仪器设计软件平台基本形成，虚拟仪器从概念构思变为工程师实现的具体对象。“虚拟”主要包含两个方面的含义：

(1) 虚拟仪器的面板是虚拟的。虚拟仪器面板上各种“图标”与传统仪器面板上的各种“器件”所完成的功能是相同的，如图 1.2 所示的虚拟示波器，由各种开关、按钮、显示器等图标实现仪器电源的通断、被测信号的输入通道、放大倍数等参数设置及结果的数值显示、波形显示等。而传统仪器面板上的器件都是实物，而且是由手动和触摸进行操作的。虚拟仪器前面板是外形与实物相像的图标，每个图标的通断、放大等动作都是通过用户操作计算机鼠标或键盘来完成的。

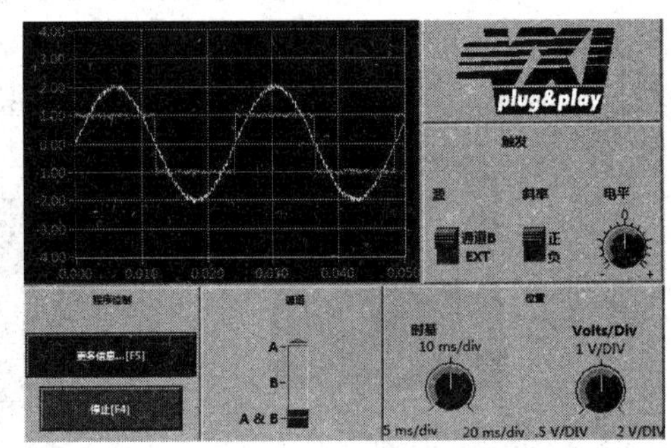

图 1.2　虚拟示波器

(2) 虚拟仪器测量功能是通过软件来实现的。如图 1.2 所示的虚拟示波器，其功能都是通过软件编程实现的，而传统仪器则由硬件电路实现，这是虚拟仪器与传统仪器的本质区别。NI 公司提出了“软件就是仪器”(Software is an Instrument)的本质表述。目前常用的可视化编程语言 Visual C++、Visual Basic 等都可以用作虚拟仪器的软件开发环境，而以 NI

公司的 LabVIEW 为代表的新一代图形化编程语言环境是目前开发虚拟仪器应用最广泛的软件平台。

1.1.3　虚拟仪器与传统仪器的比较

传统仪器由仪器厂商定义其功能，仪器一旦出厂，其功能就被确定。用户要修改仪器的功能需要先研究原仪器的电路图，再设计原理图，最后修改电路。由于现在电路基本是集成功能的，所以给电路的修改形成了一个屏障。在这样的环境下，用户自己修改传统仪器功能的成本很高。

虚拟仪器彻底改变了传统仪器由生产厂家定义功能的模式，而是在少量附加硬件的基础上由用户定义仪器功能。因为它的运行主要依赖软件，所以修改或增加功能、改善性能都非常灵活，也便于利用 PC 的软硬件资源和直接使用 PC 的外设和网络功能。虚拟仪器不但造价低，而且通过修改软件可增加它的适应性，从而延长它的生命周期，是一种具有很好发展前景的仪器。

虚拟仪器与传统仪器的比较见表 1-1。

表 1-1　虚拟仪器与传统仪器的比较

	传 统 仪 器	虚 拟 仪 器
仪器定义	厂家	用户
功能设定	功能特定，与其他设备连接受到限制	面向应用的系统结构，可方便地与网络设备、外设和其他设备连接
关键环节	硬件	软件
开放性	封闭式系统，功能固定，不能改变	基于计算机技术的开放式系统，灵活的软件功能模块
性能价格比	低	高，可重复使用
技术更新速度	慢(周期5～10年)	快(周期1～2年)
开发维护	开发维护费用高	软件结构，节省费用

1.1.4　虚拟仪器的基本功能

虚拟仪器的基本功能与传统仪器的类似，也是由信号采集与控制、信号分析与处理和结果表达与输出三大功能模块组成的，基本功能组成如图 1.3 所示。虚拟仪器的这些功能单元是利用现有的计算机，配以必要的硬件和专用软件实现的。

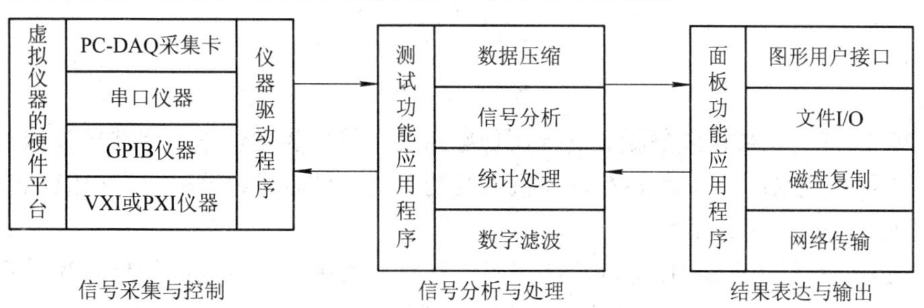

图 1.3　虚拟仪器的基本功能组成

1. 信号采集与控制功能

对被测信号进行控制和采集是虚拟仪器的基本功能。此项功能主要由虚拟仪器的硬件平台完成。仪器硬件可以是基于 PC 的数据采集卡及必要的外围电路，或者是带标准总线接口的仪器，如 GPIB、VXI、PXI 仪器和串口仪器等。

2. 信号分析与处理功能

信号分析与处理功能主要由测试功能应用程序完成的。虚拟仪器充分利用了计算机的高速存储、运算功能，并通过软件实现对输入信号的分析处理，如数字滤波、统计处理、数值计算、信号分析、数据压缩、模式识别等数字信号处理。

3. 结果表达与输出功能

结果表达与输出功能主要由面板功能应用程序完成。虚拟仪器充分利用计算机的人机对话功能，完成仪器的各种工作参数的设置，如功能、频段、量程等参数的设置，对测量结果的表达与输出有多种方式，如屏幕显示，电、磁、光存储，绘图打印，网络传输等。

1.1.5 虚拟仪器的基本组成

虚拟仪器由通用仪器硬件平台(简称硬件平台)和软件两大部分组成。

1. 硬件平台

硬件平台包括计算机和 I/O 接口设备两部分。

1) 计算机

计算机是硬件平台的核心。

2) I/O 接口设备

I/O 接口设备主要完成待测输入信号的采集、放大和模/数转换等。根据其接口设备的不同，虚拟仪器构成方式主要有 5 种类型，如图 1.4 所示。

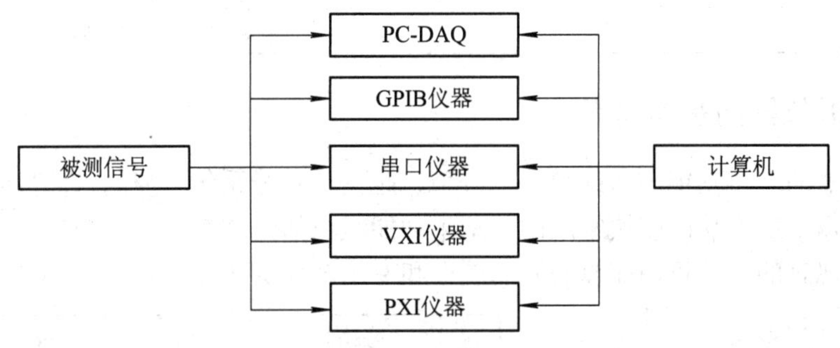

图 1.4 虚拟仪器的构成方式

(1) PC-DAQ：以数据采集板、信号调理电路及计算机为硬件平台组成的插卡式虚拟仪器系统，这种系统采用 PCI 或 ISA 计算机本身的总线，只需将数据采集卡/板(DAQ)插入计算机机箱的空槽内即可使用。

(2) GPIB 仪器：以 GPIB 标准总线仪器与计算机为硬件平台组成的仪器测试系统。

(3) 串口仪器：以 Seria1 标准总线仪器与计算机为硬件平台组成的仪器测试系统。

(4) VXI 仪器：以 VXI 标准总线仪器与计算机为硬件平台组成的仪器测试系统。

(5) PXI 仪器：以 PXI 标准总线仪器与计算机为硬件平台组成的仪器测试系统。

无论是哪种 VI 系统，都是通过应用软件将仪器硬件与计算机相结合，其中 PCI-DAQ 测量系统是最廉价的方式，它是构成 VI 系统的最基本的方式。

2. 软件

一套完整的虚拟仪器系统的软件结构一般来说分为 4 层。

1) 测试管理层

用户使用虚拟仪器生产厂商开发的程序，组成自己的一套测试仪器，这是虚拟仪器的优点之一，它可以方便地使用户根据自己的需要，建立自己的测试仪器。

2) 应用程序开发层

用户可以用由生产商提供的软件开发工具(如 NI 公司的 LabVIEW 软件、LabWindows/CVI 软件)进行深层开发，以扩展仪器原有的功能。

3) 仪器驱动层

仪器驱动程序是完成对某一特定仪器的控制与通信的软件程序集合，它负责处理与某一专门仪器通信和控制的具体过程，将底层的复杂的硬件操作隐蔽起来，封装了复杂的仪器编程细节，为用户使用仪器提供了简单的函数调用接口，是应用程序实现仪器控制的桥梁。用户在应用程序中调用仪器驱动程序，进行仪器系统的操作与设计，简化了用户的开发工作。

仪器驱动程序由生产商开发，针对不同类型的仪器有不同的驱动程序接口。为给用户提供方便、易用的仪器驱动程序，泰克公司、惠普公司等 35 家国际知名的仪器公司成立了 VXI Plug & Play 系统联盟，并推出 VISA(Virtual Instrument Software Architecture)标准。

4) I/O 总线驱动层

I/O 接口软件位于仪器设备(即 I/O 接口设备)与仪器驱动程序之间，是一个完成对仪器寄存器进行直接存取数据操作，并为仪器设备与仪器驱动程序提供信息传递的底层软件，是实现虚拟仪器系统的基础。

1.1.6　虚拟仪器无处不在

世界上 85% 的 500 强企业已经选择了虚拟仪器技术。2008 年北京奥运会使用虚拟仪器技术构建了 SHM 系统来监控北京国家体育馆(鸟巢)的稳定性、可靠性和使用寿命。波音(Boeing)公司借助虚拟仪器技术在短短半年内开发了低价位的高通道同步测试系统，用以测量新型商用喷气客机设计在降低飞行噪音中的效果。像这样的案例非常多，NI 提供的软硬件产品应用遍布机械、电子、通信、教育、科研等各个行业领域，具体应用案例可访问 NI 公司网站 http://sine.ni.com/cs/app/main/p/lang/zhs。

1.2　LabVIEW 开发平台

本节将通过介绍 LabVIEW 的特点、前面板、程序框图、菜单栏等，让读者对 LabVIEW 环境有一个初步的认识。

1.2.1 LabVIEW 简介

LabVIEW(Laboratory Virtual Instrument Engineering Workbench)是一种图形化编程语言，类似于 C 和 Basic 编程语言，广泛地被工业界、学术界和研究实验室所接受，视为标准的数据采集和仪器控制软件，也是目前应用最广、发展最快、功能最强的图形化软件集成开发环境。

LabVIEW 使用的是图形化编程语言(即“G”语言)，编写程序产生的程序是框图的形式，它尽可能利用了技术人员、科学家、工程师所熟悉的术语、图标和概念，简化了虚拟仪器系统的开发过程，缩短了系统的开发和调试周期，它将用户从烦琐的计算机代码编写中解放出来，使用户可以将大部分精力投入到系统设计和分析当中，而不再拘泥于程序细节。因此，LabVIEW 是一个面向最终用户的工具，它可以增强构建自己的科学和工程系统的能力，提供了实现仪器编程和数据采集系统的便捷途径。使用 LabVIEW 进行原理研究、设计、测试并实现仪器系统时，可以大大提高工作效率。

LabVIEW 集成了满足 GPIB、VXI、RS-232 和 RS-485 协议的硬件及数据采集卡通信的全部功能，它还内置了便于应用 TCP/IP、ActiveX 等软件标准的库函数。LabVIEW 的函数库包括数据采集、GFIB、串口控制、数据分析、数据显示及数据存储等。LabVIEW 也有传统的程序调试工具，如设置断点、以动画方式显示数据及其通过程序(子 VI)的结果、单步执行等，便于程序的调试。因此，LabVIEW 是一个功能强大且灵活的软件，利用它可以方便地建立自己的虚拟仪器，其图形化的界面使得编程及使用过程都生动有趣。

利用 LabVIEW，可产生独立运行的可执行文件，LabVIEW 具有真正的 32 位编译器。像许多重要的软件一样，LabVIEW 提供了 Windows、UNIX、Linux、Macintosh 的多种版本。

LabVIEW 软件自 1986 年第一个版本问世以来，就以其图形化的编程理念在业界引起了广泛的关注。近些年，NI 的研发团队不断带来功能上的改进和扩展，使这一软件平台一直保持着创新的发展历程，每年都会发布新的软件版本，2015 年 8 月发布了 LabVIEW 2015 版本，其启动界面如图 1.5 所示。

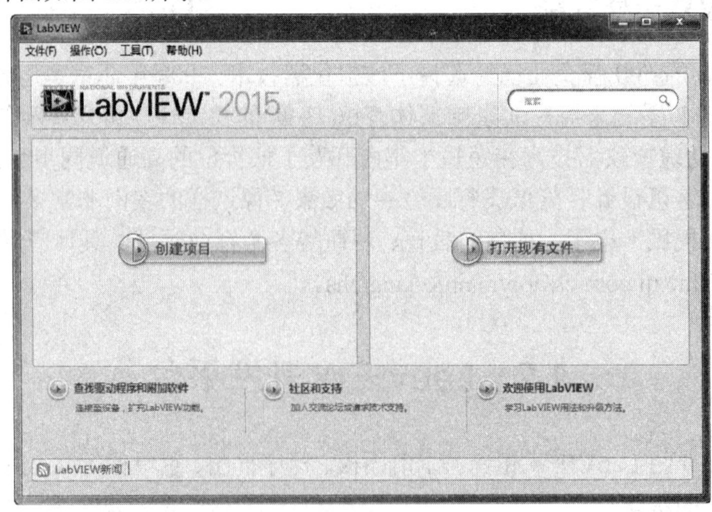

图 1.5　LabVIEW 2015 的启动界面

文件的新建窗口可以新建空白 VI、项目以及基于模板的 VI 和全局变量等，如图 1.6 所示。文件打开窗口可以打开最近打开过的 VI 以及通过浏览对话框打开指定路径的 VI。

单击【文件】→【新建】→【VI】，则会弹出一个未命名空白的 VI 编辑窗口，即前面板，如图 1.7 所示。

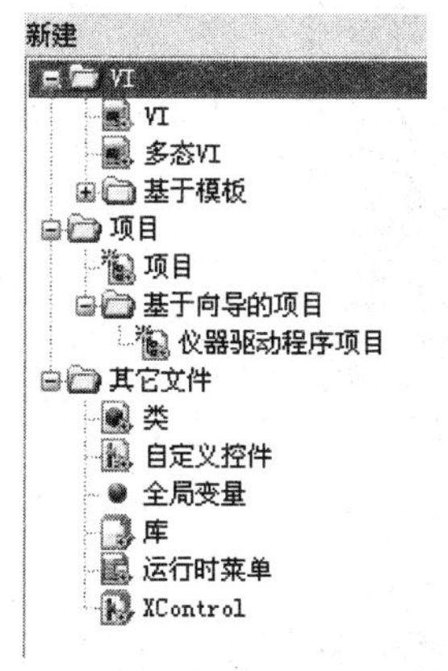

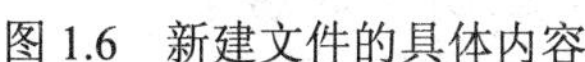
图 1.6　新建文件的具体内容

图 1.7　前面板编辑窗口

单击前面板菜单栏中的【窗口】→【显示程序框图】，则会显示程序框图编辑窗口，如图 1.8 所示。

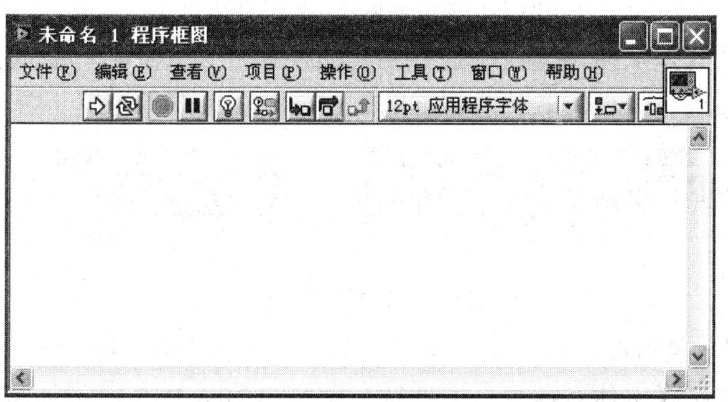

图 1.8　程序框图编辑窗口

可以使用快捷键 Ctrl+E 在前面板和程序框图两个窗口间进行切换。

设计一个虚拟仪器需在两个窗口中进行：第一个是前面板编辑窗口；第二个是程序框图编辑窗口。1.2.2 和 1.2.3 节将对它们进行详细介绍。

1.2.2　前面板

前面板，即 VI 的虚拟仪器面板，用来在计算机屏幕上模拟出真实仪器的操作面板或图形显示控件，从而实现交互式用户操作的人机对话界面。前面板由输入控件和显示控件组成，这些控件是 VI 的输入/输出端口。输入控件是指旋钮、按钮、转盘等输入装置。显示控件是指图表、指示灯等显示装置。输入控件模拟仪器的输入装置，为 VI 的程序框图提供数据。显示控件模拟仪器的输出装置，用以显示程序框图获取或生成的数据。图 1.9 所示为“找最大值.vi”的前面板。

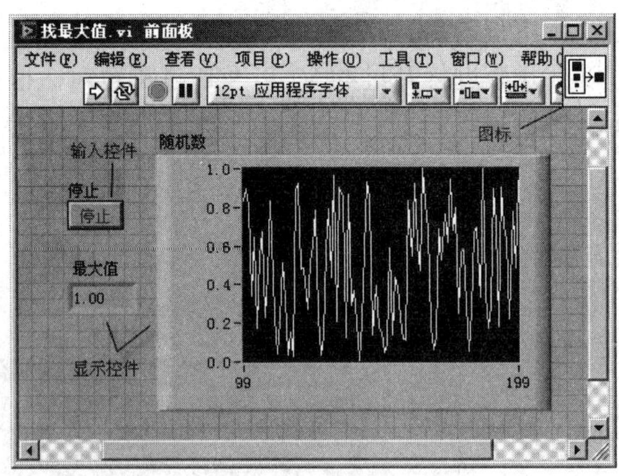

图 1.9　前面板

前面板窗口所见的操作工具如图 1.10 所示，包括主菜单栏(在 1.2.5 小节中介绍)、编辑运行工具(在 2.5 节中介绍)、对象设置工具、隐藏/显示即时帮助窗口。

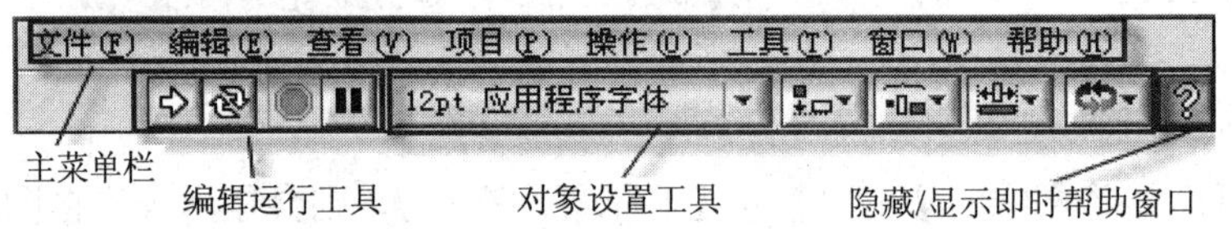

图 1.10　前面板窗口的操作工具

前面板的设计就是从控件选板中选择相应的控件将其放置到前面板，再由前面板配置工具对前面的对象进行大小、颜色及位置的配置。前面板对象配置工具如图 1.11 所示。

图 1.11　前面板对象配置工具

(1) 文本设置工具可以设置对象的字体、字体大小、字体式样、字体颜色等，如图 1.12 所示。如果用户选择【字体对话框...】选项，则弹出如图 1.13 所示的窗口。在该窗口中，用户可以设置前面板默认字体或程序框图默认字体的格式、字体、大小、对齐方式及颜色。

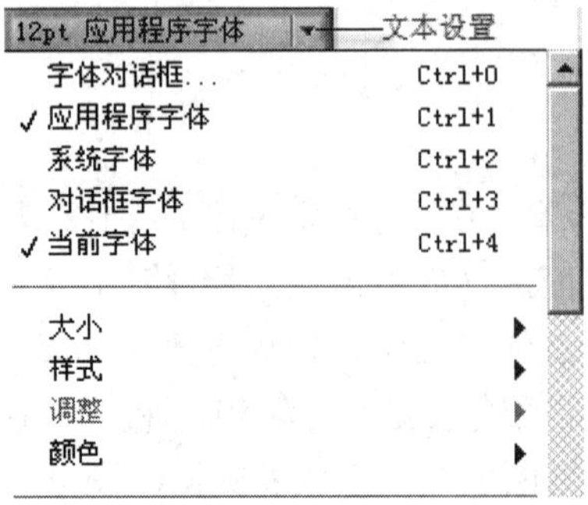

图 1.12　文本设置工具

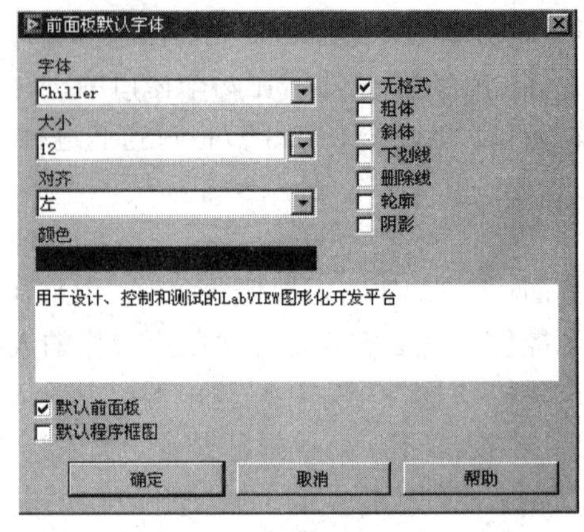

图 1.13　前面板/程序框图默认字体设置窗口

(2) 对象对齐工具可以将多个对象左、右、上、下边缘对齐，垂直中心和水平居中。

(3) 对象分布工具可以将对象进行垂直方向的上边缘、下边缘、垂直间隔及垂直压缩的分布，或者将对象进行水平方向的左边缘、右边缘、水平间距及水平压缩的分布。

(4) 调整对象大小工具可以设置对象的最大、最小宽度和高度以及设置对象的宽度和高度为需要值。对象设置的 3 个工具如图 1.14 所示。

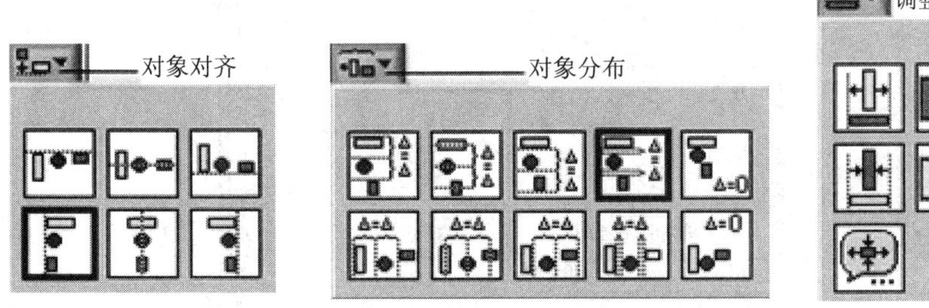

图 1.14　对象设置的 3 个工具

(5) 重新排序工具用于前面板多个对象的组合、锁定及重叠对象的前后重叠位置的安排，如图 1.15 所示。

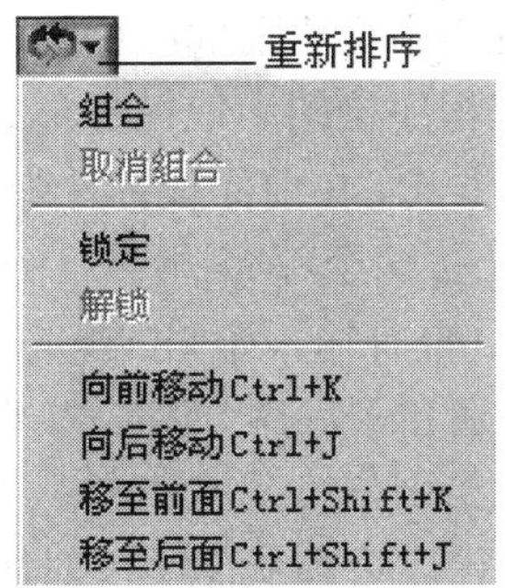

图 1.15　重新排序工具

假设在前面板上先放置一个数值输入控件，为了装饰前面板，在放置数值输入控件的位置放置一个上凸盒。此时，数值输入控件被上凸盒覆盖，用户可先选择上凸盒，再选择【向后移动】或【移至后面】工具将重叠的对象移开，如图 1.16 所示。

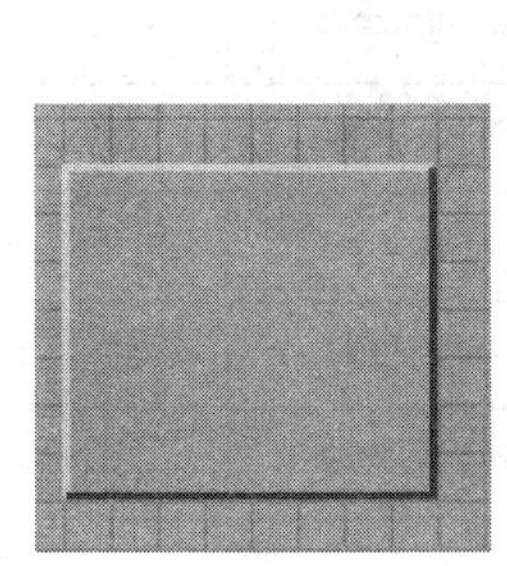
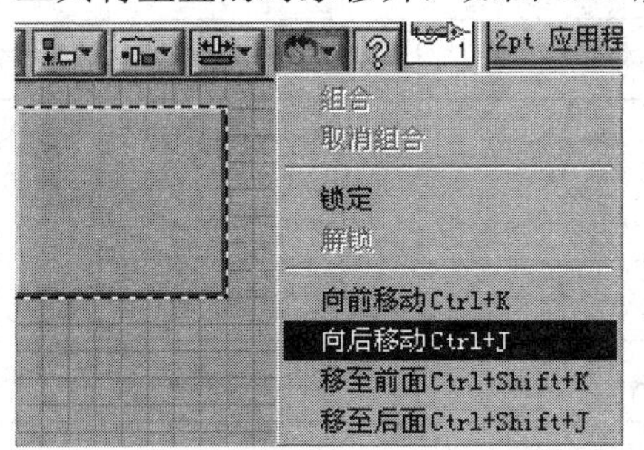

图 1.16　重叠对象前后移动举例

1.2.3　程序框图

程序框图是用户为完成特定功能而编写的程序，即 VI 的图形化源代码(又称 G 代码或程序框图代码)。其包含前面板对象在程序框图界面所对应的接线端、节点(程序框图上的对象)、连线以及结构。程序框图是 VI 测试功能软件的图形化表述。图 1.17 所示为程序框图。

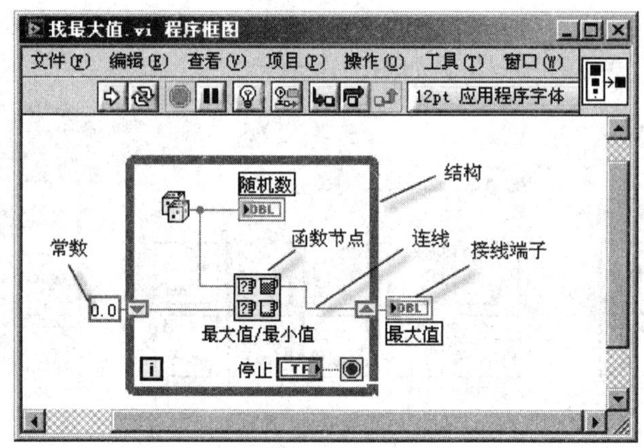

图 1.17　程序框图

(1) 接线端：在前面板和程序框图之间交换信息的输入/输出端口，用以表示输入控件或显示控件的数据类型。在程序框图中可将前面板的输入控件或显示控件显示为图标或接线端。默认状态下，前面板对象在程序框图中以图标形式显示。可以通过右击对象，单击【显示为图标】改变接线端的显示方式。在前面板控件中输入的数据(如图 1.17 中布尔型输入控件“停止”)将通过控件接线端传输至程序框图。

(2) 节点：程序框图上的对象，带有输入/输出端，在 VI 运行时进行运算。节点相当于文本编程语言中的语句、运算、函数和子程序。图 1.17 中的“最大值/最小值”函数即是一个节点。

(3) 连线：对程序框图对象进行连接，从而实现对象之间的数据传递。每根连线只有一个数据源，但可以与多个读取该数据的 VI 和函数连接。不同的数据类型的连线有不同的颜色、粗细和样式，如表 1-2 所示。

表 1-2　不同数据类型的连线颜色及样式

数据类型	标量	一维数组	二维数组	颜色
整型				蓝色
浮点型				橙色
布尔型				绿色
字符串				粉红色
文件路径				青色

断开的连线显示为黑色的虚线，中间有个红色的×，如图 1.18 所示。出现断线的原因有很多，例如连接数据类型不兼容的两个对象时就会产生断线，或者出现多个数据源错误。断线中的箭头表示数据流方向，箭头的颜色代表流过连线数据的数据类型。

图 1.18　断线

对象之间的连线可以采用自动连线和手动连线。

当工具选板中选择自动选择工具时，在 LabVIEW 编程环境中为自动连线方式。自动连线只有在添加了新的节点时才有效。当向程序框图中添加节点时，若其输入或输出接线端与其他对象的输入或输出接线端比较靠近，则会显示自动连线的线段，如果此时移动鼠标，则自动连线消失，单击鼠标后完成自动连线，如图 1.19 所示。

在自动连线方式下编程，添加节点时，LabVIEW 将在已有对象中与该节点较近且数据类型匹配的接线端自动连线，而且可以通过空格键来切换自动连线/非自动连线，如图 1.20 所示。

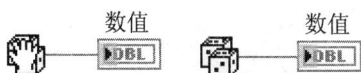

图 1.19　自动连线　　图 1.20　通过空格键实现自动连线/非自动连线的切换

单击工具选板中的按钮，将光标放置在程序框图对象或连线上时，对象或连线处于闪烁状态。单击对象并移动鼠标，出现一条随鼠标移动的虚线，该虚线为连线的一部分，根据程序框图中对象的不同位置，该虚线可以自动转折。如果需要人为设置转折点，只需在需要放置转折点处单击鼠标左键即可。当该虚线到达目标对象时，目标对象同样也处于闪烁状态，用鼠标左键单击该对象完成从一个对象至另一个对象的连线，如图 1.21 所示。

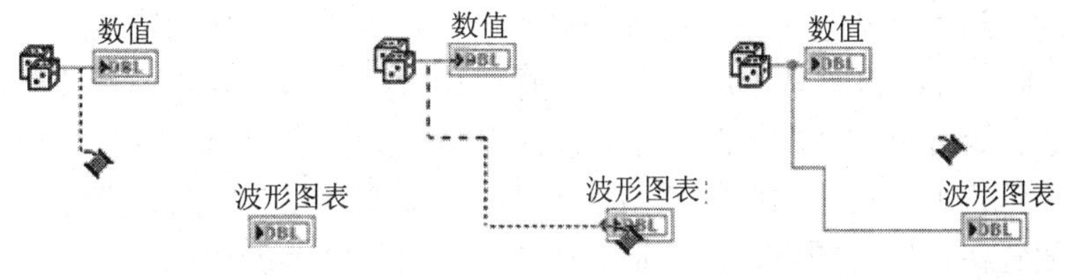

图 1.21　手动连线

在连线的过程中，有时会连错线或出现断线，此时需要移动或删除断线。由于连线只有水平和垂直两种状态，当程序框图的连线较多时，为了使程序框图清晰、可读性强，需要对连线做一定的编辑操作。

在自动选择工具或定位工具状态下，鼠标左键单击某段连线，则该连线变为流动虚线，表示选中该段连线，如图 1.22 所示。鼠标左键双击某段连线，则选中该连线的一个分支，如图 1.23 所示。鼠标左键连续单击 3 次某段连线，则选中全部连线，如图 1.24 所示。

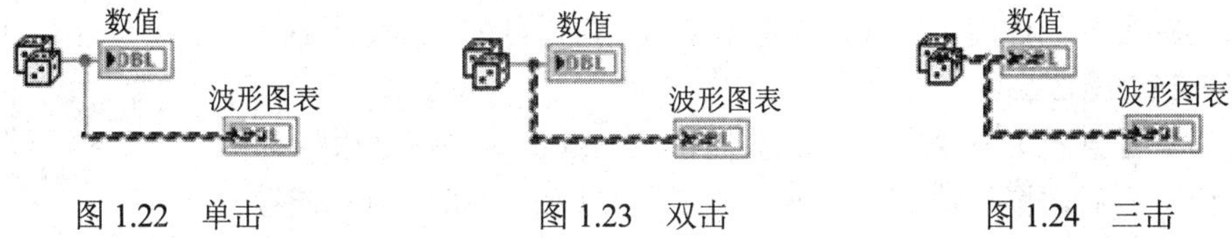

图 1.22　单击　　图 1.23　双击　　图 1.24　三击

已经被选中的连线可以用键盘上的删除键实现删除操作，也可以通过鼠标移动所选中的线。通过右键单击连线，可以从快捷菜单中选择删除连线分支删除不正确的连线，如图 1.25 所示。

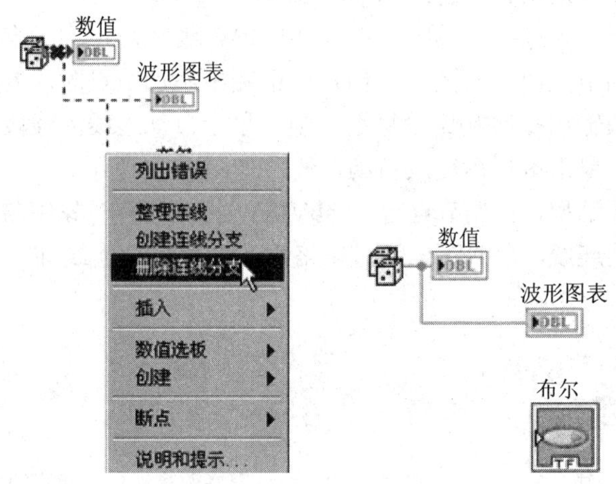

图 1.25　右键单击连线选择删除连线分支删除错误的分支连线

如果断线较多或不易发现时，可以通过选择菜单【编辑/删除端线】，或使用快捷键 Ctrl + B 删除所有断线。但是当有多个对象之间进行连线时，出现断线的连线段并不一定就是错误的连线，其可能是多个连线段中的某一段有问题，这时可以通过单击运行按钮查看错误列表，从而准确地确定错误连线，减少不必要的重复连线操作。

如果程序框图的连线比较混乱，用户可以右击连线，在快捷菜单中选择【整理连线】，将显示不清楚的连线清楚地显示出来。该功能不能修改连线中出现的错误。

(4) 结构：是传统编程语言中的循环、选择结构等的图形化表示。程序框图中使用结构可以对代码进行重复操作、有条件执行或按特定顺序执行等。LabVIEW 中除了拥有 C 语言中所有的程序结构外，还有一些特殊的程序结构，如事件结构、公式节点等。LabVIEW 中的程序结构放置在程序框图中，其外形一般是大小可以调节的边框。

程序框图的设计就是将函数选板上的结构、函数节点和前面板对象在程序框图的接线端按照一定的方式和顺序用连线连接起来。在程序框图的设计过程中可以借助于即时帮助窗口来查看结构或函数节点的使用方法，具体见 1.2.6 节。

1.2.4　工具选板、控件选板和函数选板

以上介绍的前面板和程序框图的设计都离不开 LabVIEW 平台的 3 个选板：工具选板、控件选板和函数选板。

1. 工具选板

工具选板提供各种用于创建、修改和调试 VI 程序的工具。工具选板如图 1.26 所示。

图 1.26　工具选板

单击菜单【查看】→【工具选板】显示工具选板。当从选板内选择了任一种工具后，鼠标箭头就会变成该工具相应的形状。当从查看菜单下选择了“显示及时帮助”功能后，把工具选板内选定的任一种工具光标放在框图程序的子程序或图标上，就会显示相应的帮助信息。其各个工具图标的功能如表 1-3 所示。

表 1-3　工具选板中各个工具图标的功能

名　称	图 标	功　　能
自动选择工具		使用该工具编辑前面板和程序框图时，会自动根据编辑需要变为以下某个工具的功能
操作工具		操作前面板的输入和显示控件。使用它向数字或字符串控制中键入值时，工具会变成标签工具的形状
定位工具		用于选择、移动或改变对象的大小。当它用于改变对象的连框大小时，会变成相应形状
标签工具		用于输入标签文本或者创建自由标签。当创建自由标签时，它会变成相应形状
连线工具		连接程序框图上的对象。如果打开帮助窗口，把该工具放在任一条连线上，就会显示相应的数据类型
对象快捷菜单工具		单击鼠标左键可以弹出对象的弹出式菜单
滚动工具		使用该工具就可以不需要使用滚动条而在窗口中漫游
断点工具		使用该工具在VI的框图对象上设置断点
探针工具		在程序框图内的数据流线上设置探针。通过探针窗口来观察该数据流线上的数据变化
获取颜色工具		获取颜色用于编辑其他对象
上色工具		定义对象颜色，也可以定义对象的前景色和背景色

注：在编程时建议使用自动选择工具，这样可以减少工具的切换时间。

2．控件选板

控件选板用于前面板的编辑，其中包含各种各样的输入/输出控件和装饰图形。控件选板如图 1.27 所示。

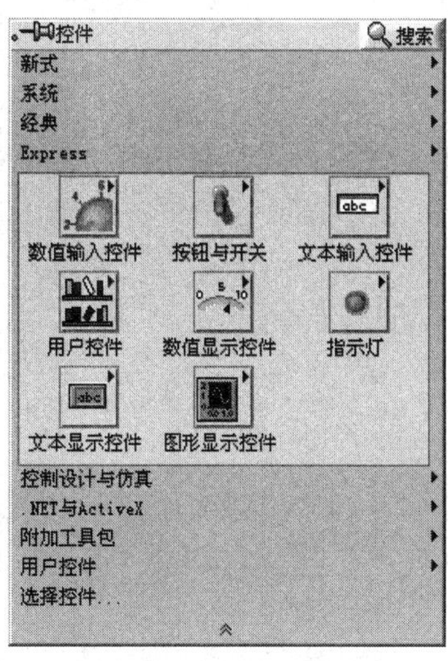

图 1.27　控件选板

单击菜单【查看】→【控件选板】显示控件选板，或右击前面板空白处弹出控件选板。其中包括新式、系统、经典、Express、用户控件及附加工具包等。默认方式下，显示的各个子选板(常用控件选板)如表 1-4 所示。

表 1-4　常用控件选板

名　称	图标	说　　明
数值输入控件		包含各种数值的输入控件
按钮与开关		包含各种按钮和开关控件
文本输入控件		包含字符串、路径及文本下拉列表
用户控件		用户自定义控件
数值显示控件		包含各种数值显示控件
指示灯		指示控件
文本显示控件		包含表格、字符和路径显示控件
图形显示控件		包含波形图、波形图标及 XY 波形图显示控件

控件选板中的用户控件子选板为用户自定义的输入和显示控件。选择控件用于从指定的路径选择控件。

控件选板与工具选板不同，只显示顶层子选板的图标。在这些顶层子选板中包含许多不同的控件或函数子选板，通过这些控件子选板可以找到创建程序所需的面板对象。单击顶层图标，可展开对应的控件子选板；按下控件子选板左上角的大头针，可把这个子选板变成浮动板留在屏幕上。下述的函数选板的操作同控件选板类似。

3. 函数选板

函数选板是创建程序框图的工具，如图 1.28 所示。

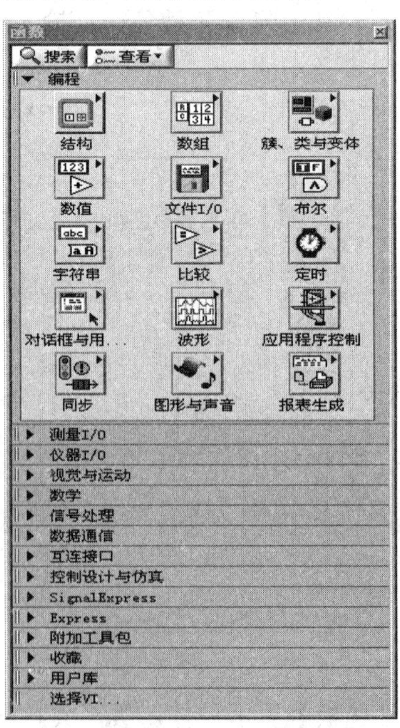

图 1.28　函数选板

单击主菜单【查看】→【函数选板】显示函数选板，或右击程序框图空白处弹出函数选板。常用的函数子选板如表 1-5 所示。

表 1-5　常用的函数子选板

名称	图标	说　明
数值子选板		对数值创建和执行算术及复杂的数学运算，或对数值进行各种数据类型的转换。初等与特殊函数选板上的 VI 和函数用于执行三角函数和对数函数
布尔子选板		布尔函数用于对单个布尔值或布尔数组进行逻辑操作
字符串子选板		字符串函数用于合并两个或两个以上字符串、从字符串中提取一段字符串、将数据转换为字符串、将字符串格式化以用于文字处理或电子表格应用程序
数组子选板		数组函数用于数组的创建和操作
簇、类与变体子选板		使用簇、类与变体函数创建和操作簇及 LabVIEW 类，将 LabVIEW 数据转换为独立于数据类型的格式，为数据添加属性，以及将变体数据转换为 LabVIEW 数据
文件 I/O 子选板		文件 I/O 函数用于文件的打开和关闭，文件的读写，在路径控件中创建指定的目录和文件，获取目录信息，将字符串、数字、数组和簇写入文件
波形子选板		波形函数用于生成波形，其中包括波形值、通道、定时以及设置和获取波形的属性和成分
比较子选板		比较函数用于对布尔值、字符串、数值、数组和簇的比较
结构子选板		结构用于 VI 的创建，包括循环、选择、顺序、移位寄存器及反馈节点等
定时子选板		定时函数用于指定运算的执行速度并获取基于计算机时钟的时间和日期

在…中，单击【选择 VI…】，弹出一个对话框，可以选择一个 VI 程序作为子程序插入当前程序中。

1.2.5　菜单栏

LabVIEW 菜单主要有主菜单和快捷菜单两类菜单，其中使用率最高的是快捷菜单，几乎所有用于创建 VI 的对象都有一个快捷菜单供选择和修改。

在 LabVIEW 的前面板和程序框图中，用户均可以看到主菜单栏和快捷工具栏，如图 1.29 所示。快捷工具栏将在第 2 章 VI 的编辑调试技术中介绍。

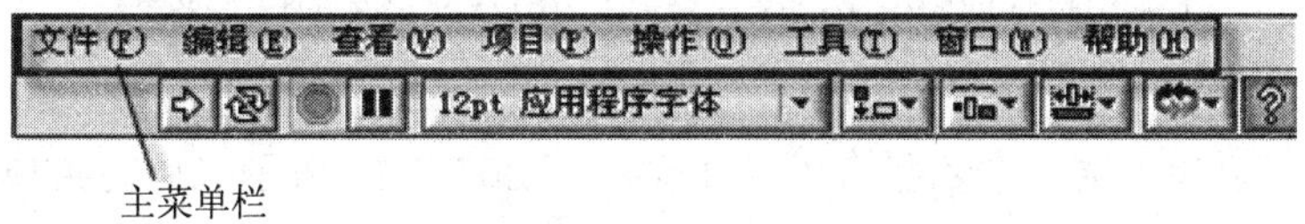

图 1.29　主菜单栏

主菜单栏包括文件、编辑、查看、项目、操作、工具、窗口、帮助共 8 个子菜单。

(1) 文件子菜单：进入 LabVIEW 窗口后，如果想新建、打开、保存 VI 或项目文件，则选择文件子菜单中的相应选项。在文件子菜单中，还可以进行打印和打印设置操作。另外，选择文件子菜单中的 VI 属性，还可以对 VI 进行各种各样的设置。VI 属性的设置具体应用后面再作详细介绍。

(2) 编辑子菜单：在该子菜单中编程人员可以在编辑中进行操作的撤销、重做、复制、粘贴、删除等编辑操作；可以对前面板上放置的输入控件中的值进行初始化；可以自定义控件、网格线的对齐等操作。

(3) 查看子菜单：如果要打开 LabVIEW 的 3 个选板(控件、函数、工具)，可以在该菜单中选择相应的选项。此外，该菜单中还有查看错误列表和 VI 层次的选项。

(4) 项目子菜单：可以新建、保存、打开、关闭、添加项目等。

(5) 操作子菜单：可以运行、停止 VI，运行调试，程序运行结束后进行打印、记录等操作设置等。

(6) 工具子菜单：可以进行 NI 数据采集设备的测试及配置操作，性能安全分析，动态链接库的应用，VI 的查找及发布等一些高级操作。

(7) 窗口子菜单：显示程序框图或前面板，选择 VI 编辑窗口的显示方式(左右两栏显示、上下两栏显示)等。

(8) 帮助子菜单：显示即时帮助、搜索在线帮助、调查及解释错误、查找范例及网上资源的搜索等。

在前面板或程序框图中右击对象后所出现的菜单为快捷菜单，由于这个过程为弹出，因此又称之为弹出菜单。多数 LabVIEW 对象具有选项和命令快捷菜单，快捷菜单上出现的选项取决于选择的对象。数值控件上弹出的快捷菜单将不同于 For 循环弹出的快捷菜单，如图 1.30 所示。

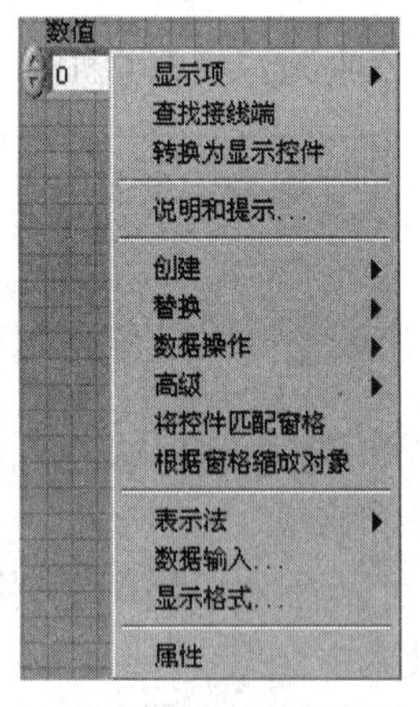

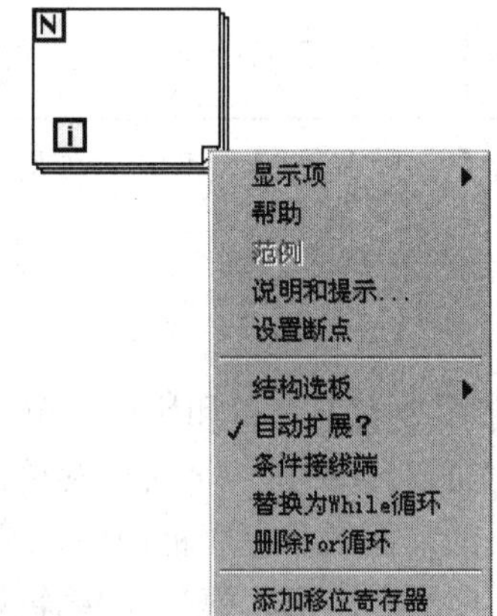

(a) 数值控件的快捷菜单　　(b) For 循环的快捷菜单

图 1.30　不同对象的快捷菜单

许多快捷菜单和主菜单中还包含下拉子菜单，如图 1.31 所示。快捷菜单要依赖于对象而出现，主菜单不需要依赖于对象而出现，主菜单在 LabVIEW 的编辑窗口(前面板或程序框图)中出现。

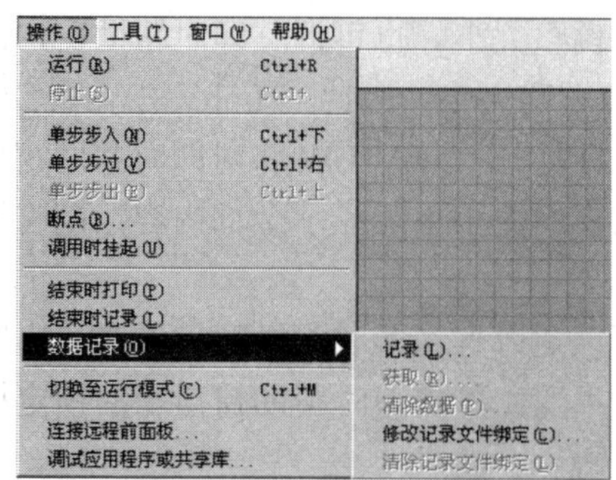

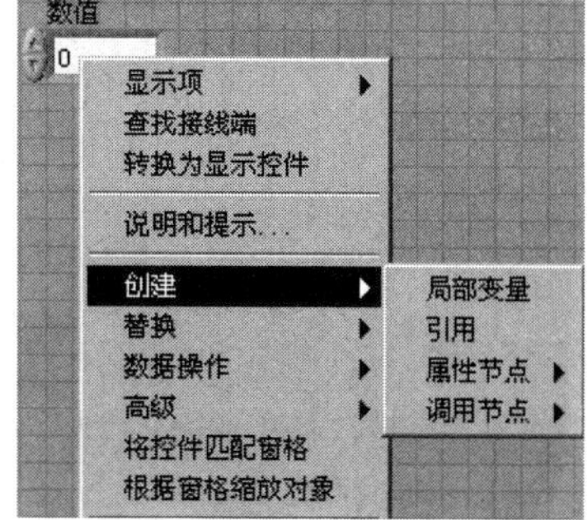

图 1.31　主菜单和快捷菜单中的下拉子菜单

1.2.6　LabVIEW 帮助选项

LabVIEW 的帮助菜单如图 1.32 所示。帮助菜单包含对 LabVIEW 功能和组件的介绍、全部的 LabVIEW 文档，以及 NI 技术支持网站的链接。

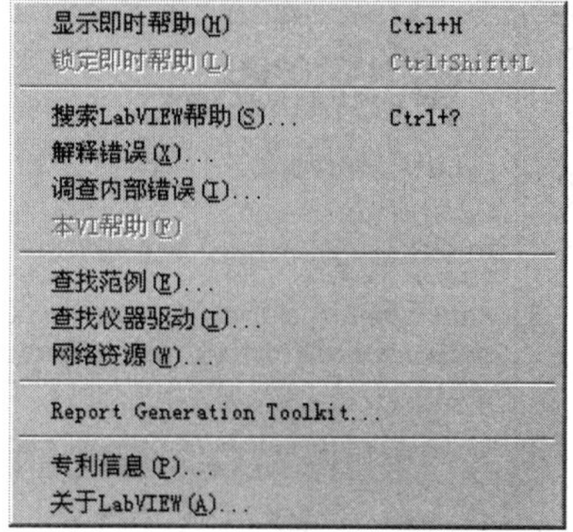

图 1.32　LabVIEW 的帮助菜单

单击菜单【帮助】→【显示即时帮助】，弹出如图 1.33 所示的窗口。将光标移至一个对象上，即时帮助窗口将显示该 LabVIEW 对象的基本信息。VI、函数、常数、结构、选板、属性、方式、事件、对话框和项目浏览器中的项均有即时帮助信息。即时帮助窗口还可帮助确定某个 VI 或函数需要连线的接线端。

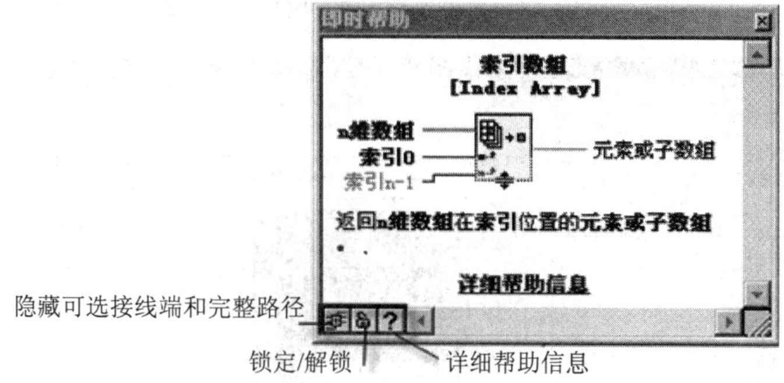

图 1.33　即时帮助窗口

说明：Windows 中，按 Ctrl+H 键显示即时帮助窗口；Mac OS 中，按 Command+Shift+H 键；Linux 中，按 Alt+H 键。

即时帮助窗口可根据内容的多少自动调整大小。也可调整即时帮助窗口的大小使之最大化。LabVIEW 会保留即时帮助窗口的位置和大小，因此当 LabVIEW 重启时该窗口的位置和最大尺寸不变。如调整即时帮助窗口的大小，LabVIEW 将对即时帮助窗口中的文本自动换行，缩短连线板中连线的长度。如果窗口太小不能显示全部内容，则将输入和输出端在表格中列出。

选择【帮助】→【锁定即时帮助】可锁定或解锁即时帮助窗口的当前内容。锁定后当鼠标移到其他位置时，窗口的内容将保持不变。单击即时帮助窗口上的锁定按钮，也可锁定或解锁帮助窗口的内容。

单击【帮助】→【搜索 LabVIEW 帮助】，则弹出如图 1.34 所示的窗口。在该帮助窗口中可以通过目录、索引、搜索等方法查找 LabVIEW 环境中各种问题的帮助。如果在键入要查找的关键字输入框中输入波形，接着按下回车键，则弹出如图 1.35 所示的提示对话框。单击选择列表中的图表，则显示 LabVIEW 帮助窗口，如图 1.36 所示。

图 1.34　LabVIEW 帮助窗口

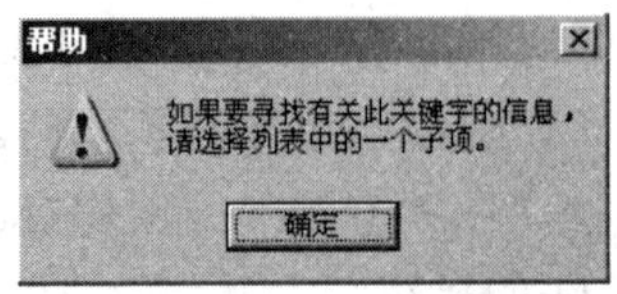

图 1.35　提示选择列表中的一个子项

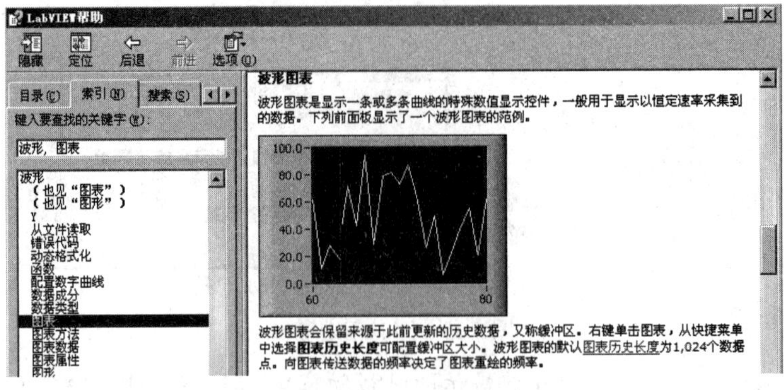

图 1.36　波形、图表的帮助窗口显示

单击【帮助】→【解释错误...】，则弹出如图 1.37 所示的窗口。该窗口由错误簇和解释两部分组成。当框图程序无错误时，错误代码为 0，解释部分无内容。

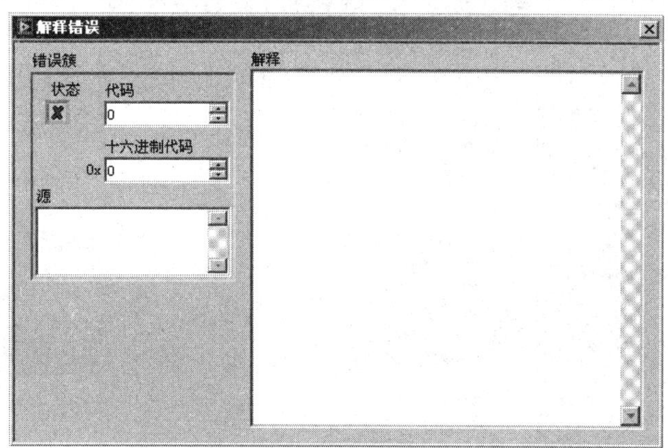

图 1.37　解释错误窗口

单击【帮助】→【调查内部错误...】，则弹出如图 1.38 所示的调查内部错误窗口。如从未收到 LabVIEW 内部错误报告，则不会显示该菜单项。如发生一个 LabVIEW 内部错误后启动 LabVIEW，可使用调查先前的内部错误窗口调查 LabVIEW 内部错误。

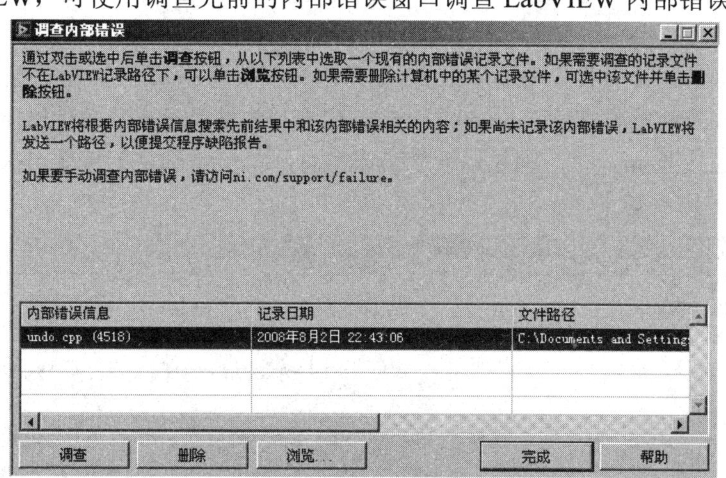

图 1.38　调查内部错误窗口

调查内部错误窗口包括以下部分：

(1) 内部错误信息：显示计算机上每个记录文件的错误、日期和路径。

(2) 调查：发送来自选定的记录文件的错误信息至 National Instruments 网站并在默认的 Web 浏览器中显示网站。浏览器中显示的表格包含错误信息，因此可以搜索可能的错误原因。如未发现任何可能的出错原因，可将记录文件与支持请求一并提交。

(3) 删除：从计算机中删除选中的记录文件。

(4) 浏览：显示用于找到不是位于默认数据目录的 lvfailurelog 子目录的内部 LabVIEW 错误记录文件的文件对话框。

单击【帮助】→【查找范例...】，则弹出如图 1.39 所示的 NI 范例查找器。通过该范例查找器用户可以以任务或目录结构的现实方式查找包含 NI 网站的范例。

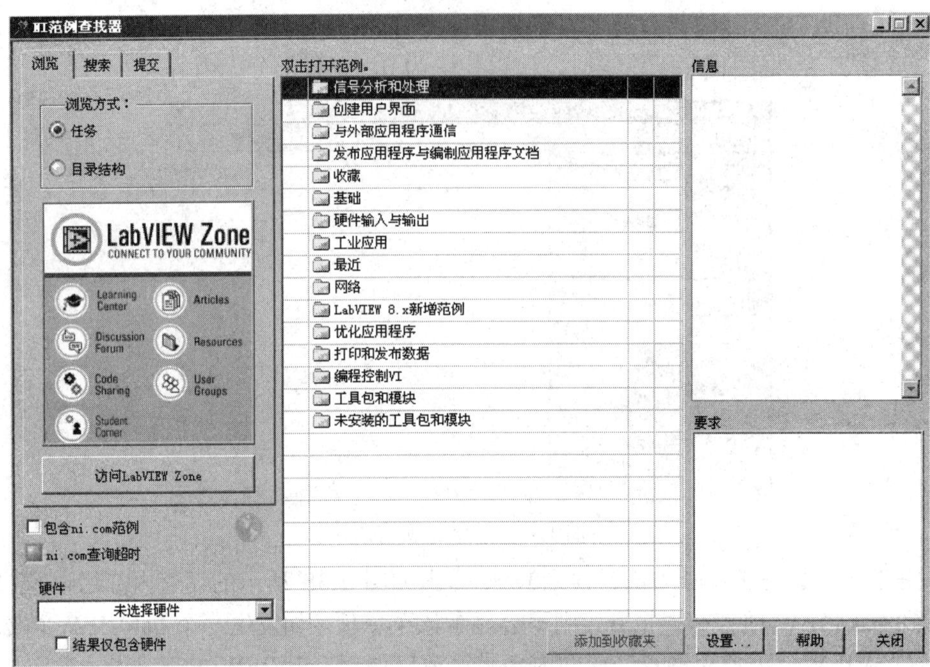

图 1.39　NI 范例查找器

单击【帮助】→【查找仪器驱动...】，则弹出查找仪器驱动程序-搜索配置，如图 1.40 所示。仪器驱动查找器将搜索 labview\instr.lib 目录，并显示已安装的仪器驱动。如仪器驱动查找器不能连接至 ni.com，则显示一个错误信息，单击【确定】按钮可关闭仪器驱动查找器。

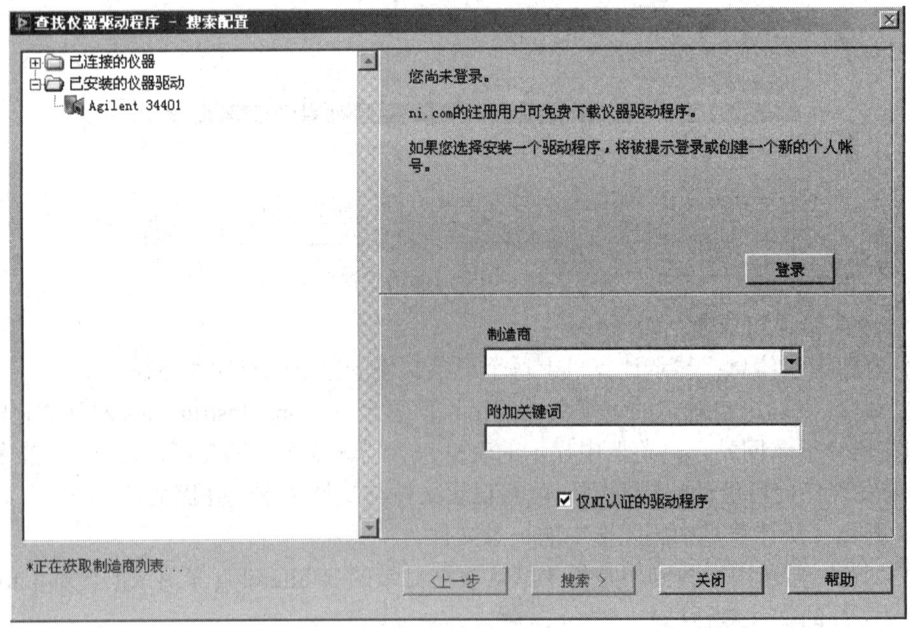

图 1.40　查找仪器驱动程序-搜索配置

单击【帮助】→【网络资源...】，则自动连接网站 http://www.ni.com/labview/zhs/。

1.3　LabVIEW 项目

LabVIEW 项目可集成 LabVIEW 文件和一些非 LabVIEW 文件、创建程序生成规范以及在终端部署或下载文件。LabVIEW 创建的项目文件(.lvproj)包含项目中文件的引用、配置、构建和部署等信息。从 LabVIEW8.2 后增加的项目浏览器可用来创建和编辑 LabVIEW 项目，也可用于管理项目库。

1.3.1　创建 LabVIEW 项目

单击 LabVIEW 启动窗口的【文件】→【新建项目】，弹出如图 1.41 所示的项目浏览器。项目浏览器窗口用于创建和编辑 LabVIEW 项目。项目浏览器窗口包括两页：项和文件。项将项目中的各项显示为项目树。文件页以文件目录树形式显示了相关文件构成项目的，在该页可以对文件名和目录进行管理，管理时对项目进行的操作将影响并更新磁盘上对应的文件。文件页的显示如图 1.42 所示。

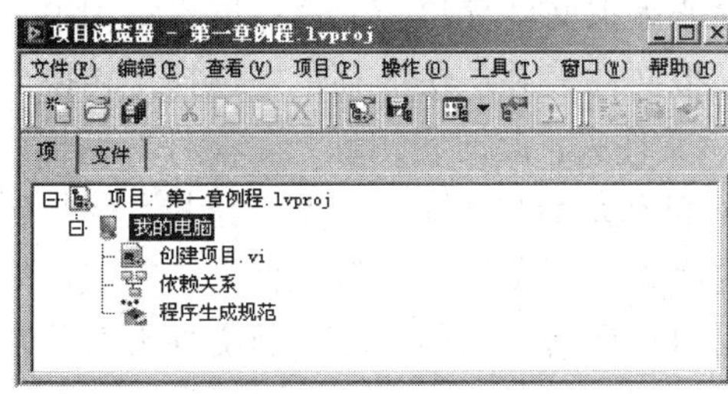

图 1.41　项目浏览器

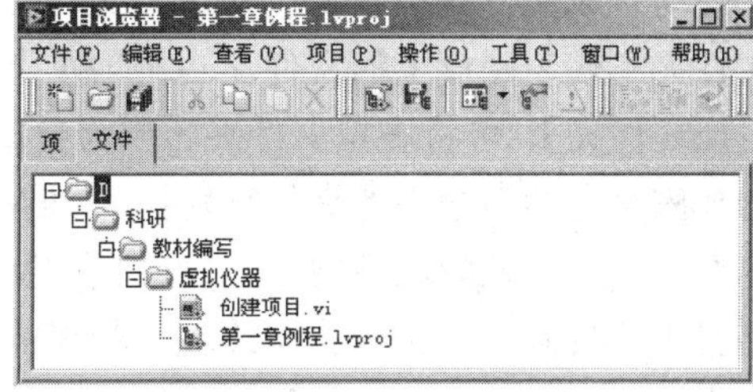

图 1.42　文件页的显示

项目树的根目录的标签包括项目的文件名。其中：

(1) 【我的电脑】：表示可作为项目终端使用的本地计算机。

(2) 【依赖关系】：用于查看某个终端下 VI 所需的项。

(3) 【程序生成规范】：包括对源代码发布编译配置以及 LabVIEW 工具包和模块所支持的其他编译形式的配置。如已经安装 LabVIEW 专业版开发系统或应用程序生成器，则可使用程序生成规范配置独立应用程序(EXE)、共享库(DLL)、安装程序及 ZIP 文件。

可隐藏项目浏览器窗口中的依赖关系和程序生成规范。如将上述二者中某一项隐藏，则在使用前，如生成一个应用程序或共享库前，必须将隐藏的项恢复显示。

在项目中添加其他终端时，LabVIEW 会在项目浏览器窗口中创建代表该终端的项，在该项中包括依赖关系和程序生成规范，并可添加所需的文件。可将一个 VI 从项目浏览器窗口中拖放到另一个已经打开 VI 程序框图中作为其子 VI。利用项目的属性和方法，可通过编程来配置和修改项目以及项目浏览器窗口。

1.3.2　使用 LabVIEW 项目

在 LabVIEW 中可以添加两种类型的文件夹：虚拟文件夹和自动更新文件夹。虚拟文件夹用于对项目进行管理。右击一个终端并从快捷菜单选择【添加】→【文件夹】，即可在该终端下添加一个虚拟文件夹。自动更新文件夹可通过实时更新反映磁盘上各文件夹的最新内容。在项目中添加一个自动更新文件夹就可以以磁盘文件目录的形式查看该项目名。对于项目库，自动更新文件夹中的内容并不总是完全匹配磁盘上的文件目录项，故将按照库的层次结构，而不是磁盘目录树的架构显示项目库(.lvlib)的内容。

自动更新文件夹只在项目浏览器的项页上可见，在此可查看自动生成文件夹中的内容，但无法对其进行重命名、重组织或删除项目项的操作。在项目浏览器窗口的文件页可对自动更新文件夹中的项进行磁盘操作。文件页中显示了项目文件夹在磁盘上的位置，在此对项目进行的操作将影响并更新磁盘上对应的文件。同样地，如修改了磁盘上 LabVIEW 以外的文件夹，LabVIEW 将对项目中的自动更新文件夹进行更新。

与在 LabVIEW 以外的文件系统中进行文件操作相比较，在文件页上进行文件操作的优点在于 LabVIEW 可更新引用文件。移动、删除或重命名文件页上的项时，LabVIEW 将更新所有的引用项来反映这些修改。文件页尤其适用于重命名操作。重命名一个位于打开项目中自动更新文件夹内的文件时，LabVIEW 将检查该操作所造成的影响并显示一个取消文件重命名对话框。给用户可选择取消或继续该重命名操作的机会。但是，如在 LabVIEW 以外的文件系统中执行重命名操作，则可能由于项目中无法引用新名称而导致冲突。

自动生成文件夹中不能包含虚拟文件夹，除非虚拟文件夹位于一个库层次结构中。虚拟文件夹不代表磁盘上的文件。右击项页上的虚拟文件夹并从快捷菜单中选择【转换至自动更新文件夹】，可将虚拟文件夹转换为自动更新文件夹，此时将出现一个文件对话框，提示选择磁盘上的某个文件夹进行转换。LabVIEW 自动重命名虚拟文件夹，使其名称与磁盘上的文件夹名相匹配，并将磁盘文件夹的所有内容添加至项目。虚拟文件夹中的项，如不在磁盘上的目录下，将被移至终端。如果需禁用自动更新，右击自动更新文件夹并从快捷菜单中选择【停止自动更新】，此时自动更新文件夹变为虚拟文件夹。

1.4　基于虚拟仪器技术的测试系统

虚拟仪器技术利用高性能的模块化硬件，结合高效灵活的软件来完成各种测试、测量和自动化的应用。将虚拟仪器技术引入现代的测试系统中，可以充分发挥虚拟仪器技术开发效率高、灵活性和兼容性强以及可重用度高的特点。

由 1.1.5 节可知一个完整的基于虚拟仪器技术的测试系统通常由硬件平台和(测试)软件两部分组成。其中硬件平台部分主要包括计算机、数据采集卡、传感器等；软件部分用 LabVIEW、LabWindows/CVI 等虚拟仪器软件进行编写。基于虚拟仪器技术的测试系统组成如图 1.43 所示。

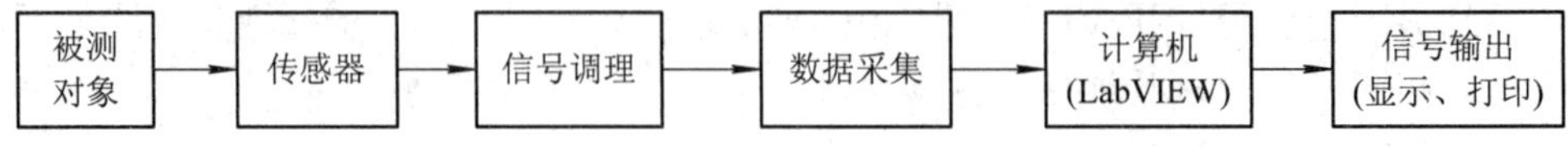

图 1.43　基于虚拟仪器技术的测试系统组成框图

传感器用于从被测对象获取信息或能量，并将其转换为适合测量的电信号，信号调理模块对从传感器输出的信号做进一步的加工和处理，而后通过信号采集模块传输至计算机(虚拟仪器)，最后用人们便于观察和分析的手段将信号输出，如显示、打印等。

1.4.1　虚拟测试仪器的硬件系统

1. 传感器

传感器是测试系统的第一个环节，用于感应物理现象并产生数据采集系统可测量的电信号。对一个测试任务来说，第一步便是要能够有效地从被测对象取得可测试的信息，因此传感器在整个测试系统中的作用是十分重要的。

传感器检测的物理量可以是非电气的，也可以是电气的，在实际测试中，不同的被测物理量采用不同的传感器，用户可以根据信号类型和检测方法来选择，包括温度、速度、压力、位移、振动等传感器。例如，热电偶、热电阻(RTD)式测温计、热敏电阻器和 IC 传感器可以把温度转变为可测量的模拟电信号。常用的传感器类型如表 1-6 所示。

表 1-6　常用的传感器类型

物理量	传　感　器
温度	热电偶，热电阻(RTD)，热敏电阻，集成电路温度传感器
光	辐照设计
力和压力	应变片
位置和位移	电位计，位移传感器，光学编码器
流量	旋转式流量计，超声流量计
声音	麦克风

2. 信号调理

传感器输出的信号中，常常夹杂着各种有害的干扰和噪声，通常需要对其进行信号调理转换成采集设备能够识别的标准信号。信号调理包括对信号的转换、线性化、放大、滤波、储存、重放和其它专门的信号处理，如图 1.44 所示。信号调理技术有可能将数据采集系统的总体性能和精度提高 10 倍，具体见 6.5.4 节，此处不作详细论述。

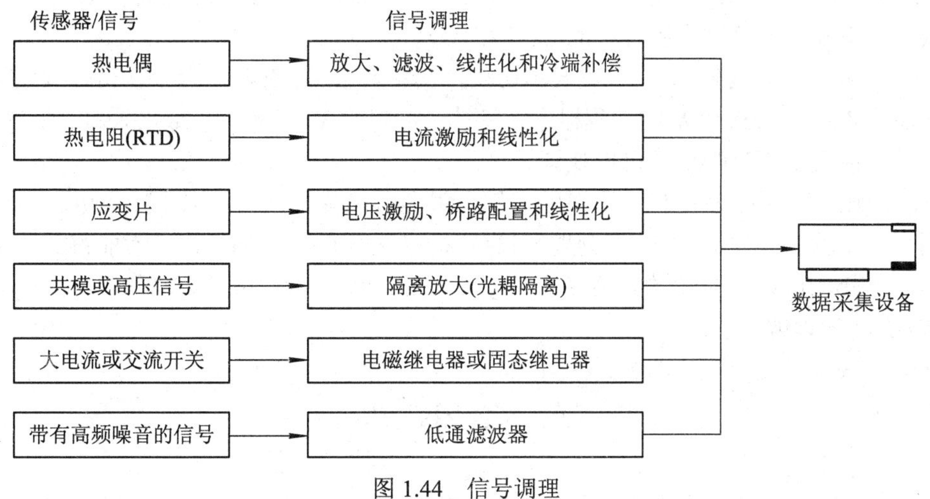

图 1.44　信号调理

3. 数据采集

数据采集卡是虚拟仪器最常用的接口形式，具有灵活、成本低等特点，可以用来完成对信号数据的采集、放大及 A/D 转换任务。数据采集的具体内容见第 6 章。

4. 计算机

虚拟仪器使用的计算机硬件平台可以是各种类型的计算机，如个人计算机、便携式计算机、工作站等。计算机管理着虚拟仪器的软件和硬件资源，是虚拟仪器的硬件基础。虚拟仪器的发展往往得益于计算机在处理性能、存储能力、总线标准、显示等方面的发展。

1.4.2 虚拟测试仪器的软件系统

软件是虚拟仪器测试系统的核心。目前虚拟仪器软件开发工具有如下两类：

(1) 文本编程语言，如 Visual C++、Visual Basic、LabWindows/CVI。

(2) 图形化编程语言，如 LabVIEW、HP VEE 等。

这些软件开发工具为用户设计虚拟仪器应用软件提供了最大限度的方便与条件良好的开发环境。目前使用最多的虚拟仪器软件开发平台是 NI 公司的基于图形化编程语言 LabVIEW。本书后面章节将重点介绍 LabVIEW 的编程方法。

1.5 LabVIEW 学习建议

LabVIEW 易学易用，用户比较容易入门。但是想要编写出大型优秀的应用程序，用户除了要具备必要的经验积累外，还必须掌握 LabVIEW 的高级开发技能。

学习 LabVIEW 的最直接的方法是用户接受由 NI 公司提供的培训，这样用户可以在较短的时间内学会如何操作 LabVIEW 以及如何用 LabVIEW 来创建应用程序。用户也可以自学 LabVIEW，最有效最具指导性的学习材料就是 LabVIEW 开发环境本身自带的帮助系统。帮助系统中的【LabVIEW 文档资源】包括大量的 LabVIEW 用户手册和应用笔记。

这些文档资源主要包括：

(1) 《LabVIEW 入门指南》：可以帮助用户熟悉 LabVIEW 图形化编程环境，掌握一些创建数据采集和仪器控制应用程序的 LabVIEW 功能。

(2) 《LabVIEW 基础》：一个重要的文档，其中对 LabVIEW 进行了非常详细的讲解，涵盖的面比较广，LabVIEW 的编程概念、特性、可用的 VI 与函数、数据采集、仪器控制、测量分析、报告生成等知识都可以找到。

(3) 范例：LabVIEW 提供了大量的范例，很多例子修改之后可以直接应用。

用户可以就有关的 LabVIEW 问题直接咨询 NI 公司的工程师，很快就能得到答复。当然，学习 LabVIEW 最重要的是要多实践，在实践过程中提高自己的编程能力，进而加深对 LabVIEW 的理解。

本 章 小 结

(1) 虚拟仪器是以计算机和测试模块的硬件为基础、以计算机软件为核心所构成的。在计算机屏幕上可以显示虚拟的仪器面板，仪器功能可由用户软件来定义。

(2) 虚拟仪器与传统仪器相比具有许多优越性。决定虚拟仪器具有传统仪器不可能具备的特点的根本原因在于“虚拟仪器的关键是软件”。

(3) 虚拟仪器的系统由硬件和软件两大部分构成。硬件是虚拟仪器的基础，软件是虚拟仪器的核心。虚拟仪器硬件通常包括基础硬件平台和外围测试硬件设备，它们共同组成通用仪器硬件平台。虚拟仪器的软件包括操作系统、仪器驱动器和应用软件 3 个层次。

(4) 虚拟仪器系统的软件结构由测试管理层、应用程序开发层、仪器驱动层和 I/O 总线驱动层 4 个层次构成。

(5) LabVIEW 是图形化编程语言，用 LabVIEW 开发的程序简称 VI。一个 VI 由前面板、程序框图和图标/连线板 3 部分组成。

(6) LabVIEW 开发环境：2 个开发窗口(前面板和程序框图)、3 个操作选板(控件选板、函数选板、工具选板)。

思考与练习

1. 测试测量仪器发展至今经过了哪些阶段？
2. 什么是虚拟仪器？它有哪些特点?
3. 简述虚拟仪器的系统组成。
4. 简述虚拟仪器的软件结构。

第 2 章　一个简单 VI 的设计

本章将主要介绍 VI 的创建和调试技术。

2.1　常用数据类型

LabVIEW 的数据类型有数值型、布尔型、数组、字符串、路径、波形、参考号、簇等，其中使用较为广泛的数据类型为数值型和布尔型。LabVIEW 主要应用于仪器功能设计，设计时经常会使用布尔型控件或数值控件，因而本节重点介绍数值型和布尔型数据类型，其他数据类型将在后续章节中介绍。

2.1.1　数值型数据

数值型数据是 LabVIEW 中最基本的数据，数值型数据通常包括浮点型数、整型数、无符号型和复数几种。这些数值型数据类型之间的不同点在于它们存储数据时使用的二进制位数和代表数据值范围与精度的不同，数值数据精度如表 2-1 所示。

表 2-1　数值数据精度一览表

数据类型	对应的系统图标	存储位数和数值范围、精度
扩展精度实数型	EXT	精度取决于平台，但至少为15位
双精度实数型	DBL	双64位，15位精度
单精度实数型	SGL	32位，6位精度
定点实型	FXP	(定点《±64，32》[−2.147484E+9，2.147484E+9]：2.328306E-10)
64位整型	I64	64位整型(近似于−le19～+le19)
长整型	I32	长32位整型(−2 147 483 648～2 147 483 647)
双字节整型	I16	双字节[16位整型(−32 768～32 767)]
单字节整型	I8	单字节[8位整型(−128～127)]
无符号64位整型	U64	无符号64位[64位整型(0～4 294 967 295)
无符号长整型	U32	无符号长整型[32位整型(0～4 294 967 295)]
无符号双字节整型	U16	无符号字符[16位整型(0～65 535)
无符号单字节整型	U8	无符号字节[8位整型(0～255)]
扩展精度复数	CXT	扩展复数[精度取决于平台，但至少为15位]
双精度复数	CDB	15位精度
单精度复数	CSG	6位精度

注意，计算机使用的操作系统不同，对数值型数据类型也有不同的影响，如：

Windows 和 Linux——扩展精度的浮点数有 80 位二进制数的 IEEE 扩展精度格式数据。

Mac OS——扩展精度浮点型数可以表示为两个双精度浮点数之和，称做双-双格式。

Sun——扩展精度浮点型数是含有 128 位二进制数 IEEE 扩展精度格式数据。

一个数值类型的前面板上的输入控件或输出控件可以被指定为表 2-1 中的任意一种类型。右击前面板上任一数值对象，选择【表示法】，即可见数值数据有如图 2.1 所示的数据类型。比如要设定一个数值型数据类型为无符号字整型，右击前面上该数值类型数据，选择图 2.1 中的【U16】即可。

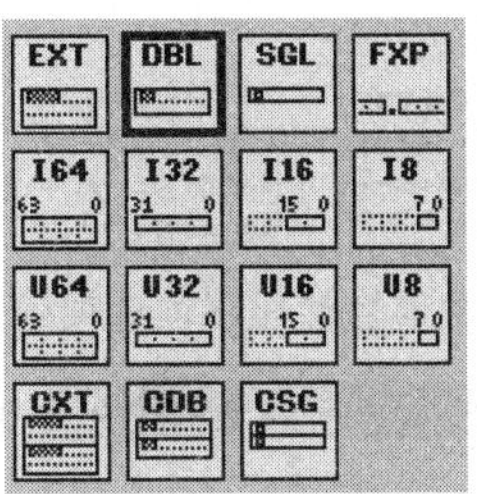

图 2.1　数值型数据类型

数值型数据类型的 LabVIEW 对象有前面板中的数值输入控件、数值显示控件和程序框图中的数常量。数值控件表现为很多不同的形态，如数值、波形、滑竿、旋钮、量表等。单击【控件】→【新式】→【数值】和单击【控件】→【经典】→【经典数值】和单击【控件】→【Express】→【数值输入控件】可以显示数值控件选板如图 2.2 所示。新式、经典、Express 方式下的控件类似，用户可以选择其中任意一种使用。

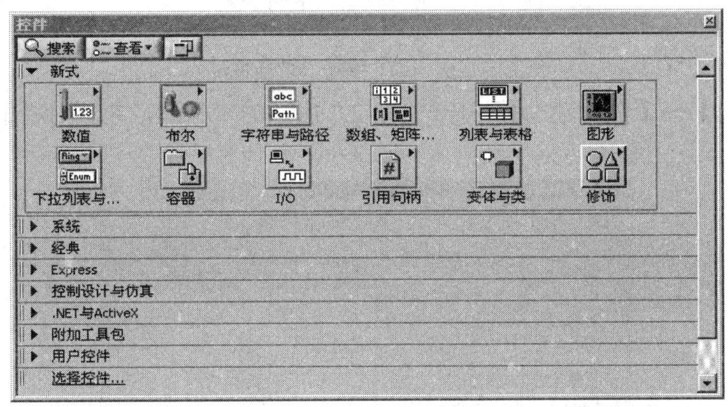

图 2.2　数值控件选板

右击数值控件可以弹出如图 2.3 所示的快捷菜单。【显示项】给出了数值控件可以添加的所有附加显示的元素选项列表，如图 2.4 所示。选择图 2.4 中的基数，在数值显示窗口和增减按钮之间会显示按钮“d”，表示默认为十进制。单击按钮“d”将弹出如图 2.5 所示菜单，在其中选择可以改变控件的表示进制。

【查找接线端】用于从前面板定位控件在程序框图的接线端子。【转换为显示控件】将控件转换为显示器。选择【说明和提示...】选项打开说明和提示对话框，如图 2.6 所示。

选择【创建】可以为数值控件建立程序的特殊对象：局部变量、引用、属性节点、调用节点。这些对象的应用会在后续的章节中介绍。选择【替换】可以从控件选板中选择控件替换当前的控件。选择【数据操作】可以进行重新初始化为默认值、当前值设置为默认值、剪切数据、复制数据、粘贴数据等操作。

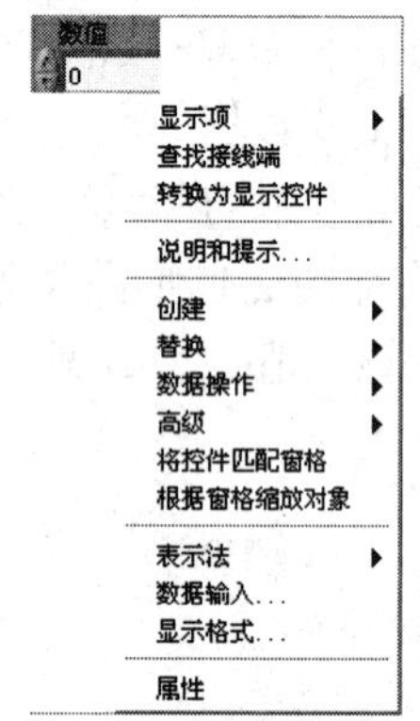

图 2.3　数值控件快捷菜单

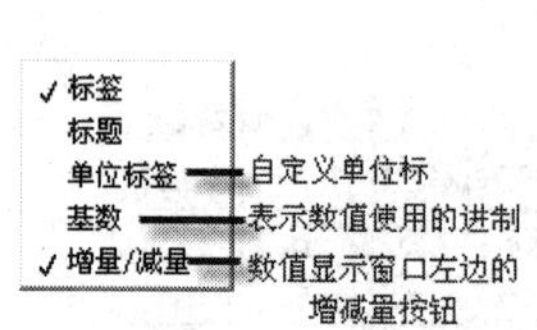

图 2.4　数值控件显示项选项列表

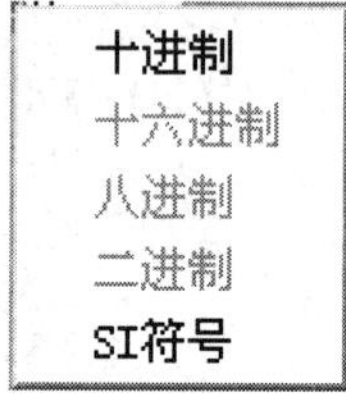

图 2.5　数值控件的进制选项列表

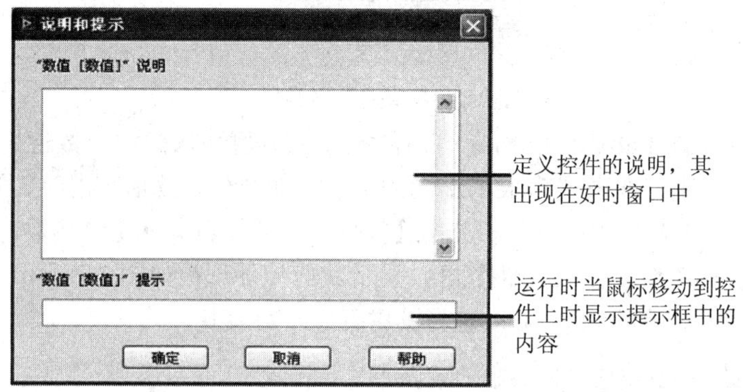

图 2.6　说明和提示对话框

选择【高级】→【快捷键...】，打开如图 2.7 所示的对话框，在该对话框中可以为控件指定快捷键。

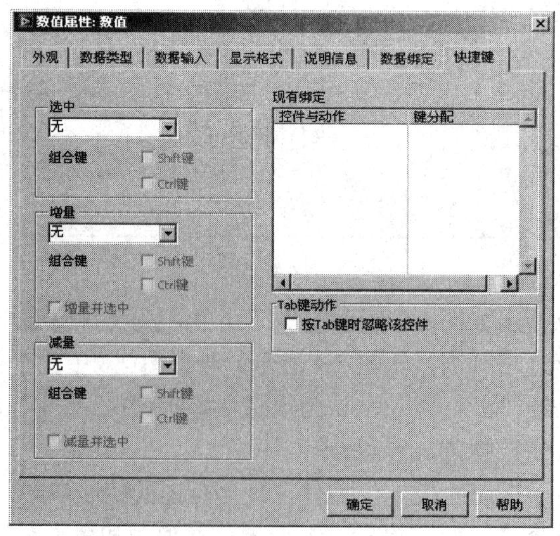

图 2.7　数值属性快捷键设置对话框

选择【高级】→【自定义...】，在当前控件的基础上自定义控件。选择【高级】→【隐藏输入控件】，隐藏当前的控件。选择【高级】→【启用状态】，定义控件为启用、禁用或禁用并变灰中的一种状态。选择【数据输入...】，定义控件的最大值、最小值和增量。选择【显示格式】，显示如图 2.8 所示的数值属性窗口，去除隐藏无效零选项可以显示数值小数点后的零。

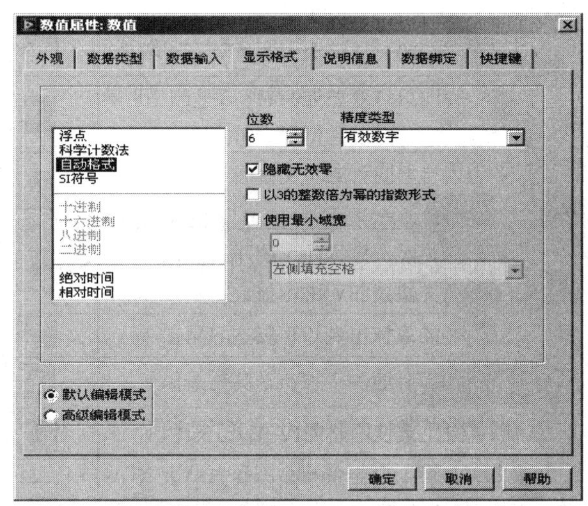

图 2.8　数值属性显示格式的设置窗口

选择【属性】打开数值的属性对话框。属性对话框按照选项来组织，LabVIEW 的属性选项包括：外观、数据类型、数据输入、显示格式、说明信息、数据绑定、快捷键。前面介绍的很多快捷菜单选项都能在属性选项里找到，在快捷菜单和属性对话框中设置控件的属性和参数没有任何区别。

2.1.2　布尔型数据

布尔型数据值只有真假两个值，LabVIEW 采用 8 位二进制数存储布尔型数据，任何非零数值都代表了 TURE。布尔型数据在传递过程中先将布尔值转换为数值，在传递结束输出前再把数值转换为布尔值。布尔控件选板包括开关按钮、翘板开关、摇杆开关、指示灯、单选按钮等控件，如图 2.9 所示。

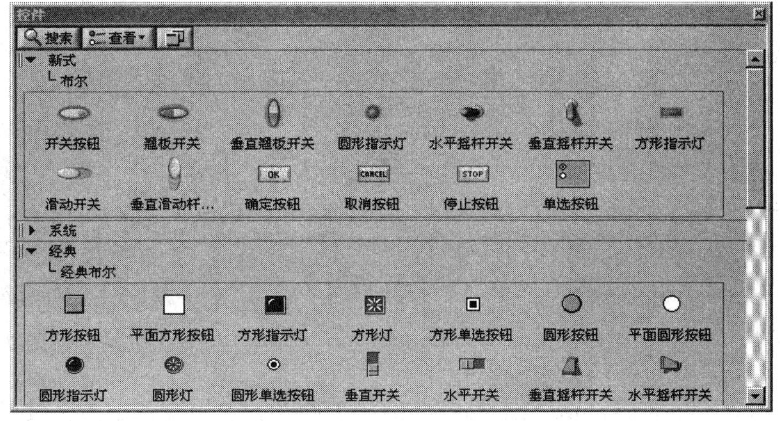

图 2.9　布尔控件选板

布尔型数据包括布尔控件和布尔常量。布尔控件由用户在控件选板中选择控件并拖放到前面板形成，布尔常量在程序框图中，选择【函数】→【编程】→【布尔】→【真常量】或【假常量】，将其拖放到程序框图形成。使用操作工具单击布尔常量可以把布尔常量取反，如图 2.10 所示的真常量被改为假常量。

假常量　　真常量

图 2.10　使用操作工具改变布尔常量值

2.1.3　强制转换点

将两个不同的数值数据类型连接在一起时，程序框图节点上会出现强制转换点以示警告。强制转换点表示 LabVIEW 已经将传递给节点的数值转换成了不同的数据类型。例如，加函数需要两个双精度浮点数输入。如需其中一个输入为整数，“加”函数上就会出现一个强制转换点，如图 2.11 所示。

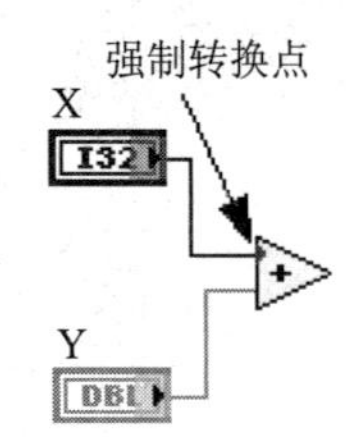

图 2.11　强制转换点

程序框图将在发生强制转换的接线端边框上放置一个强制转换点，表示该接线端发生了自动数据类型转换。由于 VI 和函数可含有多个接线端，故将一个接线端连接到另一个接线端时，图标内部将出现强制转换点。

强制转换点会使 VI 消耗更多的内存，并增加其运行时间。因此，创建 VI 时应尽量保持数据类型一致。

2.2　VI 的创建

本节先从一个简单的 VI 入手，学习如何创建一个 VI。读者可以体会一下 LabVIEW 编程的感受。

一个 VI 由三个部分组成：前面板、程序框图和图标/连线板，所以设计一个 VI 就要从这三个方面进行考虑。

1. 问题描述

创建一个测量容积的 VI。

2. 设计

(1) 打开一个新的 VI。

(2) 创建前面板，如图 2.12 所示。

① 右击前面板空白处，弹出控件选板。

② 在控件选板上单击【数值显示控件】→【液罐】，将其拖放在前面板上。

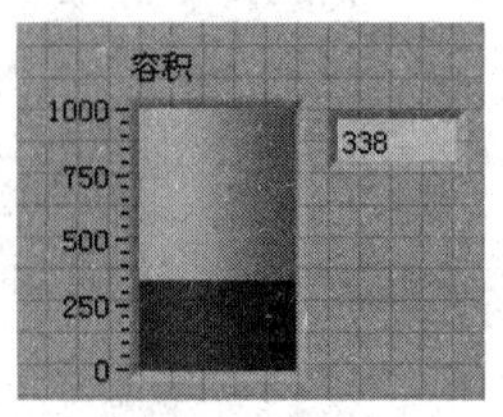

图 2.12　虚拟容积测量仪器的前面板

③ 使用标签工具将其命名为容积。

④ 把容器显示对象的显示范围设置为 0.0～1000.0。使用文本编辑工具双击容器坐标的 10.0 标度，使它高亮显示。在坐标中输入 1000，再在前面板中的其他任何地方单击一下。

这时 0.0～1000.0 之间的增量将被自动显示。

⑤ 在容器旁配数据显示。右击容器，在出现的快速菜单中选【显示项】→【数字显示】即可。

(3) 切换到 VI 的程序框图。

(4) 创建程序框图。

① 【编程】→【数值】右击程序框图空白处，弹出函数选板。

② 在函数选板上单击【编程】→【数值】→【随机数】，将其拖放到程序框图。

③ 单击【编程】→【数值】→【乘】，将其拖放到程序框图。

④ 单击【编程】→【数值】→【最近数取整】，将其拖放到程序框图。

⑤ 单击【编程】→【数值】→【整值常量】，将其拖放到程序框图，并输入 1000。

说明：创建常量的另一种方法是，用连线工具在函数或 VI 的端口上右击弹出菜单，从菜单上选择【创建】→【常量】，即可创建合适数据类型的常量。

⑥ 用连线工具连接各个节点如图 2.13 所示。

(5) 保存 VI，并且命名为虚拟容积测量仪器.VI。

(6) 返回前面板，运行 VI。

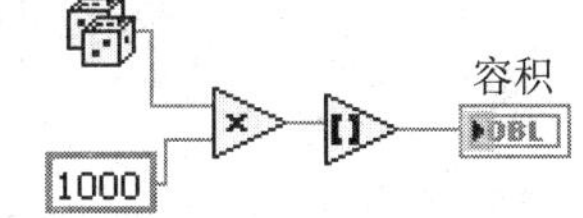

图 2.13　虚拟容积测量仪器的程序框图

从本例可知，VI 主要由前面板和程序框图构成，所以创建一个 VI 需从这两个部分出发进行设计。在创建 VI 过程中，没有要求先设计前面板，而后设计程序框图这样的顺序，读者可以根据实际情况而定，有的时候前面板设计和程序框图设计可以交叉进行。图标/连线板的创建方法在下节介绍。

2.3　数据流编程模式

传统文本编程语言根据语句和指令的先后顺序决定程序执行顺序，而 LabVIEW 则采用数据流编程(Dataflow Programming)方式，即在程序框图中节点之间的数据流向决定虚拟仪器及函数的执行顺序。主要有两层含义：

(1) 当程序框图中节点执行所必需的输入端数据准备好后，该节点将运行。

(2) 节点在运行时产生输出端数据并将该数据传送给数据流路径中的下一个节点。

数据流在节点中流动的过程决定了程序框图上 VI 和函数的执行顺序。

【例 2-1】 图 2.14 为实现 $x^2 + 2x + 1$ 数值运算的程序框图。程序框图从左往右执行，执行次序不由对象的摆放位置决定。加法节点 1 只有在乘法节点 1、2 的输出数据都到达其数据输入端时才能执行。

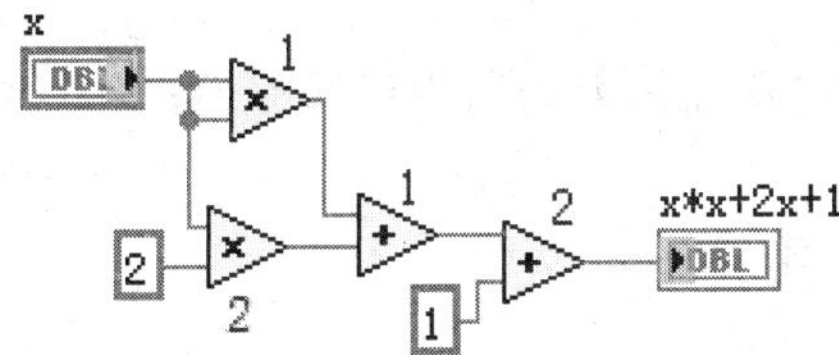

图 2.14　数值运算举例

乘法节点 1、2 的执行先后顺序是不确定的。如果要确定其运行的先后顺序可以使用顺序结构。顺序结构将在第 3 章详细介绍。

Visual Basic、C++、Java 以及绝大多数其他文本编程语言都遵循程序执行的控制流模式。在控制流中，程序元素的先后顺序决定了程序的执行顺序。在 LabVIEW 中，数据流代替命令的先后顺序决定了程序框图元素的执行顺序，因此可以创建具有并行操作的程序框图。

【例 2-2】 并行进行 $x^2 + 2x + 1$ 和 sin(x)运算的程序框图如图 2.15 所示。

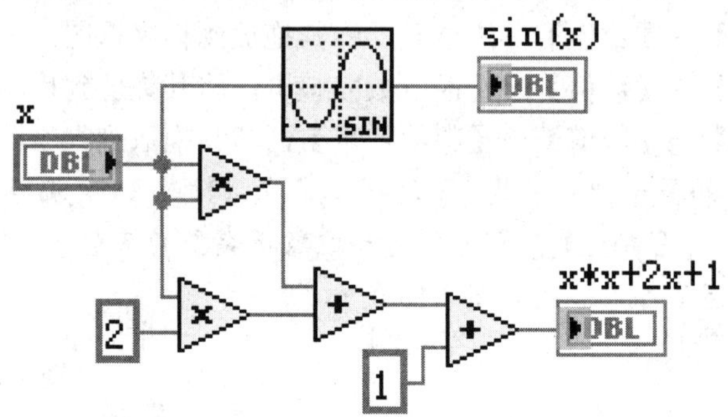

图 2.15　并行进行 x^2+2x+1 和 sin(x)运算

数据有时候不仅是在一条线上流动，数据线可能有分叉。而一个程序上也可能同时有多个数据在不同的线上流动。程序可以被扩展成一张网。一个节点运行完，数据从这个节点输出，会同时被传给所有用到它的其他节点去。一个节点只要它所有的输入都已经准备好了，就会被执行，不需要等待其他节点执行完。这样一来，经常有多个节点同时运行着的，LabVIEW 会自动把他们放到不同的线程中去运行。这就是数据流驱动的程序的一大特性：是自动多线程运行的。

【练习 2-1】把摄氏温度转换为华氏温度。

目的：熟悉 LabVIEW 的编辑环境；理解 LabVIEW 的数据流编程原理。

设计：摄氏温度转换为华氏温度.VI。

(1) 打开一个新的 VI。

(2) 创建前面板，如图 2.16 所示。

右击前面板空白处，弹出控件选板。

在控件选板上单击【Express】→【数值输入控件】→【数值输入控件】，将其拖放在前面板上。

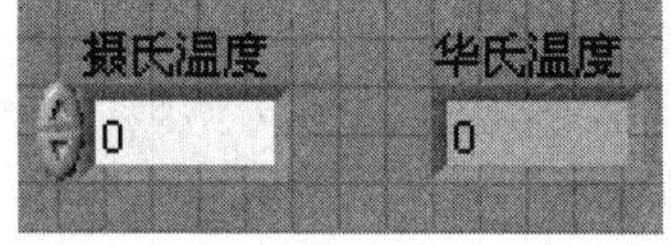

图 2.16　摄氏温度转换为华氏温度. VI 的前面板

在控件选板上单击【Express】→【数值显示控件】→【数值显示控件】，将其拖放在前面板上。

使用标签工具将【数值输入控件】命名为摄氏温度；将【数值显示控件】命名为华氏温度。

(3) 切换到 VI 的程序框图。

(4) 创建程序框图。

右击程序框图空白处，弹出函数选板。

在函数选板上单击【编程】→【数值】→【乘】，将其拖放在程序框图中。

在函数选板上单击【编程】→【数值】→【加】，将其拖放在程序框图中。

单击【编程】→【数值】→【整值常量】，将其拖放到程序框图，并输入 1.80。同样的方法创建常数 32。

使用连线工具，连接各个节点，如图 2.17 所示。

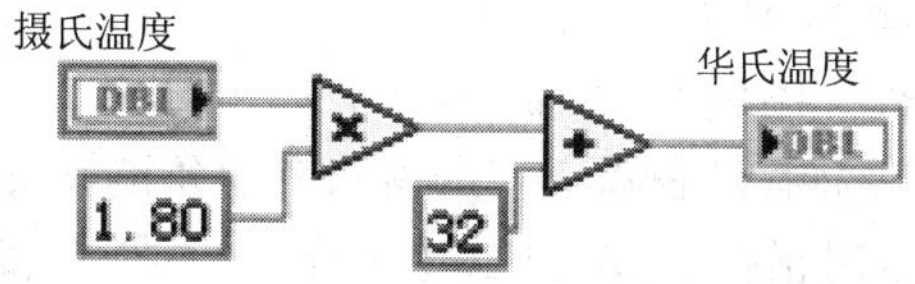

图 2.17　摄氏温度转换为华氏温度.VI 的程序框图

(5) 保存 VI，并且命名为摄氏温度转换为华氏温度.VI。

(6) 返回前面板，运行 VI。

说明：LabVIEW 数据流编程原理可以通过高亮执行观察程序的执行情况，得到很好的理解。高亮执行将在 VI 编辑调试技术中具体介绍。

2.4　子 VI 的创建与调用

2.4.1　什么是子 VI

子 VI 的节点类似于文本编程语言中的子程序。在 LabVIEW 中一个 VI 被其他 VI 在程序框图中调用，则称该 VI 为子 VI(SubVI)。子 VI 可以被重复调用，有效地利用子 VI 可以简化程序框图的结构，使其更简单、易于理解且能提高 VI 的运行效率。

用户可以把任何一个 VI 当做子 VI 来调用，前提是该 VI 必须编辑图标/连线板。因此，子 VI 实际上是在用户编辑好虚拟仪器的前面板和程序框图后，再给 VI 设计一个有意义的图标和连线板而实现的。因为在 LabVIEW 中每个 VI 都显示为一个图标，区别 VI 就是根据图标来识别，所以 VI 的图标/连线板的设计是很重要的一个工作。这一点恰恰被很多初学者所忽视。

在 LabVIEW 中创建子 VI 的方法有两种：一种是选择已有的 VI 来创建，另一种是从一个 VI 的部分选定内容来创建。

2.4.2　创建图标和设置连线板

图标和连线板相当于文本编程语言中的函数原型。每个 VI 都显示为一个图标，位于前面板和程序框图窗口的右上角。连线板显示在前面板的右上角，如图 2.18 所示。

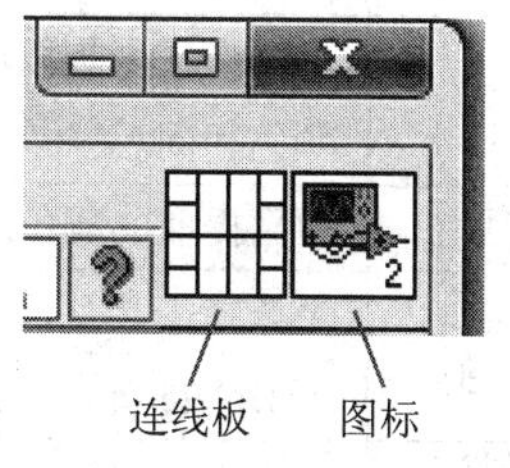

图 2.18　图标和连线板的显示

注：连线板的设置只能在前面板编辑窗口进行。

下面介绍图标和连线板。

1. VI 图标

VI 图标是 VI 的图形化表示，位于前面板和程序框图窗口的右上角，包含文字、图形或图文组合。如果将一个 VI 当作子 VI 使用，程序框图上将显示代表该子 VI 的图标。LabVIEW 默认图标为，图标中有一个数字，表明 LabVIEW 启动后打开新 VI 的个数。双击图标可自定义或编辑图标。

注：建议用户自己定制 VI 图标，这样便于程序阅读和理解。但这个操作不是必须的，使用默认的 LabVIEW 图标不会影响功能。

按照下列步骤，可以创建或编辑一个图标。

(1) 打开图标编辑器。打开图标编辑器的方法有如下三种：① 双击前面板或程序框图的右上角的图标。② 创建或编辑 VI 图标，右击窗口右上角的图标，从快捷菜单中选择【编辑图标...】，打开图标编辑器对话框。③ 单击【文件】→【VI 属性】，从【类别】下拉菜单中选择【常规】再单击【编辑图标】按钮，打开图标编辑器对话框。图标编辑器如图 2.19 所示。

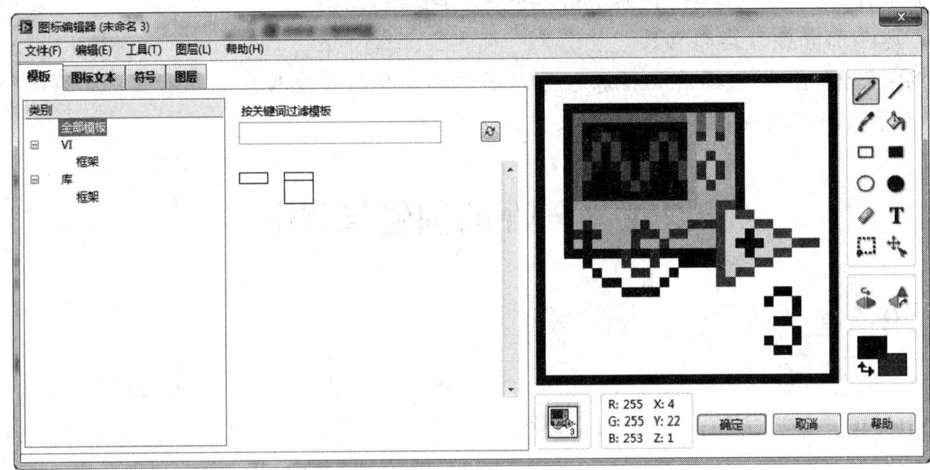

图 2.19　图标编辑器

图标编辑工具介绍如表 2-2 所示。

表 2-2　图标编辑器中编辑工具介绍

工具图标	功 能 描 述
	工具，使用该工具时，拖动游标的同时，可按住 Shift 可绘制水平或垂直的直线
	线条，使用该工具时，拖动游标的同时，可按住 Shift 可绘制水平线、垂直线和斜线
	吸管，提取色彩
	填充，此工具用于填充颜色，用前景色填充选定区域
	矩形，用提取的色彩覆盖矩形区域，双击该工具，可以画出图标的边框，并与前景色颜色相同
	用提取的颜色画矩形框
	选择工具，选定图标上的某个区域，对其进行剪切、复制等操作。双击该工具，并按下 Delete 键，可删除整个图标
A	文本编辑工具。双击该工具，弹出对话框，可修改字体、大小等
	显示当前的前景色和背景色。单出其中一个调色板，可在其中选择新的颜色。左上角的矩形表示前景色，右下角的矩形表示背景色

(2) 单击 16 色或 256 色框，选择创建图标的类型。对于非彩色打印机，LabVIEW 将使用单色打印图标。在 VI 图标编辑器中，勾选【显示接线端】复选框可在编辑区域内显示连线板的接线端。连线板仅起参考作用，并不在最后的图标中出现。

(3) 使用图标编辑器对话框左侧的工具可在编辑区域内设计图标。图标常规大小的图像出现在编辑区域右侧的相应图框中。使用【编辑】菜单可从图标剪切、复制和粘贴图像。用户选中图标的一部分并粘贴一个图像时，LabVIEW 将重新调整图像的大小使其与所选区域的大小相匹配。也可从文件系统的任何位置拖动一个图形放置在前面板或程序框图的右上角。LabVIEW 会将该图形转换为 32×32 像素的图标。还可使用 VI 图标通过文件设置方法通过编程设置 VI 的图标。

(4) 使用图标编辑器对话框右侧的【复制于】选项，复制彩色图标或黑白图标。选中【复制于】选项后，单击确定按钮，完成修改。

说明：视需要将图标上的区域留白可创建一个比一般 32×32 像素略小的形状自定义 VI 图标。确认背景色为白色，双击选择工具并按下<Delete>键可删除包括黑色边框在内的整个图标。绘制自定义图标时，应在图标上添加封闭的外框。图标编辑器中的所有三个图标必须覆盖 VI 图标的相同区域，占用合适的程序框图空间。

自定义图标的范例见：Custom Shaped Icon VI LabVIEW\examples\general\Custom Shaped Icon.llb。

2. 连线板

连线板用于显示 VI 中所有输入控件和显示控件接线端，类似于文本编程语言中调用函数时使用的参数列表。连线板标明了可与该 VI 连接的输入和输出端，以便将该 VI 作为子 VI 调用。连线板在其输入端接收数据，然后通过前面板的输入控件传输至程序框图的代码中，并将运算结果传输至其输出端在前面板的显示控件中显示。

默认的连线板模式为(4 × 2 × 2 × 4)。当需要为 VI 预留一些输入或输出端以方便修改时，可使用默认模式保留未分配的接线端。连线板接线端数量可以大于实际需求。配备多余的接线端将便于在需要的时候直接向 VI 添加额外的连线，此时调用该 VI 的其他 VI 无需重新链接至该子 VI。选择一种连线板模式后，可通过添加、删除或旋转等操作对模式进行自定义，使其适应 VI 的输入/输出。

说明：一个 VI 的接线端应尽量控制在 16 个以内。接线端太多将影响 VI 的可读性和可用性。连线板最多可拥有 28 个接线端。若前面板上的控件不止 28 个，可将其中的一些对象组合为簇，然后将该簇分配至连线板上的接线端。

【例 2-3】 结合练习 2-1，为摄氏温度转换为华氏温度.VI 创建连线板。

步骤如下：

(1) 鼠标右击连线板，选择快捷菜单中的【模式】。因 VI 中仅有一个输入控件和显示控件，故选择接线板，如图 2.20 所示。

说明：为连线板的每个接线端指定一个前面板输入控件或显示控件。习惯上，接线板左边端口作为输入端口，后边端口作为输出端口。若需要向模式添加一个接线端，右击需要添加接线端的位置，单击快捷菜单中【添加接线端】。若要删除模式的现有接线端，右击该接线端，单击快捷菜单中【删除接线端】。

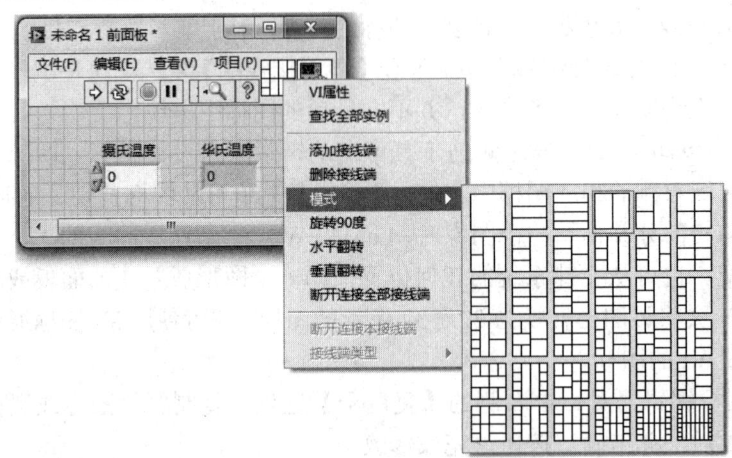

图 2.20　连线板接线端口模式的设置

(2) 用操作工具或连线工具，单击连线板左边端口，此时工具自动变成连线工具，且端口变成黑色，如图 2.21 所示。

(3) 移动连线工具，单击前面板的输入控件“摄氏温度”，为被选择的端口指定前面板的对象，如图 2.22 所示，其周边被虚线框住，此时被定义的连线板上端口变为橙色(端口的颜色由与关联的前面板控件的数据类型决定，不同数据类型对应着不同的颜色)，至此建立了连线板的左边端口与输入控件“摄氏温度”的关联关系。

说明：对连线板端口的定义也可以先选择前面板控件，再选择端口。

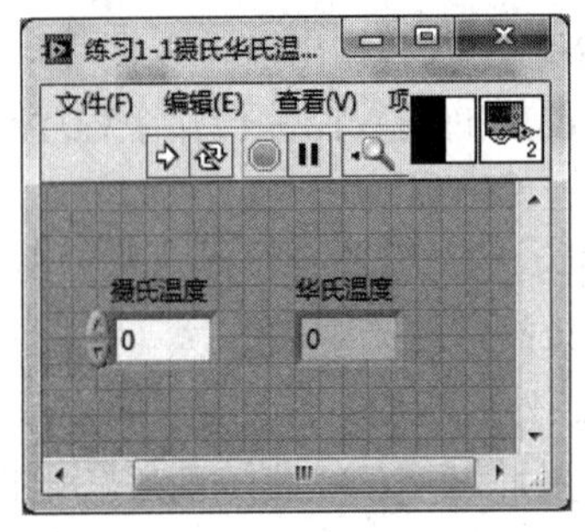

图 2.21　用连线工具单击连线板左边端口

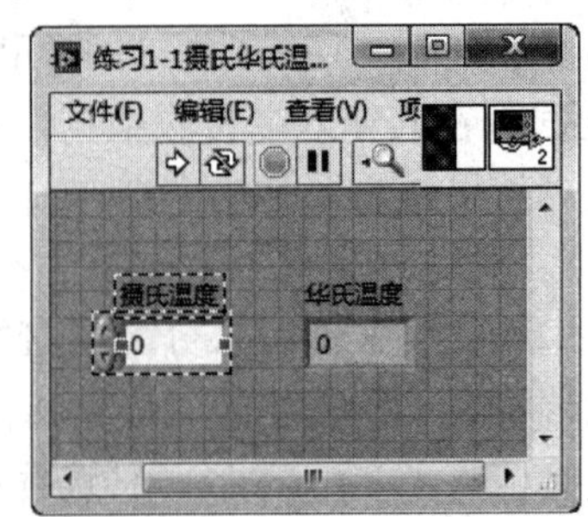

图 2.22　定义连线板的左边端口

(4) 重复上述步骤，使连线板的右边端口与前面板的显示控件“华氏温度”建立连接关系。

(5) 在前面板的空白区域单击鼠标，虚线框消失，至此摄氏温度转换为华氏温度.VI 的连线板创建完毕，如图 2.23 所示。

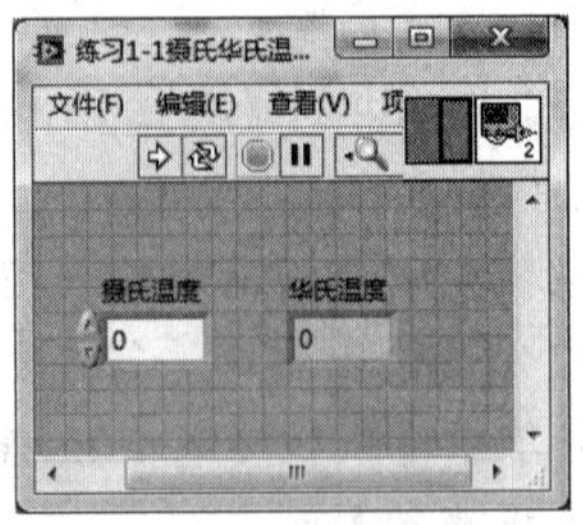

图 2.23　摄氏温度转换为华氏温度.VI 的连线板

(6) 单击【文件】→【保存】，保存此 VI。

在完成了连线板端口的定义之后，这个 VI 就可以在其他 VI 中被当做子 VI 来调用了。在调用 VI 的程序框图中，被调用的子 VI 以它的图标形式表示，连线板的两个端口分别对应前面板的“摄氏温度”和“华氏温度”控件数据。

说明：

(1) 对于不满意的连接，可以将之删除(实际为断开端口和控件之间的连接)后重新创建。删除的方法如下：在要删除的端口上单击鼠标右链，选择菜单【断开本连接接线端】，端口变为白色，连接已不存在。注意快捷菜单中的选项【删除接线端】，表示不仅可以断开端点和控件的连接而且还删除掉接口板上的端口。快捷菜单中的选项【断开连接全部接线端】，则表示一次性删除所有的连接。

(2) 如果一个 VI 在程序框图上调用另一个 VI 作为子 VI，当子 VI 的连线板发生变化时，必须在调用 VI 的程序框图上右键单击子 VI，从快捷菜单中选择【重新链接至子 VI】，对子 VI 重新链接。否则，该 VI 包含的子 VI 将处于断开状态而无法运行。

2.4.3　创建子 VI

除了调用已有 VI 创建为子 VI 使用，也可以选取 VI 程序框图中的一部分创建为子 VI，达到简化程序框图的目的。在编写程序过程中，有的时候会发现程序框图写得很大，这时才意识到要创建子 VI，降低程序框图的复杂度。这时候我们可以直接在程序框图上选定部分内容直接将其创建成子 VI。下面用一个简单的 VI 来说明如何利用这种方法来创建子 VI。

如图 2.24 所示为一个 VI 程序框图。现在要将此程序框图的 a、b、c 和 d 之间的运算关系创建成子 VI，步骤如下：

(1) 使用定位工具选中要转换成子 VI 的部分程序框图，如图 2.25 所示，被选中部分被一流动的虚线框住。

(2) 单击主菜单栏【编辑】→【创建子 VI】，LabVIEW 将程序中被选定部分转换成子 VI，并自动为子 VI 创建图标和连线板，如图 2.26 所示，一个默认的子 VI 图标替换了原程序框图中的选定部分。

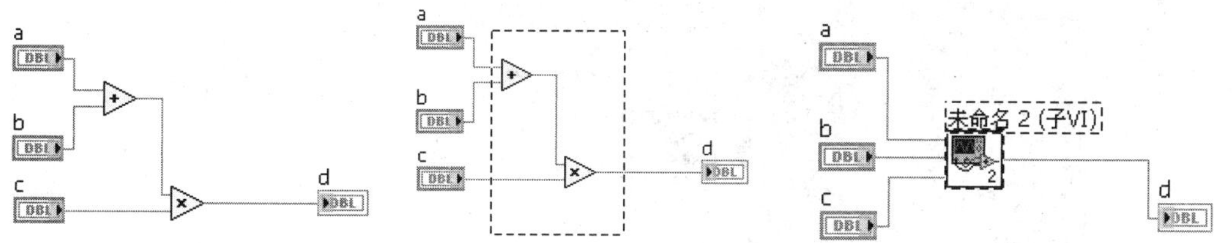

图 2.24　一个 VI 程序框图　　图 2.25　选定部分程序框图　　图 2.26　将选定部分程序框图变为子 VI

说明：使用这种方法创建的子 VI 的图标和连线板都是默认的，连线板的端口已经自动分配好了。此时有必要打开图标编辑器为子 VI 重新创建图标。

2.4.4　调用子 VI

子 VI 的控件和函数从调用该 VI 的程序框图中接收数据，并将数据返回至该程序框图。如需创建一个被调用的子 VI，单击函数选板上的【选择 VI…】，找到目标 VI 并将其拖放到程序框图，即可实现对该 VI 的调用。一个程序框图含有相同子 VI 节点的数目与该子 VI 被调用的次数相等。

用操作或定位工具双击程序框图上的子 VI，即可编辑该子 VI。保存子 VI 时，子 VI 的改动将影响到所有调用该子 VI 的程序，而不只是当前程序。

LabVIEW 调用子 VI 时，该子 VI 仅运行而不显示前面板。如果希望子 VI 在被调用时显示前面板，右键单击该 VI 并从快捷菜单中选择【设置子 VI 节点...】。如果希望每个子 VI 在被调用时都显示前面板，选择主菜单栏【文件】→【VI 属性】，从类别下拉菜单中选择【窗口外观】，单击【自定义】按钮，如图 2.27 所示。

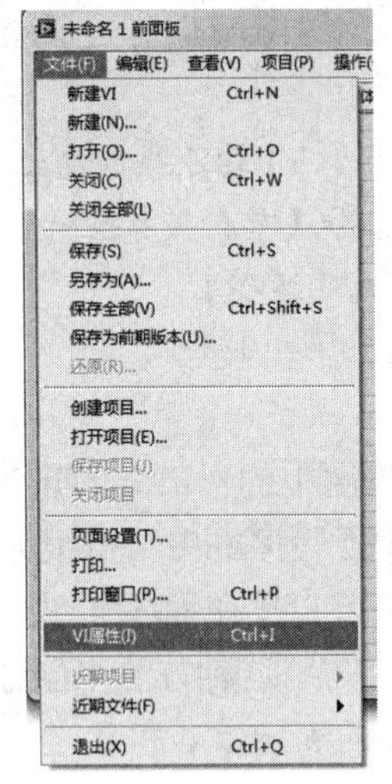

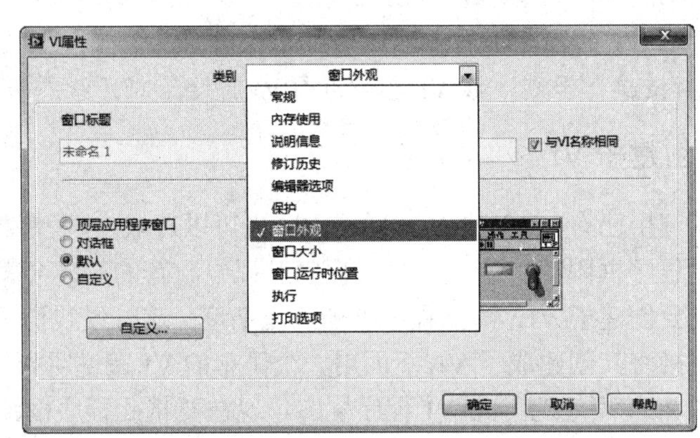

图 2.27　子 VI 的调用显示前面板设置

在任意一个 VI 程序的框图窗口，都可以把其他的 VI 程序作为子程序调用，只要被调用的 VI 程序编辑和设置了图标和连接板即可。用户使用函数模板下的【选择 VI...】来完成。当使用该功能时，将弹出一个对话框，用户可以选择需要调用的 VI，如图 2.28 所示。

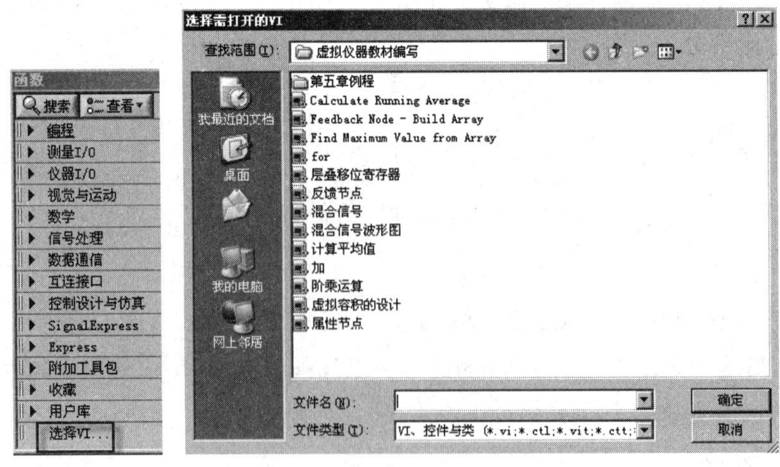

图 2.28　子 VI 的调用

如果在一个程序框图中，有几个相同的子程序节点，就表示该子程序节点被调用了几次。注意：该子程序的拷贝并不会在内存中存储多次。

2.5　VI 编辑调试技术

编辑和调试程序是任何一种编程语言编程最重要的一步。通过这一步编程人员可以查找出程序中存在的各种错误，根据这些错误和编辑结果，对程序进行修改、优化，最终得到一个正确可靠的程序。

2.5.1　VI 的编辑技术

VI 的编辑运行工具包括【运行】、【连续运行】、【中止执行】、【暂停】等，其图标如图 2.29 所示。

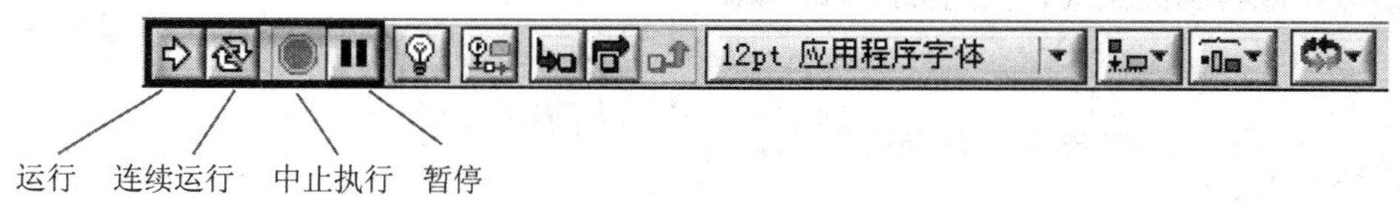

图 2.29　VI 编辑运行工具在快捷工具栏中的位置

LabVIEW 提供两种运行方式，即运行和连续运行。在前面板窗口或程序框图窗口的快捷工具栏中单击【运行】按钮，可以运行 VI 而且只运行一次。当 VI 正在运行时，运行按钮会变为。在快捷工具栏中单击【连续运行】按钮，可以连续执行程序无数次直至按下【中止执行】按钮。中止运行可强行终止 VI 的运行。这项功能在程序的调试中非常有用，当不小心使程序处于死机状态时，用该按钮可安全地终止程序的运行。此外，点击快捷工具栏中的【暂停】按钮，可暂停程序运行，再次单击该按钮，可恢复 VI 的运行。

2.5.2 VI 的调试技术

LabVIEW 编译环境提供了许多种调试 VI 程序的技术，除了具有传统仪器支持的单步运行、断点和探针等调试技术外，还添加了一种特有的调试技术——高亮显示执行过程-实时显示数据流动画。下面介绍 LabVIEW 中各种调试技术的具体用法。快捷工具栏中的 VI 的调试技术工具如图 2.30 所示。

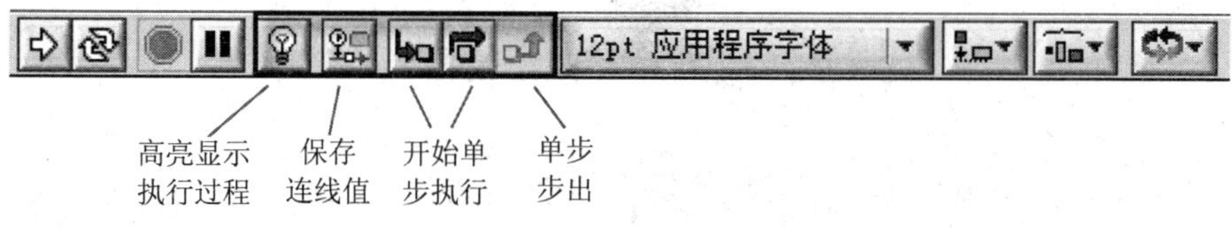

图 2.30　VI 的调试工具在快捷工具栏中的位置

1. 找出语法错误

如果一个 VI 程序存在语法错误，则在面板工具条上的运行按钮会变成一个折断的箭头，表示程序不能被执行。单击该断箭头则弹出错误列表，如图 2.31 所示。双击其中任何一个所列出的错误，则出错的对象或端口就会变成高亮。

2. 设置程序高亮执行

高亮显示执行过程按钮，点击这个按钮使它变成高亮形式，再点击运行按钮，VI 程序就以较慢的速度运行，没有被执行的代码灰色显示，执行后的代码高亮显示，并显示数据流线上的数据值。执行过程高亮显示表明了程序框图上的数据通过沿着连线移动的圆点从一个节点移动到另一个节点的过程。这样就可以根据数据的流动状态跟踪程序的执行，如图 2.32 所示。

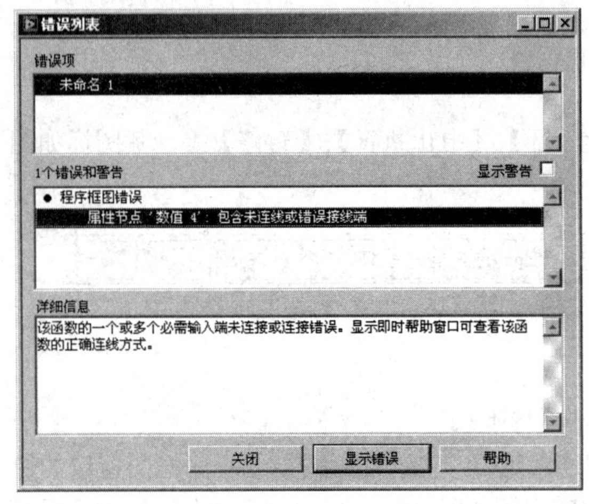

图 2.31　错误列表

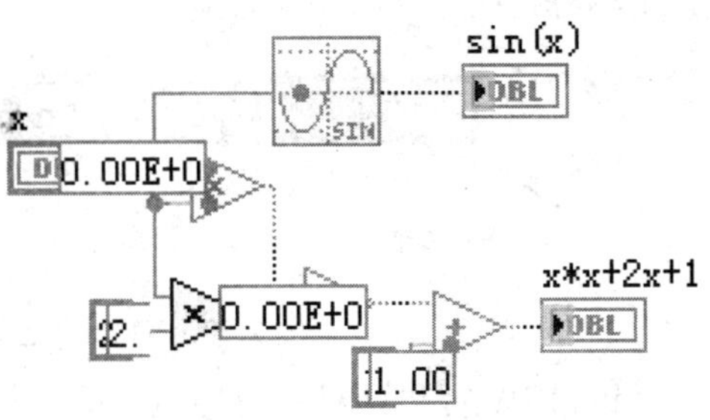

图 2.32　设置执行程序高亮的运行效果

3. 断点与单步执行

【设置/清除断点】工具位于工具选板中，在 VI、函数、节点、连线和结构上设置断点，使执行在断点处暂停。为了查找程序中的逻辑错误，有时希望程序一个节点一个节点地执行。使用【设置/清除断点】工具时，单击你希望设置或者清除断点的地方。断点的显示对于节点或者图框表示为红框，对于连线表示为红点。当 VI 程序运行到断点被设置处，程序被暂停在将要执行的节点，以闪烁表示。按下单步执行按钮，闪烁的节点被执行，下一个将要执行的节点变为闪烁，指示它将被执行。也可以单击暂停按钮，这样程序将连续执行直到下一个断点。如图 2.33 所示。

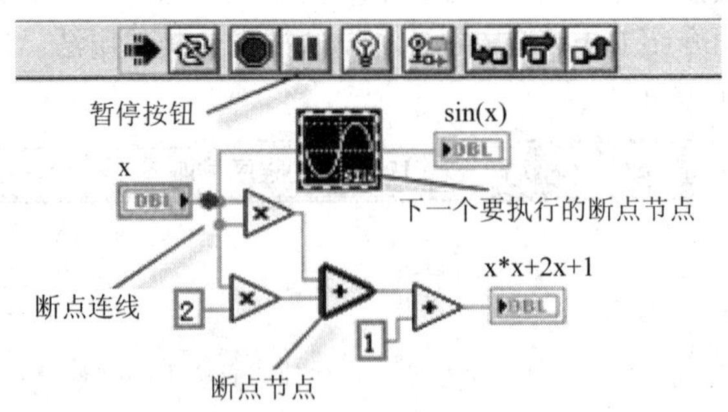

图 2.33　设置断点程序的执行过程

单步执行包括【单步步入】和【单步步过】，其操作按钮分别如图和。

单步执行 VI 可查看 VI 运行时程序框图上 VI 的每个执行步骤。单步执行按钮仅在单步执行模式下影响 VI 或子 VI 的运行。

单击程序框图工具栏上的【单步步入】或【单步步过】按钮可进入单步执行模式。【单步步出】按钮在默认状态下图标为 。只有在单击【单步步入】或【单步步过】按钮后其图标才为 。点击【单步步出】按钮完成程序的执行并退出单步执行模式。

4. 探针

探针工具用于检查 VI 运行时连线上的值，【探针数据】工具 位于工具选板中。设置探针的方法如下：

(1) 从 Tools 工具模板选择【探针数据】，程序框图中鼠标图标变为 ，左击连接线。

(2) 在流程图中使用【选择】工具或【进行连线】工具，右击连接线，点击连线快捷菜单中【探针】。

(3) 单击【工具选板】→【自动选择工具】，运行程序，左击连接线(动态设置探针)。

不论用上述那种方法设置探针，其在显示器中出现的探针数据窗口如图 2.34 所示。

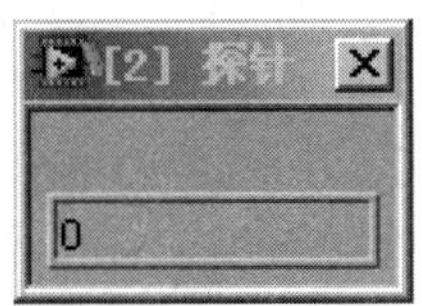

图 2.34　探针数据显示窗口

本 章 小 结

(1) 子 VI 必须设置连线板，建议编辑图标。

(2) LabVIEW 是数据流编程模式。

(3) LabVIEW 编译环境提供了许多种调试 VI 程序的技术，除了具有传统仪器支持的单步运行、断点和探针等调试技术外，还添加了一种特有的调试技术——高亮执行-实时显示数据流动画。

思 考 与 练 习

1．输入两个数，求两个数的和差运算，并显示结果。

2．程序运行中，用旋钮控件改变图形曲线的颜色。建立波形图表的属性节点，改为可写，并指定为曲线 Plot 的颜色 Color 属性。

第 3 章　几种常用的程序结构

LabVIEW 采用结构化数据流编程，这是 LabVIEW 的编程核心。LabVIEW 常用的程序结构有以下几种：循环结构、条件结构、顺序结构、事件结构等。本章将重点介绍这几种常用的程序结构的使用方法。

- For 循环
- While 循环
- 移位寄存器
- 条件结构
- 顺序结构
- 事件结构

3.1　For 循环

For 循环将按照设定的次数执行子程序框图(即结构边框中的程序框图部分)。本节将介绍如何使用 For 循环来控制程序运行。

3.1.1　创建 For 循环

右击程序框图空白处，弹出函数选板，单击【编程】→【结构】→【For 循环】，如图 3.1 所示。将其拖放在程序框图中，此时按住鼠标并左键拖动鼠标并调整确定 For 循环框的大小。For 循环图标如图 3.2 所示。

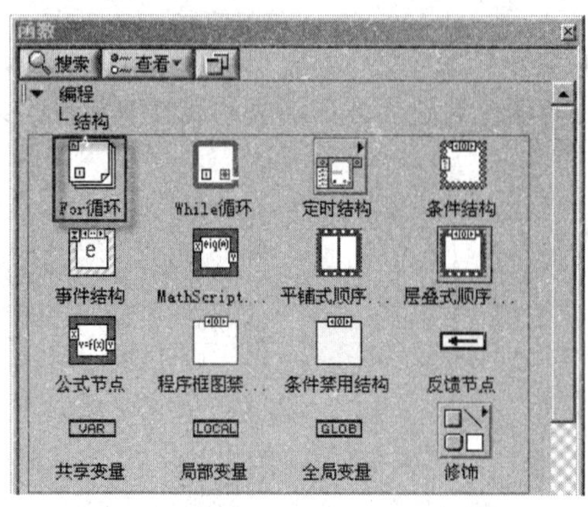

图 3.1　For 循环在函数选板上的位置

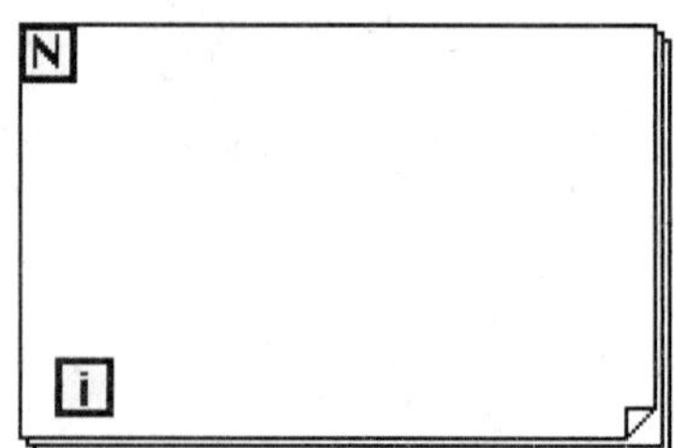

图 3.2　For 循环

For 循环具有两个接线端，说明如下：

(1) N：总数接线端(输入端子)，它的值表示重复执行子程序框图的次数。

(2) i：计数接线端(输出端子)，它的值表示已完成的循环次数。

说明：这两个端子都是 0～(2^{31}−1)范围内的长整数。

【练习 3-1】 学习使用 For 循环。

目标：使用 For 循环显示随机数。

设计：For Loop VI。

(1) 打开一个新的 VI。

(2) 创建前面板。

① 右击前面板空白处，弹出控件选板。

② 在控件选板上单击【Express】→【数值显示控件】→【数值显示控件】，将其拖放在前面板上。

③ 使用标签工具将其命名为随机数。

④ 依据此方法创建并命名一个循环计数显示控件，如图 3.3 所示。

图 3.3　For Loop 前面板

(3) 切换到 VI 的程序框图。

(4) 创建程序框图。

① 右击程序框图空白处，弹出函数选板。

② 在函数选板上单击【编程】→【结构】→【For 循环】，将其拖放在程序框图中。同时，将随机数和循环计数两个节点置于 For 循环框中。

③ 在函数选板上单击【编程】→【数值】→【随机数(0-1)】，将其拖放在程序框图中。

④ 右击 For 循环的总数接线端，在弹出的快捷菜单中选择【创建常量】，并设置数值为“100”(默认值为 0)，如图 3.4 所示。

说明：总数接线端值为“100”，就意味着子程序框图将被循环执行 100 次。

⑤ 使用连线工具，连线各个节点，如图 3.5 所示。

图 3.4　设置总数接线端值为 100

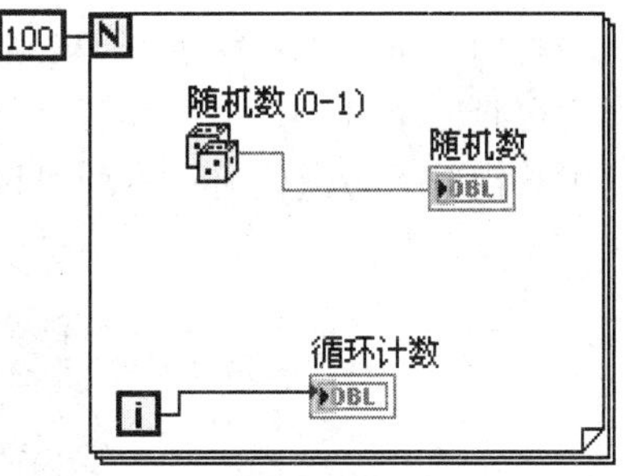

图 3.5　For Loop 程序框图

(5) 保存 VI，并且命名为“For Loop”。

(6) 返回前面板，运行 VI。

说明：程序运行时注意观察循环计数控件的值，显示是从 0～99，而不是 1～100。计数接线端总是从零开始计数。第一次循环时，计数接线端返回值“0”。这一点需要读者注意。

下面介绍一下带有条件接线端的 For 循环。

可为 For 循环添加一个条件接线端，从而在出现布尔条件或发生错误时使循环停止。带有条件接线端的 For 循环在条件发生时或所有循环完成时才停止执行，以先实现的条件为准。

右击 For 循环的边框，在快捷菜单中选择【条件接线端】。此时循环中将出现一个条件接线端，总数接线端的外观由 N 变为 N，如图 3.6 所示。

对于具有条件接线端的 For 循环，必须为条件接线端连线，或为计数接线端或自动索引输入数组连接一个数值。

说明： 默认状态下，条件接线端设置为【真(T)时停止】，即循环一直执行到接线端接收到 TURE 值为止。右击接线端，在快捷菜单中选择【真(T)时继续】。在条件接线端为真(T)时继续时，循环将一直执行直到接线端接收到 FALSE 值为止。

图 3.7 所示 For 循环每 1000 ms 产生一个随机数，当产生 100 个随机数或单击停止按钮时循环中止执行。

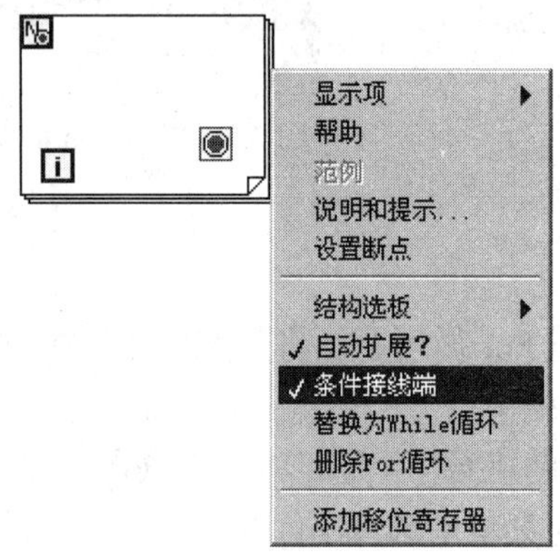

图 3.6　带有条件接线端的 For 循环

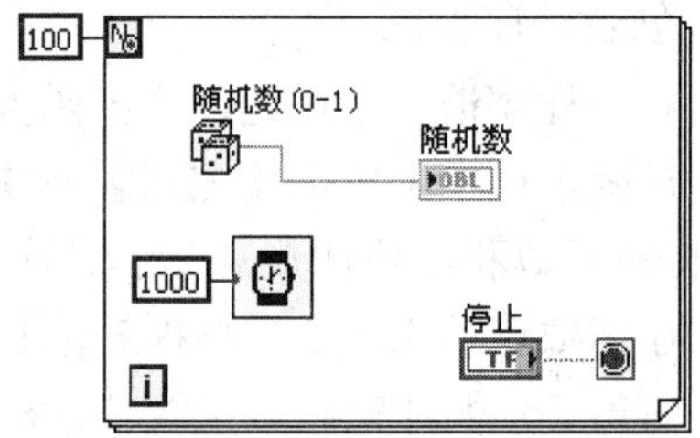

图 3.7　带有条件的 For 循环

3.1.2　For 循环的自动索引

自动索引是指使 For 循环或 While 循环在循环边框上对数组自动建立索引的功能。数组的概念可查阅本书第 4 章。

启用数组输入隧道的自动索引可以读取和处理连接到 For 循环的数组中的各个元素，如图 3.8 所示。

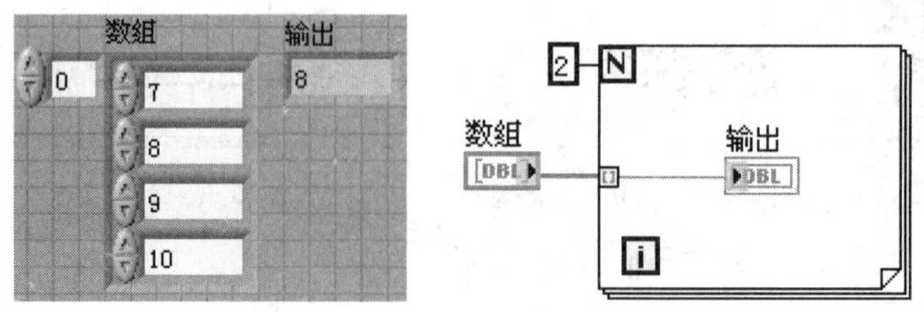

图 3.8　启用自动索引输入数组到 For 循环

说明： 从结构外接收数据和将数据输出结构的接线端称为隧道。隧道是结构边框上的连接点。

说明：For 循环在默认状态下是启用自动索引的。自动索引时，隧道图标是空心框▣；禁用索引时，隧道图标是空心框■。

如果不希望启用自动索引，右击循环边框上的隧道，在快捷菜单中选择【禁用索引】，如图 3.9 所示。

说明：如果禁用输入隧道自动索引时，整个数组将一次性全部传递到循环中。

启用数组输出隧道的自动索引后，输出数组从每次循环中接收一个新元素。因此，数组的大小与循环的次数相等。图 3.10 中循环次数为 5 次，那么输出数组中含有 5 个元素。

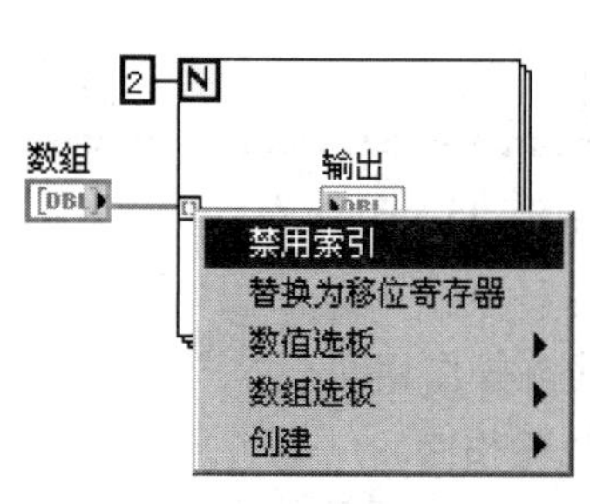

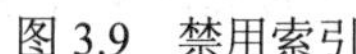
图 3.9　禁用索引

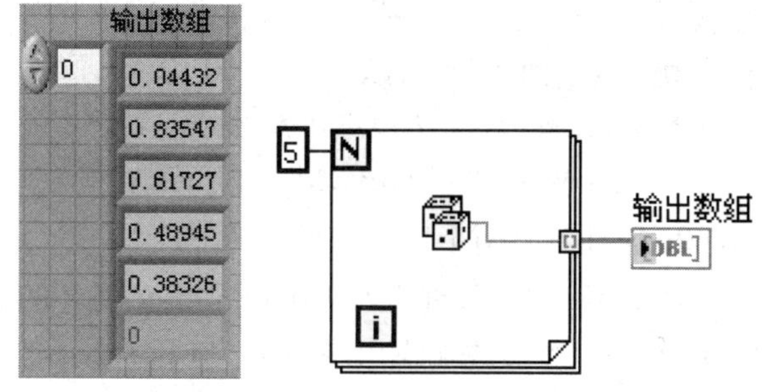

图 3.10　启用自动索引到输出数组

说明：如果禁用输出隧道上的自动索引，仅有最后一次循环的元素被传递到程序框图上的下一个节点。

如果有多个隧道启用自动索引，或对计数接线端进行连线，实际的循环次数将取其中较小的值。如图 3.11 所示，For 循环将执行 4 次，因为数组元素中有 4 个元素。

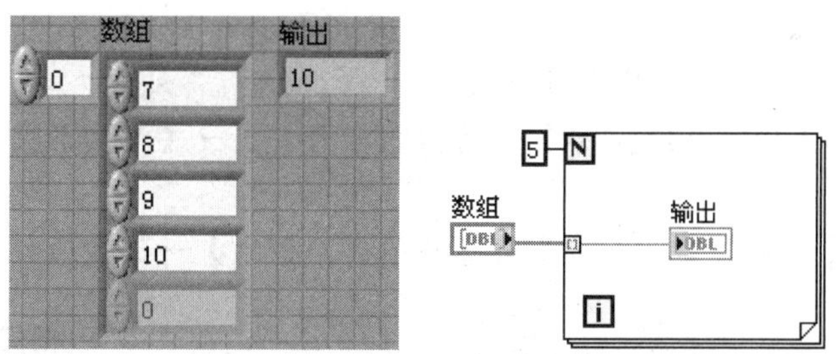

图 3.11　启用自动索引到输出数组

3.2　While 循环

While 循环类似于文本编程语言中的 Do 循环或 Repeat-Until 循环，While 循环执行子程序框图直到满足某个条件或出现错误。本节将介绍如何使用 While 循环。

3.2.1　创建 While 循环

右击程序框图空白处，弹出函数选板，单击【编程】→【结构】→【While 循环】，如图 3.12 所示。将其拖放在程序框图中，此时按住鼠标左键拖动鼠标调整确定 While 循环框的大小。While 循环图标如图 3.13 所示。

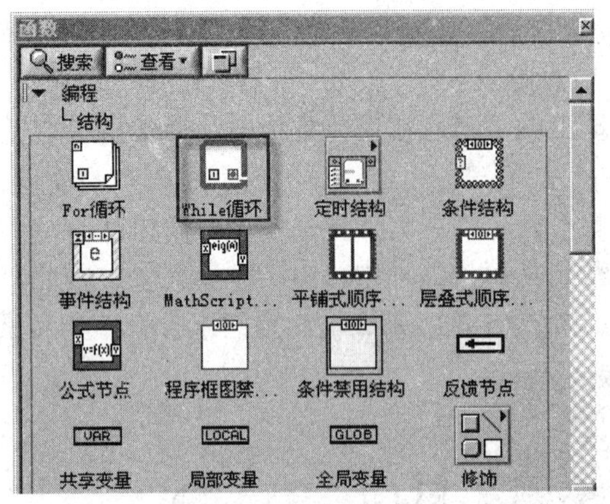

图 3.12　While 循环在函数选板上的位置

图 3.13　While 循环图标

While 循环具有两个端子，说明如下：

(1) ：条件接线端(输入端子)，与 For 循环的条件接线端操作相同。

(2) ：计数接线端(输出端子)，与 For 循环的计数接线端相同。

说明：程序在每次循环结束时检查条件接线端，所以不管条件接线端的条件是否满足，While 循环永远至少要执行一次。

【练习 3-2】 学习使用 While 循环。

目标：使用 While 循环显示随机数。

设计：While Loop VI

(1) 打开一个新的 VI。

(2) 创建前面板。

① 右击前面板空白处，弹出控件选板。

② 在控件选板上单击【Express】→【按钮与开关】→【滑动开关】，将其拖放在前面板上。

③ 在控件选板上单击【Express】→【数值显示控件】→【数值显示控件】，将其拖放在前面板上。

④ 使用标签工具将其命名为随机数。

⑤ 依据此方法创建并命名一个循环计数显示控件，如图 3.14 所示。

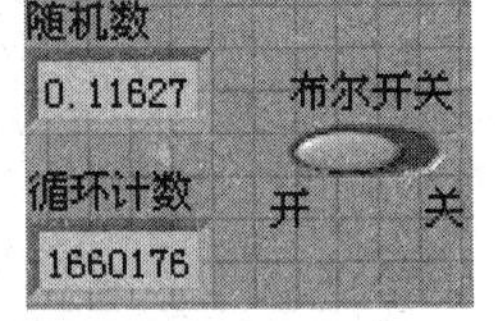

图 3.14　While Loop 前面板

(3) 切换到 VI 的程序框图。

(4) 创建程序框图。

① 右击程序框图空白处，弹出函数选板。

② 在函数选板上单击【编程】→【结构】→【While 循环】，将其拖放在程序框图中。同时，将随机数和循环计数两个节点置于 While 循环框中。

③ 在函数选板上单击【编程】→【数值】→【随机数(0-1)】，将其拖放在程序框图中。

④ 使用连线工具，连线各个节点，如图 3.15 所示。

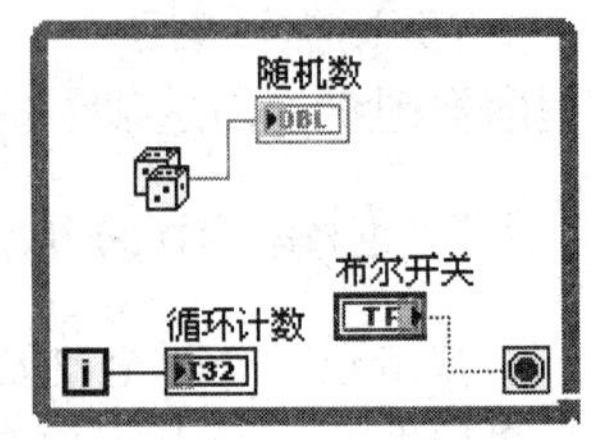

图 3.15　While Loop 程序框图

(5) 保存 VI，并且命名为“While Loop”。

(6) 返回前面板，运行 VI，观察到循环计数控件的值在不断增加，将布尔开关置于关位置，循环将停止。

思考 1：如图 3.16 所示，如果将布尔开关置于 While 循环框外面，While 循环如何执行？(提示：由于 LabVIEW 是数据流编程，所以布尔开关的值只在循环开始前被读取一次。)

思考 2：如图 3.17 所示，如果将随机数显示控件置于 While 循环框外面，While 循环如何执行？(提示：随机数显示控件的值仅在循环执行完以后更新一次。)

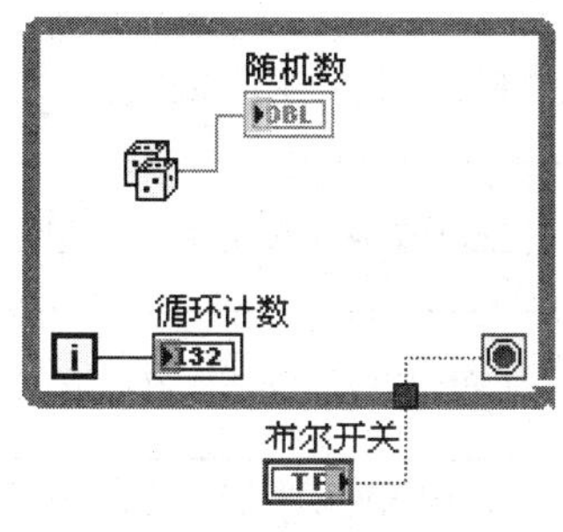

图 3.16　条件接线端输入置于 While 循环框外面

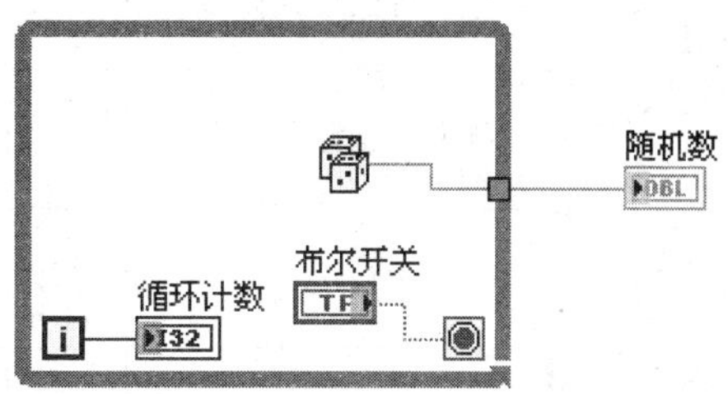

图 3.17　将随机数显示控件置于 While 循环框外面

3.2.2　While 循环的自动索引

对进入 While 循环的数组启用自动索引，对该数组建立索引方式与 For 循环一样，具体可以参考 3.1.2 一节。但是 While 循环只有在满足特定条件时才会停止执行，因此 While 循环的执行次数不受该数组大小的限制。

关于使用“While 循环”的范例见 labview\examples\general\structs.llb 中的 Generate Random Signal VI。

说明：While 循环默认状态下为禁用自动索引。当 While 循环索引超过输入数组的大小时，LabVIEW 会将该数组元素类型的默认值输入循环。数值型数组默认值为“0”；布尔型数组默认值为“FALSE”。可以通过使用“数组大小”函数可以防止将数组默认值传递到 While 循环中。“数组大小”函数显示数组中元素的个数。可设置 While 循环在循环次数等于数组大小时停止执行。

3.2.3　布尔开关的机械动作

布尔开关的一个非常重要的属性就是机械动作，使用该属性可以模拟真实布尔开关的动作特性。右击布尔开关，在弹出的快捷菜单中选择【机械动作】。LabVIEW 为布尔开关提供了 6 种机械动作，如图 3.18 所示。右击布尔开关，在弹出的快捷菜单中选择【属性】，单击【操作】标签，在【操作】选项卡中可以设置机械动作，而且还有详细的动作解释和开关动作预览。

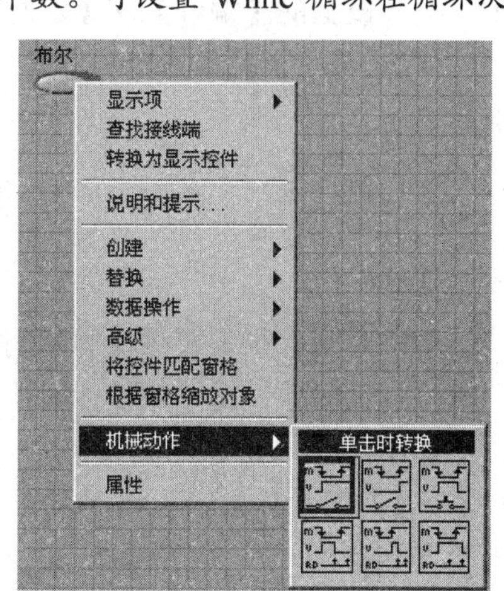

图 3.18　布尔开关的机械动作选择

不同的机械动作会引起布尔开关的值的输出方式

不同。下面详细说明各个机械动作。

表 3-1　机械动作的详细说明

机械动作图标	动作名称	说　明
	单击时转换	按下按钮时改变状态。按下其他按钮之前保持当前状态
	释放时转换	按下按钮时改变状态。释放其他按钮之前保持当前状态
	保持转换直到释放	按下按钮时改变状态。释放按钮时返回原状态
	单击时触发	按下按钮时改变状态。LabVIEW读取控件值后返回原状态
	释放时触发	按下按钮时改变状态。LabVIEW读取控件值后返回原状态
	保持触发直到释放	按下按钮时改变状态。LabVIEW读取控件值后释放按钮时返回原状态

说明：在机械动作图标中，M 表示操作控件时鼠标键的动作，V 表示控件的输出值，RD 表示 VI 读取控件的时间点。可以参考 LabVIEW 自带的范例，名称为 Mechanical Action of Boolean.vi，位于 labview\examples\general\controls\booleans.llb。

3.3　循环的定时时间控制

LabVIEW 在执行 For 循环或 While 循环时，用户需要给它设定循环时间间隔来控制代码执行的速率，否则它将以 CPU 的极限速度运行，这样循环外的所有其他 VI 不能运行，甚至会干扰用户界面的响应。所以在 For 循环或 While 循环中要放入一个定时器。

下面介绍两种最常用的定时函数【等待】和【等待下一个整数倍毫秒】，这两个函数位于函数选板上的【编程】→【定时】中。绝大多数情况下，这两个函数可以相互使用。

(1) 【等待】函数的功能是等待用户指定的时间量，并返回毫秒计时器的值，如图 3.19 所示。

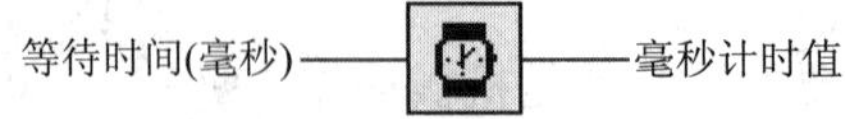

图 3.19　等待函数

等待时间：指定要等待的时间，以毫秒(ms)为单位，与绝对时间无关。

毫秒计时值：返回毫秒计时器的值。

说明：LabVIEW 中提供了定时执行的快速 VI，位于【函数】选板下的【编程】→【定时】→【时间延迟】，该 VI 的功能和 Wait(ms)类似，惟一的例外是它的输入是以 s 为单位，而不是 ms。

(2) 【等待下一个整数倍毫秒】函数是 LabVIEW 通过一个毫秒计时器来监测等待的时

间量，等待会一直持续，直到所指定的整数倍毫秒时间量。可在循环中调用该函数，控制循环执行的速率，如图 3.20 所示。第一次的循环等待时间也许会相当短，无法保证运行的时间是设定值。这是因为系统时钟在开始等待前已经开始计时了。

图 3.20　等待下一个整数倍毫秒函数

毫秒倍数：指定 VI 运行的时间间隔，以毫秒(ms)为单位。

毫秒计时值：返回毫秒计时器的值。

说明：【等待下一个整数倍毫秒】函数通常用来同步多个并行循环的执行，因为它的等待时间是周期性的。图 3.21 所示的两个独立的 While 循环会以 200 ms 的时间间隔同步运行。

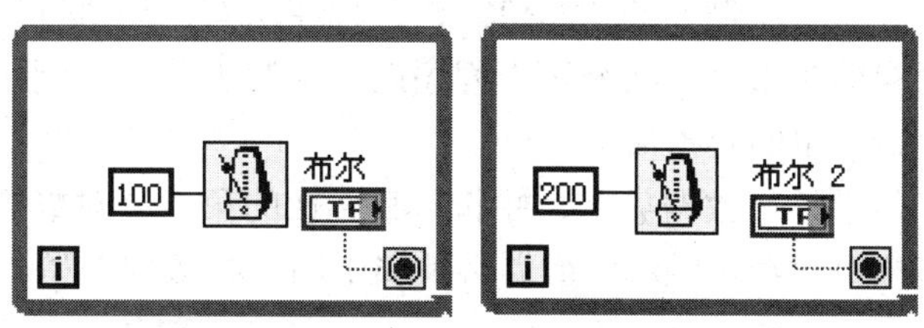

图 3.21　同步两个 While 循环执行

【练习 3-3】控制 While 循环的时间。

目标：学习使用 While 循环的定时时间控制。

设计：While Loop with Delay VI。

(1) 打开 While Loop VI，见 3.2.2 小节[练习 3-2]。

(2) 在【练习 3-2】创建的前面板的基础上添加时间控件。

① 在控件选板上单击【Express】→【数值输入控件】→【数值输入控件】，将其拖放在前面板上。

② 使用标签工具将其命名为毫秒倍数，并设置数值为“100”，如图 3.22 所示。

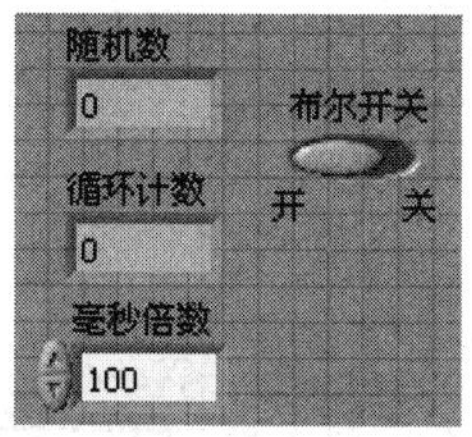

图 3.22　While Loop with Delay 前面板

(3) 在【练习 3-2】程序框图的基础上添加循环定时函数。

① 在函数选板上单击【编程】→【定时】→【等待下一个整数倍毫秒】，将其拖放在程序框图中。

② 使用连线工具，连线各个节点，如图 3.23 所示。

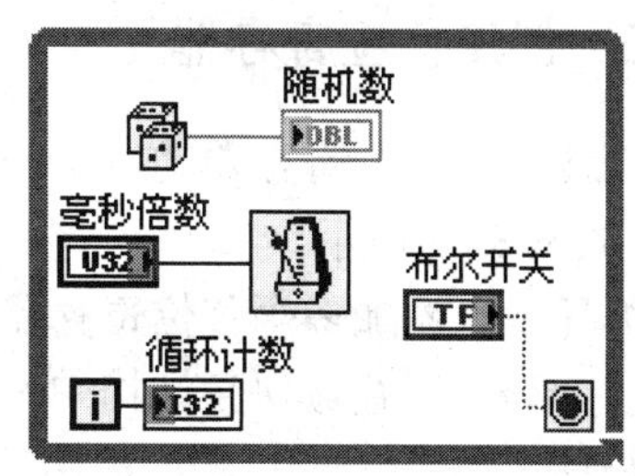

图 3.23　While Loop with Delay 程序框图

(4) 保存 VI，并且命名为“While Loop with Delay”。

(5) 返回前面板，运行 VI。

(6) 把毫秒倍数的值改为“200”，观察程序运行的速度有什么变化。

3.4 移位寄存器

移位寄存器可用于将上一次循环的值传递至下一次循环。本节将介绍如何使用移位寄存器在循环结构中传递数据。

3.4.1 移位寄存器的概念

移位寄存器相当于循环结构中的一个本地变量，移位寄存器以一对接线端的形式出现，分别位于循环结构(While 循环或 For 循环)两侧的边框上(▼ ▲)，位置相对。

移位寄存器的工作过程如图 3.24 所示。右侧接线端含有一个向上的箭头，用于存储每次循环结束时的数据。这些数据在这次循环结束之后将被转移到左边的端子，循环将使用左侧接线端的数据作为下一次循环的初始值。该过程在所有循环执行完毕后结束。循环结束后，右侧接线端保存的是最后一次循环中程序产生的数据值；左侧接线端则保存的是倒数第二次循环中程序所产生的数据值。

移位寄存器可以传递任何数据类型，并和与其连接的第一个对象的数据类型自动保持一致。连接到各个移位寄存器接线端的数据必须属于同一种数据类型。

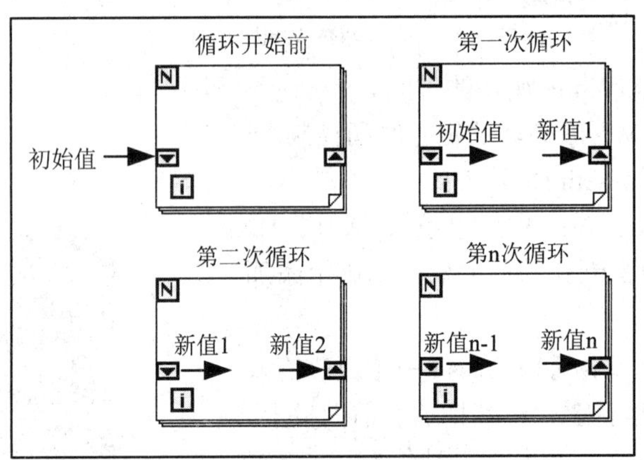

图 3.24　移位寄存器的工作过程

3.4.2 创建移位寄存器

创建一个移位寄存器的方法是：右击循环的边框，单击快捷菜单中的【添加移位寄存器】，如图 3.25 所示。

循环中可添加多个移位寄存器。如循环中的多个操作都需使用上一次循环的值，可以通过多个移位寄存器保存结构中不同操作的数据值。创建多个移位寄存器的方法是：重复右击循环边框，单击快捷菜单中的【添加移位寄存器】。有几个操作需要使用上次的值，就需要重复图 3.25 中的操作几次。

图 3.26 所示程序中有两个移位寄存器，其分别用于存储每次程序中的加法和乘法运算的结果。

说明：图 3.26 所示程序中，右上角的移位寄存器接线端将 2(即第一次循环中 0 和 2 之和)传递到左上角的移位寄存器接线端，作为加运算第二次循环的初始值。右下角的移位寄存器接线端将 2(即第一次循环中 1 和 2 之积)传递到左下角的移位寄存器接线端，作为乘运算第二次循环的初始值。第二次循环将 2 和 2 相加并将结果 4 传递到左上角的移位寄存器接线端以用于加运算第三次循环。第二次循环将 2 和 2 相加并将结果 4 与 2 的乘积传递到左下角的移位寄存器接线端以用于乘运算第三次循环。十次循环后，右上角的接线端将加运算的最终结果传递到数值 1 显示控件，右下角的接线端将乘运算的最终结果传递到数值 2 显示控件。

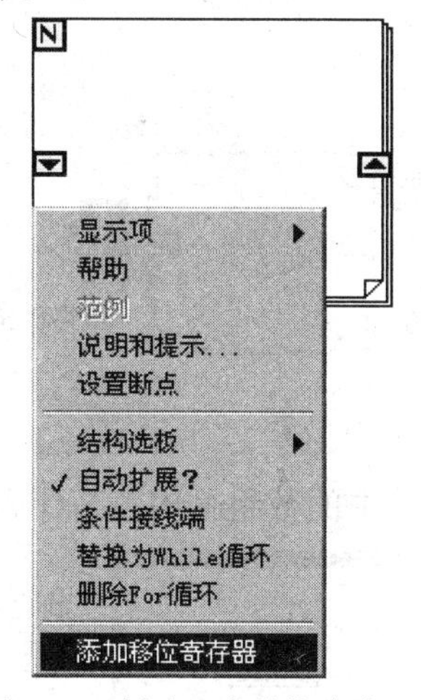

图 3.25　创建一个移位寄存器

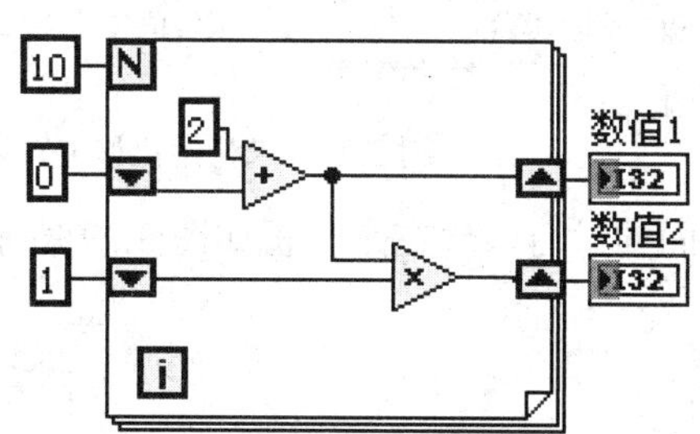

图 3.26　两个移位寄存器的程序

3.4.3　初始化移位寄存器

初始化移位寄存器，即设置 VI 运行时移位寄存器传递给第一次循环的值。移位寄存器的初始化是通过从循环的外部将常数或控件连接到移位寄存器的左侧接线端子上来实现的。如图 3.27 所示，在首次执行代码时，移位寄存器的初始值为 0，最终值为 10；在第二次执代码时，移位寄存器的初始值仍为 0，最终值也是 10。

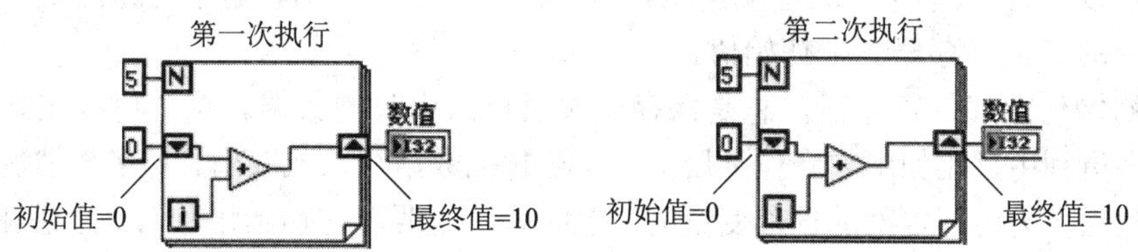

图 3.27　初始化移位寄存器的两次运行 VI 结果

说明：图 3.27 中程序，For 循环将执行 5 次，每次循环后，移位寄存器的值都增加比循环次数少一的值。For 循环完成 5 次循环后，移位寄存器会将最终值 10 传递给显示控件并结束 VI 运行。每次执行该 VI，移位寄存器的初始值均为 0。

如果未初始化移位寄存器，循环将使用最后一次执行时写入该寄存器的值，在循环未执行过的情况下使用该数据类型的默认值。使用未初始化的移位寄存器还可以保留 VI 多次执行之间的状态信息。图 3.28 所示程序框图是未初始化的移位寄存器的二次工作情况。在首次执行代码时，移位寄存器的初始值默认为 0，最终值为 10；在第二次执代码时，移位寄存器的初始值为第一次执行结果 10，最终值是 20。

说明：图 3.28 中程序，For 循环将执行 5 次，每次循环后，移位寄存器的值都增加比循环次数少一的值。第一次运行 VI 时，移位寄存器的初始值为 0，即 32 位整型数据的默认值。For 循环完成 5 次循环后，移位寄存器会将最终值 10 传递给显示控件并结束 VI 运行。而第二次运行该 VI 时，移位寄存器的初始值是上一次循环所保存的最终值 10。For 循环执行 5 次后，移位寄存器会将最终值 20 传递给显示控件。如果再次执行该 VI，移位寄存器的初始值是 20，依此类推。关闭 VI 之前，未初始化的移位寄存器将保留上一次循环的值。

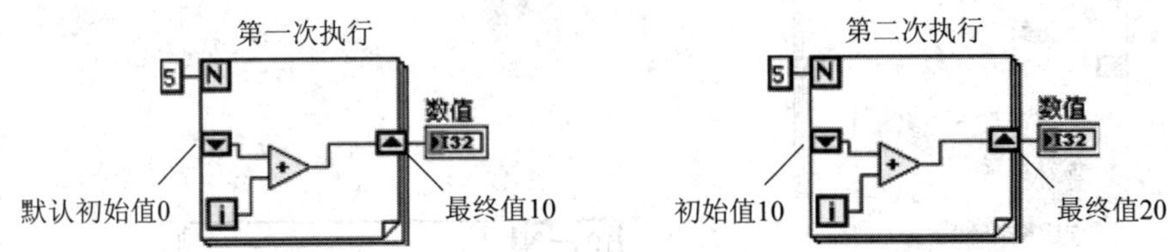

图 3.28　未初始化移位寄存器的两次运行结果

通过上面的学习，现在来分析如图 3.29 所示程序框图中的数组输出值是什么。

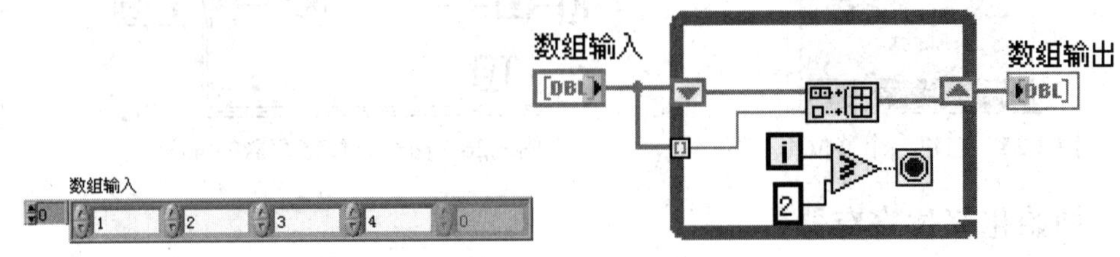

图 3.29　没有初始化的移位寄存器应用

图中程序使用了一个 While 循环结构，一个一维数组在循环结构的左边框利用自动索引功能将数组转换为单个数据值，将该数据值与数组送给创建数组函数形成一个新的数组输出。因此在这个程序中，即使输入不变，每运行一次程序，数组输出的结果都是不一样的，它的长度一直在增加。数组输出为(1，2，3，4，1，2，3)。这个问题出现的原因是没有给程序中的移位寄存器一个初始值。

没有初始化的移位寄存器，总是保存上次运行结束时的数据。这个特点在某些情况下可以被程序员利用，比如用它当作全局变量，随时把数据存入或取出。但多数情况下移位寄存器还是被用作为循环内部的局部变量的，这时就一定要对它初始化，以防止潜在的错误。

说明：数组是相同类型数据的集合，将在第 4 章详细介绍。

【例 3-1】 求 n!前面板和程序框图如图 3.30 所示。

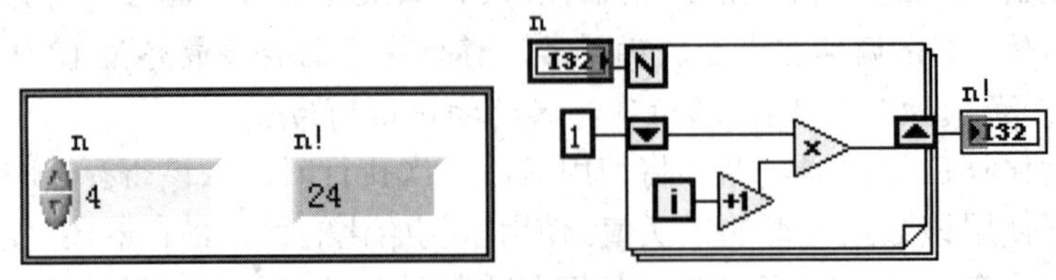

图 3.30　n!运算的前面板和程序框图

程序中 n＝4 时，For 循环共循环 4 次，表 3-2 中列出了通过高亮执行得到的每次循环时从 For 循环的计数端 i 输出的数据、从左侧移位寄存器输出的数据和从右侧移位寄存器输出的数据。

表 3-2　For 循环每次运行各端口的数据变换

循环次数	计数端口i输出的数据	i+1	左侧移位寄存器输出的数据	右侧移位寄存器输入的数据
1	0	1	1	1
2	1	2	1	2
3	2	3	2	6
4	3	4	6	24

3.4.4　创建层叠移位寄存器

层叠移位寄存器保存以前多次循环的值，并将值传递到下一次循环中。如需创建层叠移位寄存器，右击左侧的接线端并单击快捷菜单中的【添加元素】，如图 3.31 所示。或者通过鼠标拖曳左侧的接线端，其具体方法是：将鼠标放到循环结构的左边框移位寄存器下方，待鼠标变为上下双箭头时，按住鼠标左键拖动鼠标则会形成虚线框，根据需要记录以前数据的个数来确定层叠移位寄存器的个数，松开鼠标左键则形成层叠移位寄存器，如图 3.32 所示。

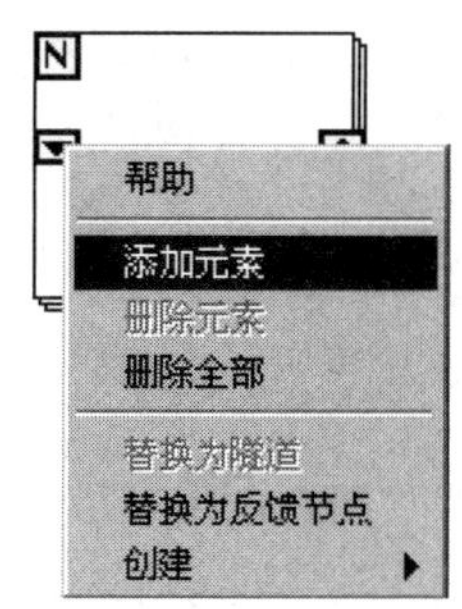

图 3.31　使用快捷菜单创建层叠移位寄存器

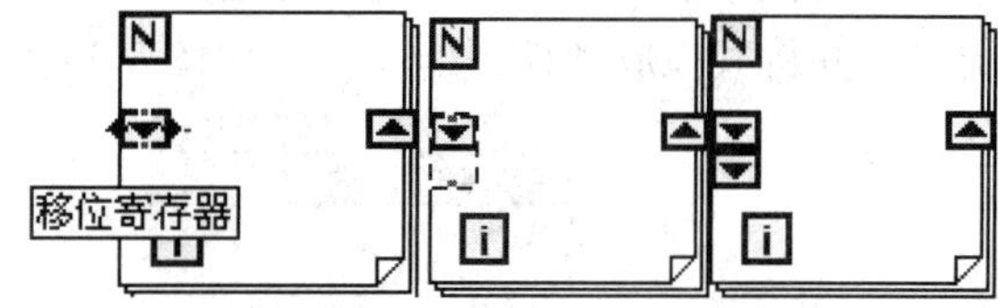

图 3.32　使用鼠标拖曳创建层叠移位寄存器

说明：*层叠移位寄存器只能位于循环左侧，右侧的接线端仅用于把当前循环的数据传递给下一次循环。*

图 3.33 所示程序中，左侧接线端口有两个元素，则其可以保存循环前两次运行的结果。程序运行结束后，左侧接线端口上面的元素保存最近一次循环的值 1，下面的元素保存上一次循环传递给寄存器的值 0。

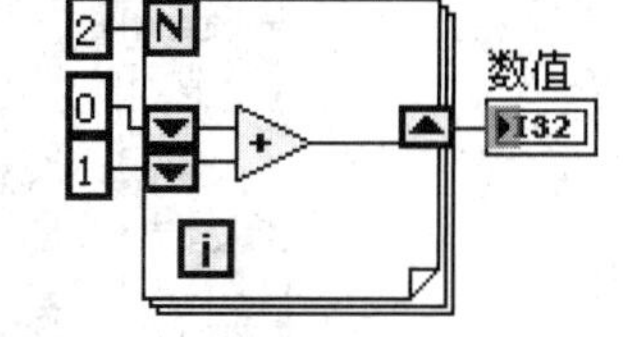

图 3.33　层叠移位寄存器应用

下面介绍移位寄存器和隧道的互换。

(1) 将移位寄存器替换为隧道：当不再需要将循环中的值传递到下一次循环时，使用右击移位寄存器并从快捷菜单中选择【替换为隧道】，将移位寄存器替换为隧道。

如果将 For 循环上的输出移位寄存器替换为隧道，因为默认情况下 For 循环已启用自动索引功能，所以连接到循环外部任何节点的连线都将断开。使用右击隧道并从快捷菜单中选择【在源处禁用索引】，禁用自动索引，并且自动纠正断线。如需启用索引，必须删除断线和显示控件接线端，使用右击隧道并从快捷菜单中选择【创建显示控件】。

(2) 将隧道替换为移位寄存器：如需将循环中的值传递到下一个循环中，右击隧道并从快捷菜单中选择【替换为移位寄存器】，将隧道替换为移位寄存器。如右击的隧道的相对边框上没有隧道，LabVIEW 会自动创建一对移位寄存器；如与右击的隧道相对的边框上也有一个隧道，LabVIEW 会将右击的隧道替换为移位寄存器，而且光标也会变成移位寄存器图标(▣)。

单击循环相对边框上的隧道，将其替换为移位寄存器，或者单击程序框图，直接将移位寄存器放置在循环边框的相应位置上。如该移位寄存器接线端出现在隧道之后，该移位寄存器为未连线。

如果将 While 循环中已启用索引的隧道替换为移位寄存器，因为移位寄存器不能自动索引，所以连接到循环外部任何节点的连线都将断开。删除断线，将位于移位寄存器右侧的输出连线连接到另一个隧道，右击该隧道，从快捷菜单中选择【启用索引】并将隧道连接到节点。

3.5 反 馈 节 点

反馈节点将一次 VI 或循环运行所得的数据值保存到下一次。本节主要介绍反馈节点的创建、初始化及其应用。

3.5.1 创建反馈节点

右击程序框图空白处，选择【函数】→【编程】→【结构】→【反馈节点】，如图 3.34 所示，并将其拖放到程序框图中，如图 3.35 所示。

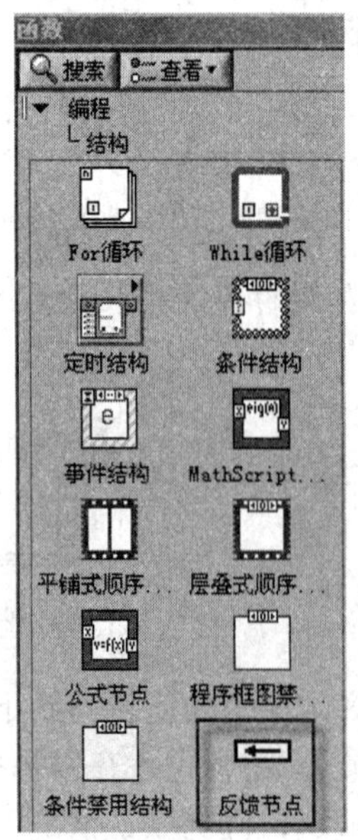

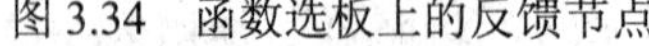
图 3.34　函数选板上的反馈节点

图 3.35　程序框图中未连线的反馈节点

创建反馈节点有两种方法：

(1) 程序自动创建：在程序框图中，将子 VI、函数或一组子 VI 及函数的输出连接至同一个 VI 或函数的输入时，连线中会自动插入一个反馈节点，同时自动创建了一个初始化接线端。如图 3.36 所示。

(2) 使用快捷菜单创建：右击循环结构的边框，在快捷菜单中选择【结构选板】→【反馈节点】，并将其拖放到循环结构内部。如图 3.37 所示。

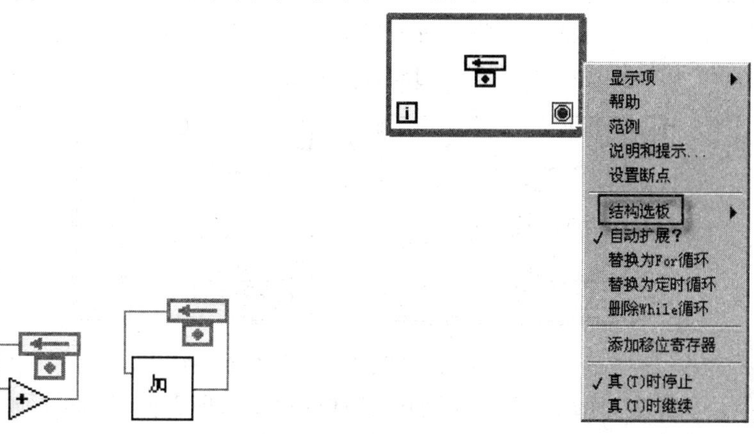

图 3.36　程序自动创建反馈节点　　　　图 3.37　使用循环结构快捷菜单创建反馈节点

当一个程序中需要将多个节点的输入和输出连接起来，或者循环结构中需要保存多个以前的值时，可以在程序中自动创建多个反馈节点，或者多次单击快捷菜单【反馈节点】并将其拖放到程序框图中。

说明：反馈节点箭头的方向表示数据流的方向。反馈节点有两个端口，输入端口在每次循环结束时将当前值存入，输出端口在每次循环开始时把上一次循环存入的值输出。反馈节点将连接到初始化接线端的值作为第一次循环或运行的初始值。然后将上一次循环的结果保存以用于此后的循环。如初始化接线端未连接任何值，反馈节点将使用数据类型的默认值，并在此后的运行中不断在之前所得结果的基础上产生值。

3.5.2　初始化反馈节点

初始化反馈节点，即设置 VI 运行时反馈节点传递给第一次循环或节点(VI 或函数)的值。反馈节点的初始化分为两种情况：在循环执行时初始化反馈节点和全局初始化反馈节点。

1. 在循环执行时初始化反馈节点

如需在循环执行时初始化一个反馈节点，可将接线端拖曳到包含了反馈节点的循环的左侧，或拖曳到一组包含了反馈节点的嵌入结构中某个循环的左侧。于是，反馈节点将在循环的第一次执行前被初始化。也可右击初始化接线端并从快捷菜单中选择【将初始化器移出一个循环】或【将初始化器移入一个循环】以移动初始化接线端，如图 3.38 所示。如将初始化接线端移动到循环的左侧，则必须为其连接一个初始值。

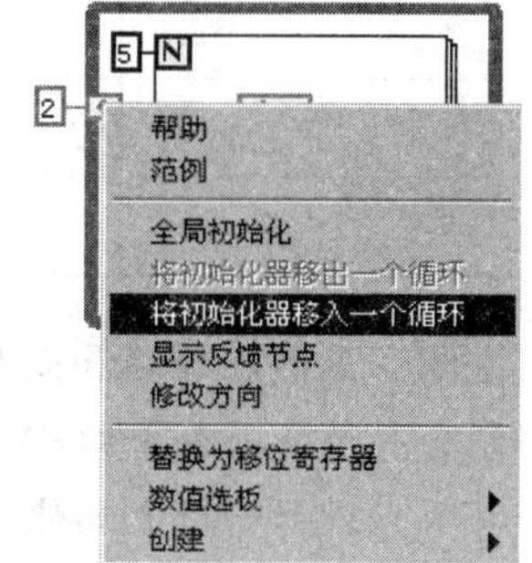

图 3.38　在多个循环结构中移动初始化接线端

2. 全局初始化反馈节点

如不将初始化接线端移动到循环的左侧，则反馈节点被全局初始化。全局初始化的反馈节点可用于程序框图上的任何地方。如反馈节点被全局初始化且已设置初始值，反馈节点将在 VI 的第一次执行中被初始化为该值。如未给初始化接线端连接初始值，则反馈节点第一次执行的初始输入为适于其数据类型的默认值。第一次运行后，VI 的每次运行时上次运行所得的值即是下次运行的初始值。图 3.39 显示了一个初始化接线端已连线的反馈节点的程序，以及一个初始化接线端未连线的反馈节点程序。

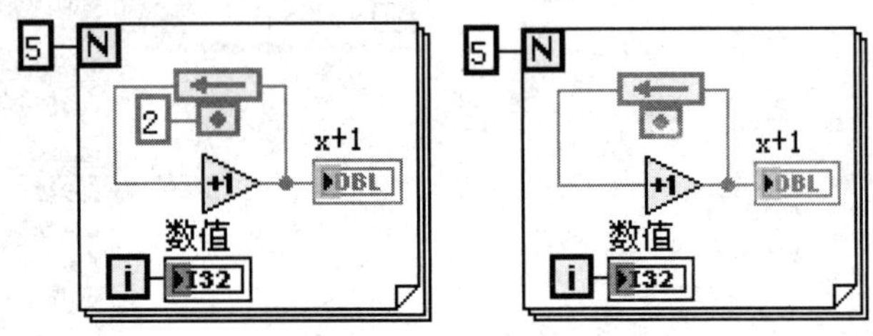

图 3.39　初始化与未初始化的反馈节点的程序

程序循环运行 5 次，每次循环实现加一的迭代运算，所有循环结束后输出程序的最终值到 X+1 显示控件显示，并且输出 For 循环的循环计数值 i。初始化接线端已连线的程序，在每次执行程序运行第一次循环时，均是将初始化接线端的值 2 送给反馈节点输出。初始化接线端未连线的程序，在第一次执行程序运行第一次循环时，将默认的浮点型数据值 0 作为反馈节点的输出；在第二次执行程序运行第一次循环时，反馈节点的输出值为上次执行程序的结束值。通过高亮执行可以得到两次执行程序时每次循环时程序的运行结果，如表 3-3 所示。

表 3-3　初始化与未初始化反馈节点程序两次执行的不同结果

初始化反馈节点的程序运行情况				未初始化反馈节点的程序运行情况			
第一次执行程序		第二次执行程序		第一次执行程序		第二次执行程序	
循环次数	X+1值	循环次数	X+1值	循环次数	X+1值	循环次数	X+1值
1	3	1	3	1	1	1	6
2	4	2	4	2	2	2	7
3	5	3	5	3	3	3	8
4	6	4	6	4	4	4	9
5	7	5	7	5	5	5	10

说明： 虽然在循环和嵌套循环中可将节点和初始化接线端隔开，但不可将初始化接线端移到含有节点的嵌套结构的外部。创建子 VI 时也不能将节点与初始化接线端隔开。如从只含有节点或只含有初始化接线端的一部分程序框图创建一个子 VI，LabVIEW 将返回一个错误。

下面介绍一下反馈节点和移位寄存器的互换。

反馈节点在循环中的操作与移位寄存器类似，当循环框比较大时，使用移位寄存器会造成过长的连线，使用反馈节点可以减少连线。LabVIEW 提供了反馈节点和移位寄存器的互换操作。在循环中如需要将移位寄存器转换为反馈节点，在移位寄存器上右击鼠标，在快捷菜单中选择【替换为反馈节点】；如需要将反馈节点转换为移位寄存器，在反馈节点上右击鼠标，在快捷菜单中选择【替换为移位寄存器】，如图 3.40 所示。

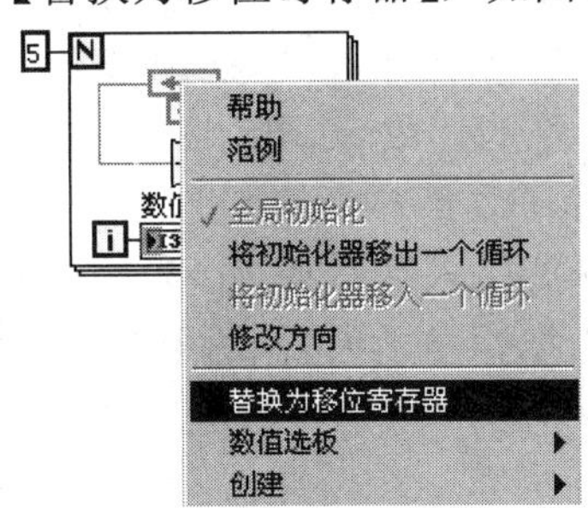

图 3.40　将反馈节点替换为移位寄存器

在将反馈节点替换为移位寄存器时要注意：如果反馈节点的初始化接线端有连接，则替换为移位寄存器时，要将断开的反馈节点中初始化接线端连接的数据作为移位寄存器的初始值，否则，替换后的程序运行结果将与替换前的程序运行结果不同。

3.6　实现阶乘运算的程序设计

1．问题描述

设计一个程序实现 n! 运算。在前面已经使用移位寄存器实现了该功能，此处要求使用反馈节点实现阶乘运算功能。

阶乘运算公式：$n! = 1 \times 2 \times \cdots \times n$。

2．设计

(1) 打开一个新的 VI。

(2) 创建前面板。

① 右击前面板空白处，弹出控件选板。

② 在控件选板上单击【数值输入控件】→【数值输入控件】，将其拖放在前面板上。

③ 使用标签工具将其命名为 n。

④ 在控件选板上单击【数值显示控件】→【数值显示控件】，将其拖放在前面板上。

⑤ 使用标签工具将其命名为 n!。

⑥ 装饰前面板。创建好的前面板如图 3.41 所示。

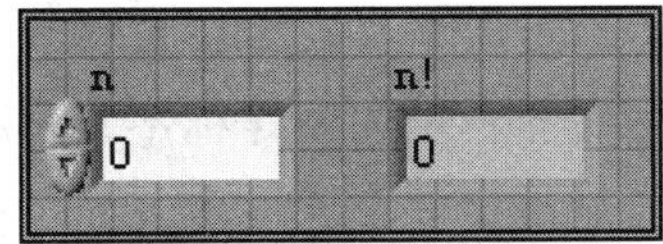

图 3.41　n! 运算的前面板

(3) 切换到 VI 的程序框图。

(4) 创建程序框图。

① 右击程序框图空白处，选择【函数】→【编程】→【结构】中的 For 循环，将其拖

放到程序框图。

② 右击 For 循环的边框，在快捷菜单中选择【结构】→【反馈节点】，并将其放置到 For 循环结构中。移动反馈节点中的初始化接线端到 For 循环结构的左边框上。

③ 设置反馈节点中的初始化接线端的值为 1，将前面板中的数值控件 n 与 For 循环的循环总数端 N 相连，在 For 循环结构内放置函数选板中的加一运算函数和乘法运算函数，并将加一函数的输入端与 For 循环的计数端 i 相连，其输出端与乘法函数的一输入端相连，在反馈节点上点击鼠标右键选择【改变方向】改变反馈节点的方向，并将其输出端与乘法函数的另一输入端相连，反馈节点输入端与乘法函数的输出端相连，最后将乘法函数的输出端与循环结构外的前面板输出控件 n! 在程序框图的接线端子相连。

程序框图如图 3.42 所示。

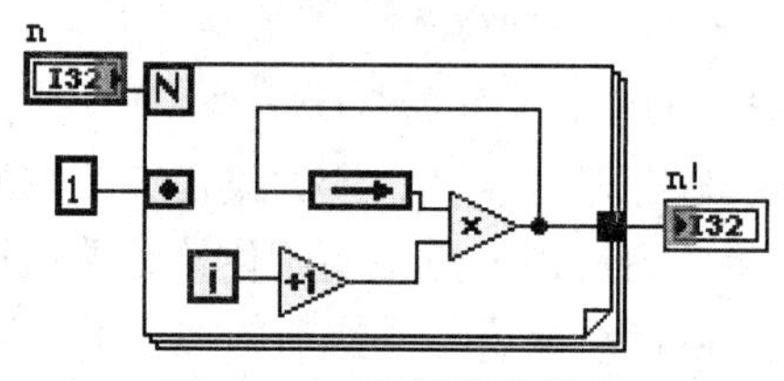

图 3.42 n!运算程序框图

(5) 保存 VI 并命名为 n! 运算。

(6) 修改前面板控件参数 n，查看 n! 运算结果。

3.7 实现测量结果算术平均值的程序设计

平均值的运算在实际测量中经常用到，本节将介绍如何利用前面所学的知识来设计实现测量结果算术平均值的程序。

1. 问题描述

在实际测量应用中经常要通过计算测量结果的平均值来降低测量误差。在该程序设计中，需要利用程序产生测量值，其用来模拟实际测量中的室内环境温度测量结果，这部分功能需要用一个子 VI 来实现。

2. 设计

(1) 打开一个新的 VI。

(2) 创建前面板。

① 右击前面板空白处，弹出控件选板。

② 在控件选板上单击【控件与按钮】→【停止按钮】，将其拖放在前面板上。

③ 右击【停止按钮】，单击【显示项】→【标签】隐藏其标签。

④ 在控件选板上单击【数值显示控件】→【数值显示控件】，将其拖放在前面板上。并将其标签改为均值。

⑤ 在控件选板上单击【图形显示控件】→【波形图表】，将其拖放在前面板上。同时右击波形图单击快捷菜单中【数字显示】，可以让用户在前面板看到当前测量值的数字显示值。

⑥ 移动前面板中的控件位置，并利用分布对象和对齐对象工具布置前面板。前面板如图 3.43 所示。

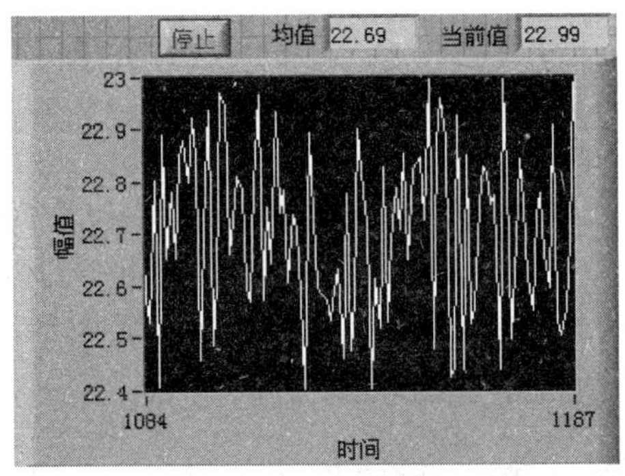

图 3.43　计算测量结果算术平均值程序的前面板

(3) 切换到 VI 的程序框图。

(4) 创建程序框图。

① 在循环边框上添加移位寄存器，设置移位寄存器的初始值为 0。

② 创建测量值子 VI：在循环结构内通过调用随机数、加、乘、除函数产生一个 22.4～23 的随机数，用于模拟实际测量的室内环境温度。用鼠标选中这部分程序，选择主菜单【编辑】/【创建子 VI】，则这部分程序被一个默认的图标所替代。双击该图标打开该子 VI 程序，在其前面板的右上角快捷菜单中选择【编辑图标】，然后再选择图标快捷菜单中的【显示连线板】设定连线板端口。至此完成子 VI 的创建。如图 3.44 所示。

③ 右击程序框图空白处，单击【函数】→【编程】→【数值】→【加】，将其拖放到程序框图。同时应用相同的方法在程序框图放置【加 1】和【除】节点。

④ 右击程序框图空白处，单击【函数】→【定时】→【等待下一个整数倍毫秒】，将其拖放到程序框图，并设定毫秒倍数为 100。

⑤ 利用连线工具连接各个节点及接线端子。程序框图如图 3.45 所示。

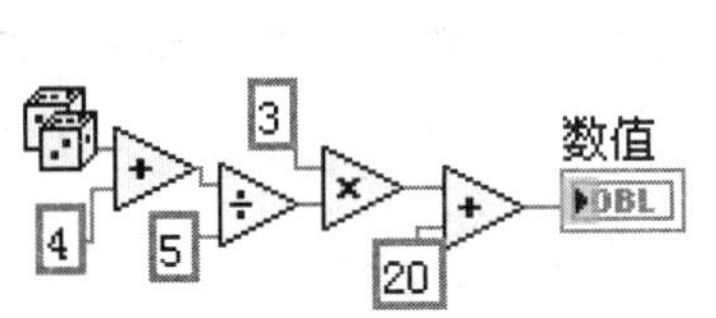

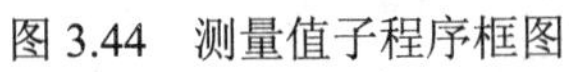
图 3.44　测量值子程序框图

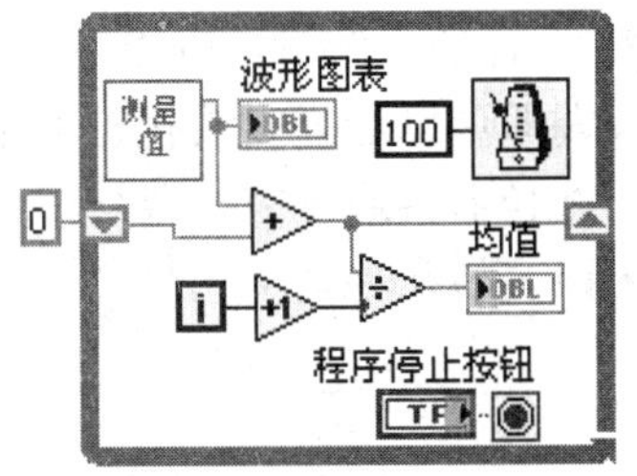

图 3.45　计算测量结果算术平均值程序的程序框图

(5) 保存 VI 并命名为计算测量结果算术平均值。

说明：循环计数端是从 0 开始计数的，因此，在算均值时要先对循环计数端实现加一运算。

3.8　条件结构

条件结构是执行条件语句的一种方法，类似于文本编程语言中的 switch 语句或 if…

then…else 语句。条件结构包含多个子程序框图(也称“条件分支”)，这些子程序框图就像一叠卡片，一次只能看到一张，根据传递给该结构的输入值执行相应的子程序框图。本节将介绍如何使用条件结构。

3.8.1　创建条件结构

右击程序框图空白处，弹出函数选板，单击【编程】→【结构】→【条件结构】，如图 3.46 所示，将其拖放在程序框图中，此时按住鼠标左键拖动鼠标确定条件结构图标的大小。条件结构包括两个或两个以上子程序框图，图标如图 3.47 所示。

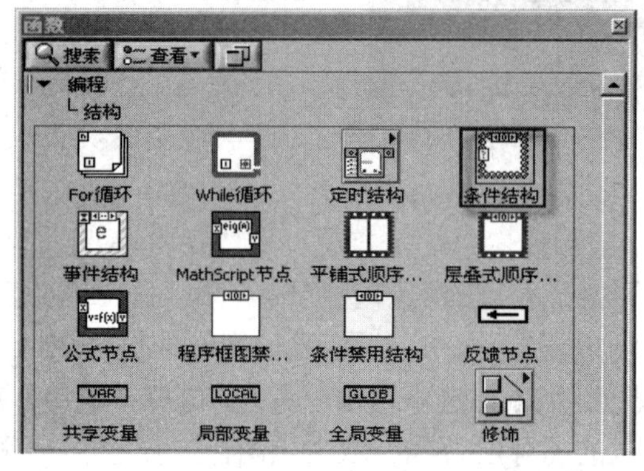

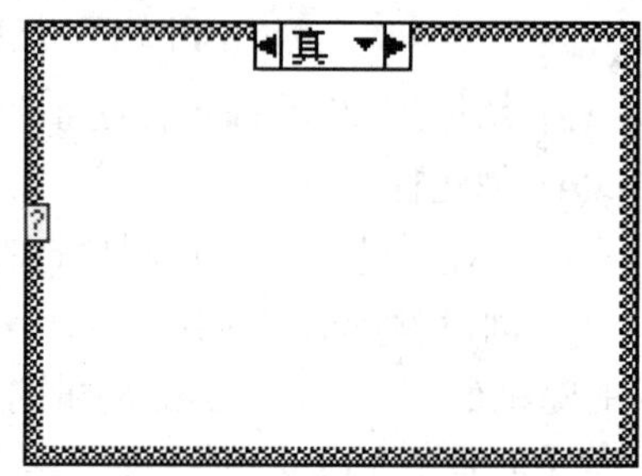

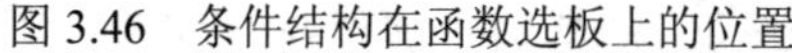
图 3.46　条件结构在函数选板上的位置

图 3.47　条件结构

条件结构每次只能显示一个子程序框图，并且每次只执行一个条件分支。输入值将决定执行的子程序框图。

条件结构如图 3.48 所示，说明如下：

(1) 真：条件选择器标签，位于条件结构顶部，是由结构中各个条件分支对应的选择器值的名称以及两边的递减和递增箭头组成。单击递减和递增箭头可以滚动浏览已有条件分支。也可以单击条件分支名称旁边的向下箭头，并在下拉菜单中选择一个条件分支。

(2) ?：选择器接线端，可置于条件结构左边框的任意位置。将一个输入值或选择器连接到此接线端即可以选择需要执行的条件分支。

说明：选择器接线端可以连接一个整型、布尔型、字符串型和枚举型值，选择器标签自动调整为输入的数据类型。

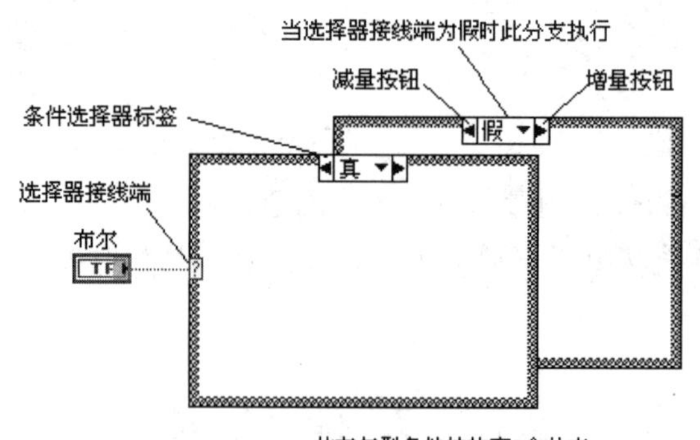

图 3.48　条件结构说明

3.8.2　设置条件结构

1. 分支选择器值和数据类型

如果选择器接线端的数据类型是布尔型，则条件结构只有真和假两个分支。

如果是整型、字符串型或枚举型时，则该结构可以包括任意个分支。可以直接使用标签工具输入和编辑选择器标签。可以指定选择器的标签值为单个值、数值列表或数值范围。数值列表中的各个值之间用逗号分开，例如：1，0，2，10。对于数值范围输入形式如“1..10”，这表示包含从 1 到 10 之间的所有数字(包含 1 和 10)。也可以采用如“..0，10..”表示形式，“..0”表示小于或等于 0 的数，“10..”表示大于或等于 10 的数。

在条件选择器标签中输入字符串和枚举值时，这些值将显示在双引号中，比如"red"、"green"和"blue"。但是在输入这些值时并不需要输入双引号，除非字符串或枚举值本身已包含逗号或范围符号("," 或 "..")。在字符串值中，反斜杠用于表示非字母数字的特殊字符，比如“\r”表示回车、“\n”表示换行、“\t”表示制表符。

说明：

(1) 条件结构必须设置处理超出范围值的默认分支。

设置默认分支的方法：在需要显示默认的子程序框图边框上右击鼠标，在弹出的快捷菜单中选择【本分支设置为默认分支】，将当前分支设置为默认分支。或选择一个需设为默认的分支，用标签工具单击选择器标签并输入默认，注意不要在默认外添加引号，如添加引号，则表明输入值是一个字符串而不是默认分支。

(2) 当条件结构选择器接线端与一个枚举型数据连接时，必须在前面板使用标签工具为各枚举选项输入字符串。如果输入的选择器值与连接到选择器接线端的数据类型不同时，那么选择器值以红色显示，同时 VI 处于中断状态。同时，选择器标签值不能为浮点型数据。

2. 输入和输出隧道

可为条件结构创建多个输入输出隧道。所有输入都可供条件分支选用，但条件分支不需使用每个输入。但是，必须为每个条件分支定义各自的输出隧道。在某一个条件分支中创建一个输出隧道时，所有其他条件分支边框的同一位置上也会出现类似隧道。只要有一个输出隧道没有连线，该结构上的所有输出隧道都显示为白色正方形，如图 3.49 所示。正确的连接如图 3.50 所示。每个条件分支的同一输出隧道可以定义不同的数据源，但各个条件必须兼容这些数据类型。右击输出隧道并从快捷菜单中选择【未连线时使用默认】，所有未连线的隧道将使用隧道数据类型的默认值。

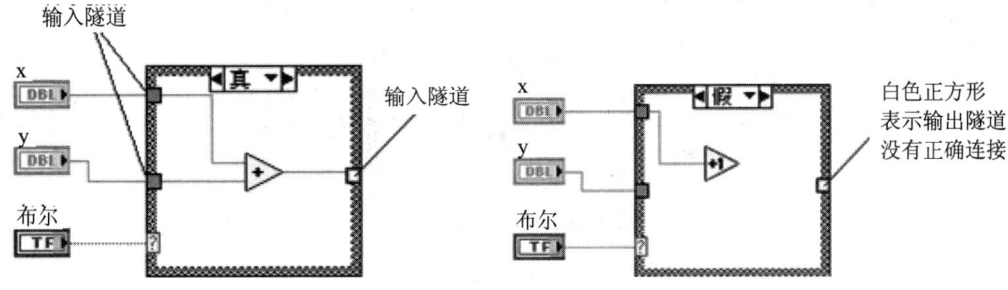

图 3.49　不正确的连接

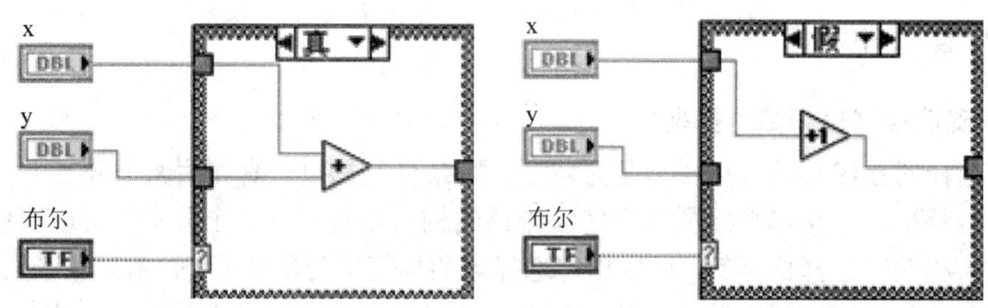

图 3.50　正确的连接

【练习 3-4】 学习使用条件结构。

目标：求一个数的平方根。若该数≥0，计算该值的平方根，并将计算结果输出；若该数<0，则用对话框报告错误，同时输出错误代码“-99999.9”。

设计：Square Root VI。

(1) 打开一个新的 VI。

(2) 创建前面板。

① 右击前面板空白处，弹出控件选板。

② 在控件选板上单击【Express】→【数值输入控件】→【数值输入控件】，将其拖放在前面板上并命名为数值。

③ 在控件选板上单击【Express】→【数值显示控件】→【数值显示控件】，将其拖放在前面板上并命名为平方根值。

创建好的前面板如图 3.51 所示。

图 3.51　Square Root 前面板

(3) 切换到 VI 的程序框图。

(4) 创建程序框图。

① 右击程序框图空白处，弹出函数选板。

② 在函数选板上单击【编程】→【结构】→【条件结构】，将其拖放在程序框图中。

③ 在函数选板上单击【编程】→【比较】→【大于等于 0？】，将其拖放在程序框图中。如果输入数值大于或者等于 0 就会返回一个 TRUE 值。

④ 在函数选板上单击【编程】→【数值】→【平方根】，将其拖放在条件结构标签值为真值的子分支中。该函数返回输入数值的平方根。连线如图 3.52 所示。

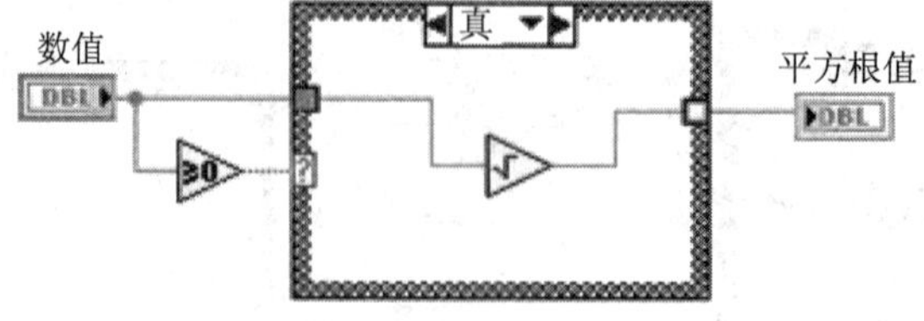

图 3.52　真分支程序框图

注意：此时输出隧道没有正常连接，是因为假分支还没有提供输出数据。

⑤ 单击选择器标签的递增或递减按钮，进入假分支创建程序。

⑥ 直接右击输出隧道，弹出快捷菜单选择【创建】→【常量】，输入－99999.9。

⑦ 在函数选板上单击【编程】→【对话框与用户界面】→【单按钮对话框】，将其拖放在程序框图中，在练习中该函数显示“错误，该数是一个负数”消息的对话框。如图 3.53 所示。

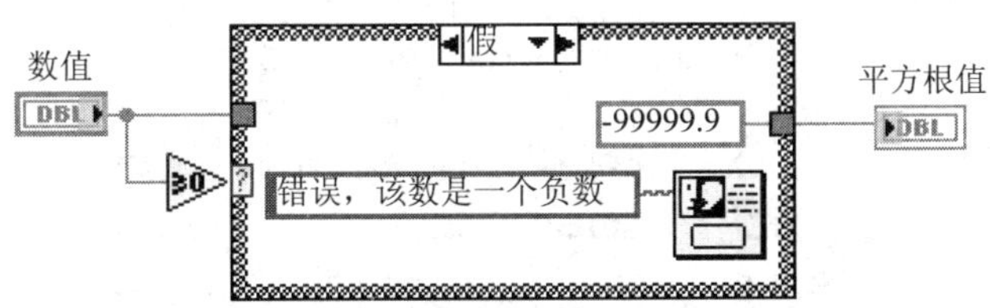

图 3.53　假分支程序框图

(5) 保存 VI，并且命名为 Square Root。

(6) 返回前面板，读者输入数值为 4，运行 VI，此时平方根值为 2。读者再任意设置一个负数，运行 VI，此时前面板弹出对话框显示错误并且平方根值显示为–99999.9，如图 3.54 所示。

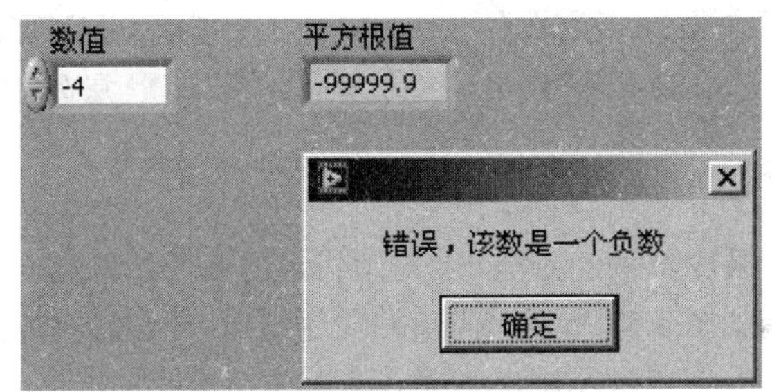

图 3.54　数值为负数时 VI 运行前面板

3.9　顺 序 结 构

在基于文本的传统编程语言中，默认的情况是，程序语句按照排列顺序执行。但在 LabVIEW 中不同，它是一种图形化的数据流式编程语言，只要一个节点所有需要输入的数据全部到达就开始执行。但是有时需要某个节点先于其他节点执行，这时就可以采用顺序结构来强行控制节点的执行顺序。

顺序结构图标看上去是电影胶片的样子，可以包含有一个或多个子程序框图，每一个子程序框图称为帧(frame)。顺序结构顺序地执行子程序框图，位于函数选板下的【编程】→【结构】中，如图 3.55 所示。顺序结构有两种类型：平铺式顺序结构和层叠式顺序结构，如图 3.56 和图 3.57 所示。平铺式顺序结构像一卷展开的电影胶片，所有的子程序框图在一个平面上；层叠式顺序结构子程序框图像一摞卡片一样重叠在一起，需要一层层打开向这些子程序框图写代码，它可以节省程序框图空间，但是掩盖了数据流的关系。平铺式顺序结构与它正好相反。本节介绍如何使用顺序结构。

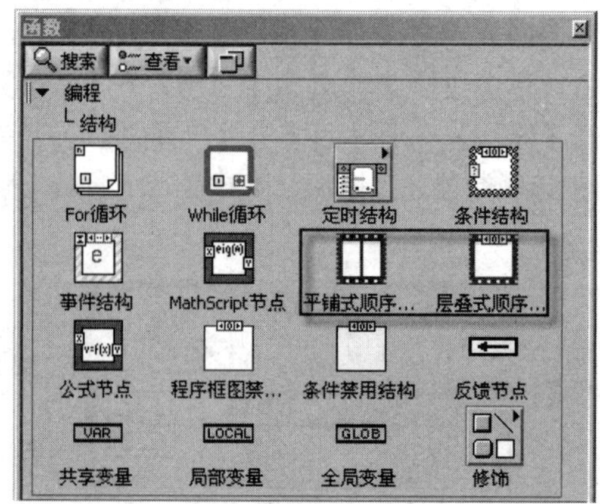

图 3.55　顺序结构在函数选板上的位置

图 3.56　平铺式顺序结构

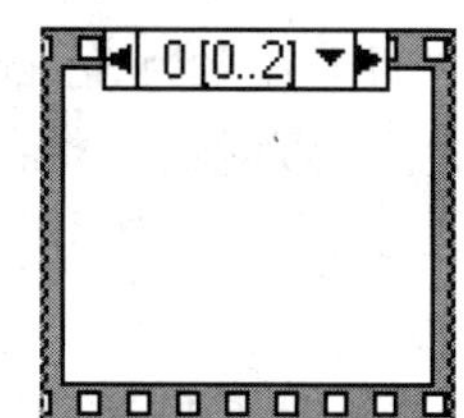

图 3.57　层叠式顺序结构

3.9.1　创建顺序结构

在程序框图中放置顺序结构的方法与 3.8 节讲述的条件结构是一样的。

刚创建的顺序结构如图 3.58 所示，为单帧顺序结构。但大多数情况下用户需要按顺序执行多步操作，因此需要在单帧基础上创建。在顺序结构的边框上右击鼠标，在弹出的快捷菜单中选择【在后面添加帧】或【在前面添加帧】，如图 3.59 所示。多帧顺序结构如图 3.56 和图 3.57 所示。

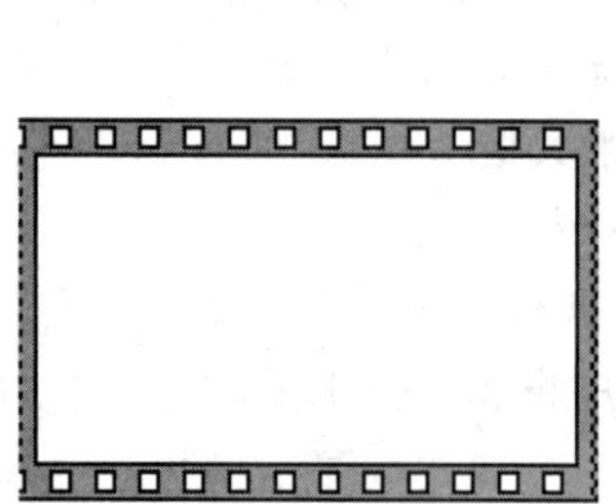

图 3.58　单帧顺序结构

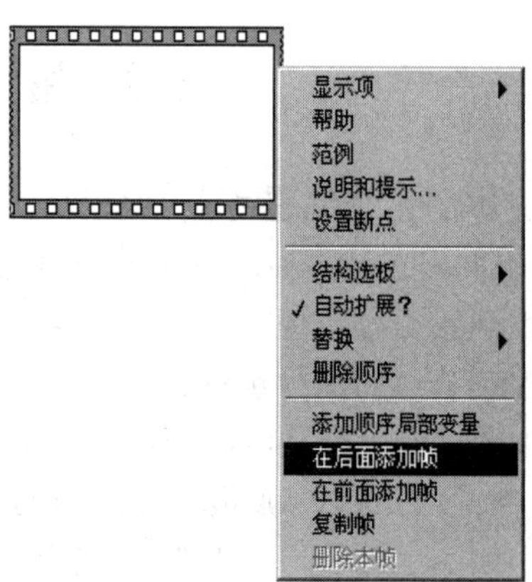

图 3.59　在顺序结构添加帧

顺序结构说明如下：

(1) 平铺式顺序结构的每一个帧都连接了可用的数据时，结构的帧按照从左至右的顺序执行。每帧执行完毕后会将数据传递至下一帧。

(2) 层叠式顺序结构将所有的帧依次层叠，因此每次只能看到其中的一帧，并且按照帧 0、帧 1、直至最后一帧的顺序执行。层叠式顺序结构仅在最后一帧执行结束后返回数据。

(3) ◀ 0 [0..2] ▼▶：层叠式顺序结构顶部的顺序选择标识符，显示当前帧号和帧号范围。0..2 表示顺序结构的帧的范围是 0～2。层叠式顺序结构的帧标签类似于条件结构的条件选择器标签。帧标签包括中间的帧号码以及两边的递减和递增箭头。单击递减和递增箭头可以循环浏览已有帧。单击帧号旁边的向下箭头，从下拉菜单中选择某一帧。与条件选择器标签不同的是不能往帧标签中输入值。

(4) 右击平铺式顺序结构，在快捷菜单中选择【替换为层叠式顺序】，可将平铺式顺序结构转换为层叠式顺序结构。层叠式顺序结构转换为平铺式顺序结构的方法也一样。

3.9.2　顺序局部变量

顺序结构可以在帧与帧之间传递数据。由于平铺式顺序结构在程序框图上显示每个帧，故无需使用顺序局部变量即可完成帧与帧之间的连线，如图 3.60 所示，同时也不会把代码隐藏起来。但是层叠式顺序结构要借助于顺序局部变量。

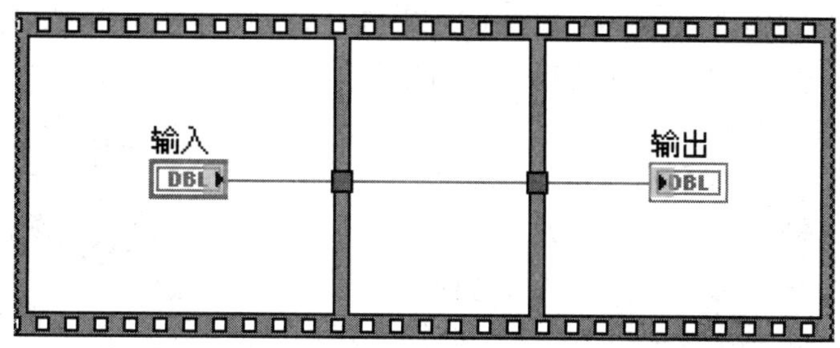

图 3.60　平铺式顺序结构帧与帧之间传递数据

创建顺序局部变量的方法是右击顺序结构的边框，从快捷菜单中选择【添加顺序局部变量】，如图 3.61 所示。这时在弹出快捷菜单的位置出现一个黄色小方框，为这个小方框连接数据后它中间出现一个指向顺序结构框外的箭头，表示本帧是向外输出数据的数据源，并且颜色也变为与连接的数据类型相符。如图 3.61 所示。1 帧为数据源；2 帧的局部变量接线端箭头向内，表示该接线端是该帧的数据源，其他帧向本帧传递数据。

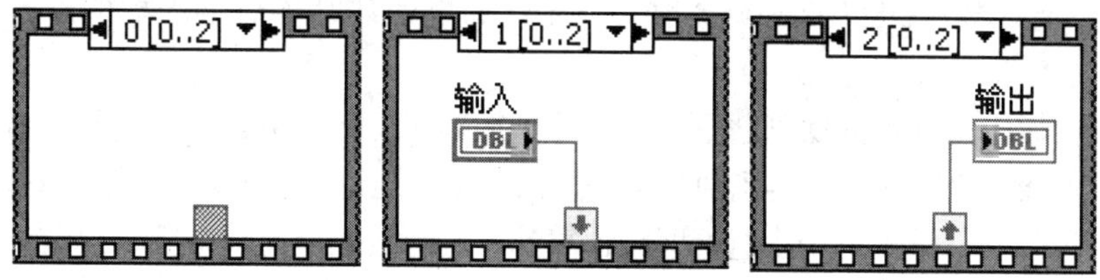

图 3.61　创建顺序局部变量

创建的顺序局部变量在帧的边框上，连接在局部变量上的数据可以在其后各帧使用，而创建局部变量之前的帧不能使用。如图 3.61 中的 0 帧是不能使用 1 帧顺序局部变量向外发送的数据的。

要删除顺序局部变量只需在局部变量上右击弹出菜单选择【删除】即可。

与条件结构不同，顺序结构的输出通道只能有一个数据源。输出可以由任一个帧发出，且此数据一直要保持到所有帧全部完成执行时才能脱离结构。

【练习 3-5】学习使用顺序结构。

目标：创建一个 VI，计算生成等于某个给定数字的随机数所需要的时间。

设计：Auto match VI。

(1) 打开一个新的 VI。

(2) 创建前面板。

① 右击前面板空白处，弹出控件选板。

② 在控件选板上单击【Express】→【数值输入控件】→【数值输入控件】，将其拖放在前面板上并命名为“给定数字”。

③ 在控件选板上单击【Express】→【数值显示控件】→【数值显示控件】，将其拖放在前面板上并命名为“当前值”。重复此步骤，创建名为“执行循环次数”和“匹配时间”两个显示控件。

④ 右击匹配时间控件，从快捷菜单中选择【显示格式...】，在精度类型中选择【精度位数】，设置位数为“2”。

⑤ 右击给定数字控件，从快捷菜单中选择【表示法】，选择长整型 I32。重复此步骤，设置当前值和执行循环次数控件的表示法为 I32。

创建好的前面板如图 3.62 所示。

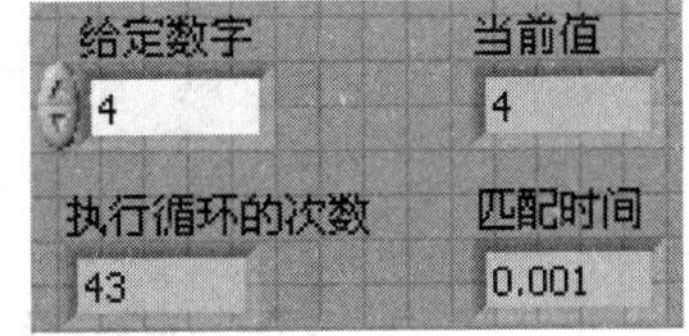

图 3.62　Auto match 前面板

(3) 切换到 VI 的程序框图。

(4) 创建程序框图。

① 右击程序框图空白处，弹出函数选板。

② 在函数选板上单击【编程】→【结构】→【层叠式顺序结构】，将其拖放在程序框图中。

说明：读者也可以选择平铺式顺序结构，两者没有本质区别。

③ 用鼠标右击顺序结构的边框，在快捷菜单中选择【在后面添加帧】，创建一个新帧。重复此步骤，再创建一个帧，共创建 3 帧。

④ 选中第 0 帧，放置【时间计数器】节点，此节点位于函数选板上的【编程】→【定时】中。

说明：时间计数器：此函数读取操作系统的软件计时器的值，单位为毫秒(ms)。本练习中需要使用两个此函数。

⑤ 用鼠标右击第 0 帧的底部边框，选择【添加顺序局部变量】，创建顺序局部变量，显示为一个空的方块。将时间计数器函数与顺序局部变量相连，此时方块中的箭头就会显示出来。

⑥ 选中第 1 帧，该帧是用来进行匹配计算的。在函数选板上单击【编程】→【结构】→【While 循环】，将其放置在第 1 帧中。

⑦ 在函数选板上单击【编程】→【数值】→【随机数(0-1)】，将其放置在 While 循环中。

⑧ 在函数选板上单击【编程】→【数值】→【乘】，将其放置在 While 循环中。

⑨ 在函数选板上单击【编程】→【数值】→【最近数取整】，将其放置在 While 循环中。

说明：最近数取整：在练习中它用于取 0～100 之间的随机数到距离最近的整数。

⑩ 在函数选板上单击【编程】→【比较】→【不等于?】，将其放置在 While 循环中。

说明：不等于？：在练习中它将随机数和前面板给定数相比较，如果两者不相等会返回 TRUE 值，否则返回 FALSE。

⑪ 在函数选板上单击【编程】→【数值】→【加 1】，将其放置在 While 循环中。

说明：加 1 ：在练习中它将 While 循环的计数器加 1。

⑫ 选中第 2 帧，在其中放置一个【时间计数器】，得到当前的时间值。

⑬ 在函数选板上单击【编程】→【数值】→【减】，将其放置在第 2 帧中。

说明：当前的时间值减去 0 帧顺序局部变量传递过来的时间值，得到的差值就是数字匹配花费的时间。

⑭ 在函数选板上单击【编程】→【数值】→【除】，将其放置在第 2 帧中。

说明：上个步骤得到的时间差值除以 1000，将时间单位由毫秒转换为秒送到前面板显示。

各帧的连线见程序框图，如图 3.63 所示。

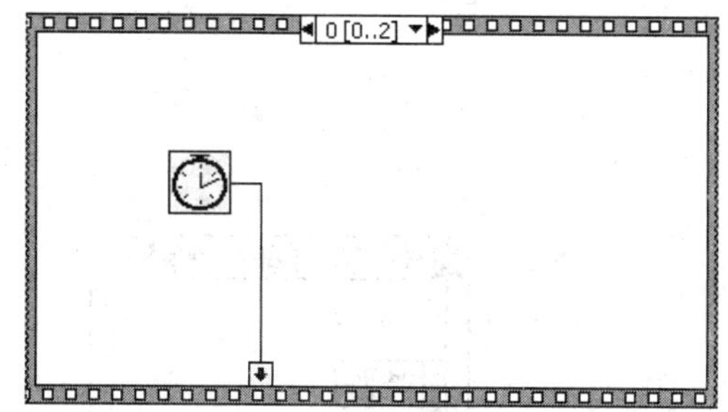

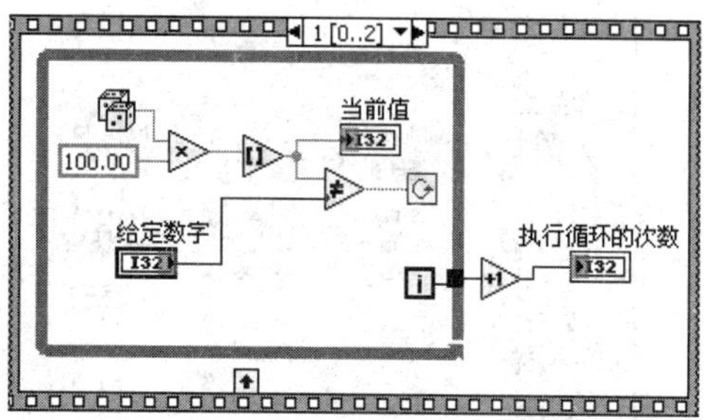

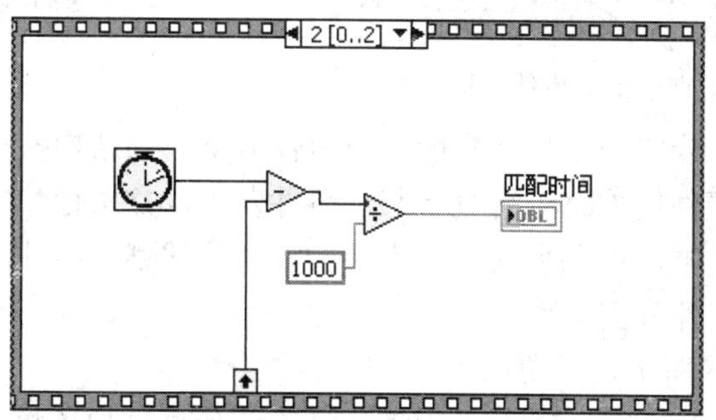

图 3.63　Auto match 程序框图

3.10　事 件 结 构

3.10.1　事件驱动的概念

LabVIEW 是一种数据流编程环境，数据流决定了程序框图元素的执行顺序。事件触发编程功能扩展了 LabVIEW 的数据流环境，在允许用户直接与前面板进行交互的同时允许其它的异步活动影响程序框图的执行。

事件可以来自于用户界面、外部 I/O 或程序的其他部分。用户界面事件包括鼠标点击、键盘按键等动作。LabVIEW 支持用户界面事件和通过编程生成的事件，但不支持外部 I/O

事件。

在事件驱动程序中，一般是用一个循环等待事件发生，然后按照对应指定事件的代码对事件进行响应，以后再回到等待事件状态。

使用事件设置，可以达到用户在前面板的操作与图形代码同步执行的效果。用户改变前面板控件的值、关闭前面板、退出程序等动作，都可能及时被程序捕捉到。

3.10.2　创建事件结构

右击程序框图空白处，弹出函数选板，单击【编程】→【结构】→【事件结构】(或【编程】→【对话框与用户界面】→【事件】→【事件结构】)，如图 3.64 所示。事件结构如图 3.65 所示。

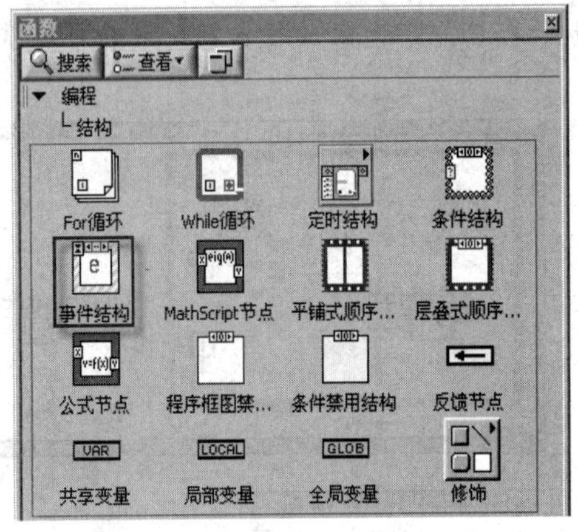

图 3.64　函数选板上的事件结构

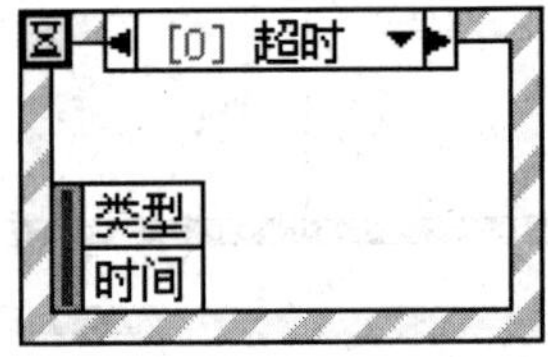

图 3.65　事件结构

事件结构包括一个或多个子程序框图，或事件分支。当结构执行时，仅有一个子程序框图或分支在执行。事件结构将等待直至某一事件发生，并执行相应条件分支从而处理该事件。右键单击结构边框，可添加新的分支并配置需处理哪些事件。在程序框图上放置一个事件结构时，超时事件分支为默认分支。

事件结构如图 3.66 所示，说明如下：

① ：超时接线端，位于事件结构边框左上角，给此端口连接一个值，以指定事件结构等待某个事件发生的时间(以毫秒为单位)。默认值为–1，即结构无限地等待一个事件的发生，永不超时。

② [1] "停止": 键按下?：事件选择器标签，位于事件结构边框上方，表明由哪些事件引起了当前分支的执行。单击分支名称旁的向下箭头，从快捷菜单中选择和查看其他事件分支。

③ 时间：事件数据节点，位于每个事件分支结构的左边框内侧。该节点用于识别事件发生时 LabVIEW 返回的数据。根据事先为各事件分支所配置的事件，该节点显示了事件结构每个分支中不同的数据。可以缩放事件数据节点显示多个事件的数据项。

④ 放弃?：事件过滤节点，该节点位于过滤事件分支的右边框内侧，用于识别在事件数据节点中事件可修改的部分数据。该节点根据分支处理的不同事件而显示不同的数据。默认状态下，这些数据项与事件数据节点中的数据项相对应。

⑤ 图标：动态事件接线端，这些接线端仅用于动态事件注册。

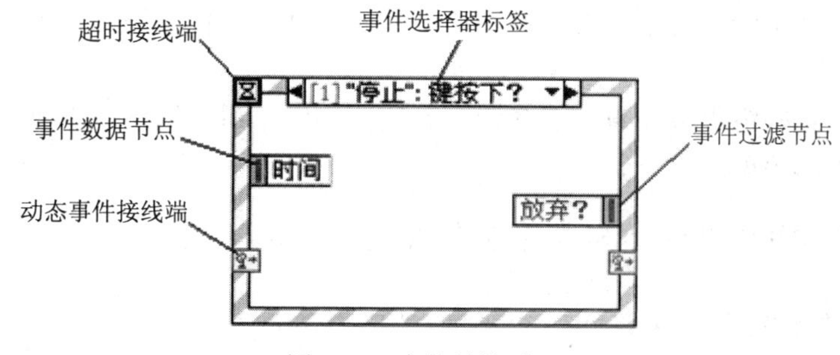

图 3.66　事件结构说明

3.10.3　配置事件结构

LabVIEW 事件分为三类：VI 事件、应用程序事件及控件事件。

(1) VI 事件：反映当前 VI 的状态改变，例如：键按下/键释放/键重复，鼠标进入/鼠标离开，菜单选择(应用程序/用户)，菜单激活/快捷菜单激活，前面板大小调整，前面板关闭等。

(2) 应用程序事件：反映当前应用程序的状态改变，例如：应用程序实例关闭，超时等。

(3) 控件事件：用于处理某个控件状态的改变，例如：值改变，鼠标按下/进入/离开/释放/移动，键按下/释放/重复等。

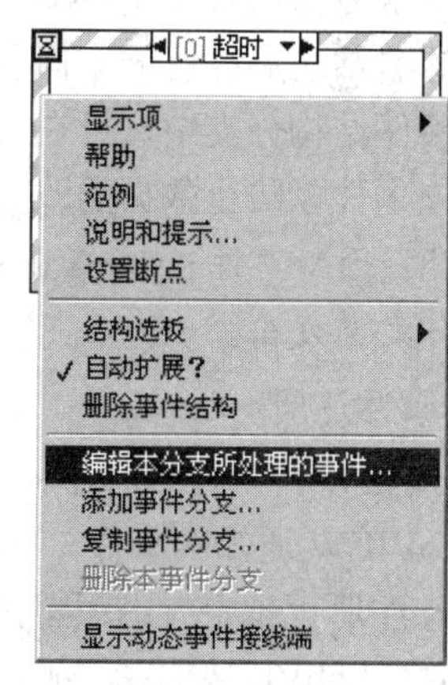

图 3.67　编辑本分支所处理的事件

右击事件结构的边框并从弹出的快捷菜单中选择【编辑本分支所处理的事件...】，如图 3.67 所示，显示编辑事件对话框以编辑当前分支。也可从快捷菜单中选择【添加事件分支...】以创建一个新分支。

编辑事件对话框如图 3.68 所示。该对话框用于配置事件以及添加或复制事件，包括以下几个部分：

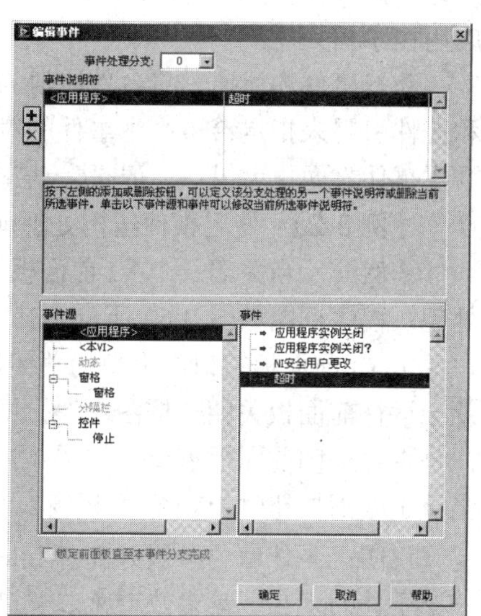

图 3.68　编辑事件对话框

(1) 事件处理分支：列出事件结构条件分支的总数及名称。可从该下拉菜单中选择一个条件分支并为该分支编辑事件。

(2) 事件说明符：列出事件源(应用程序、VI、动态或控件)及事件结构的当前分支处理的所有事件的名称。➕用于添加事件，按钮✖用于删除事件。

(3) 事件源：列出按类排列的事件源，对其进行配置以生成事件。

(4) 事件：列出在该对话框的事件源和事件部分选中的事件源的可用事件。 通知事件旁标有绿色箭头，过滤事件旁标有红色箭头。

(5) 锁定前面板直至本事件分支完成：当事件进入队列后锁定前面板。LabVIEW 将一直保持前面板的锁定状态直至所有事件结构都完成处理该事件。该选项可设置为通知事件而非过滤事件。

配置的事件结构将出现在事件选择器标签的选项中，事件数据节点将显示该分支处理的所有分支通用的数据。

3.10.4　用户界面事件分类与事件注册模式

1. 用户界面事件分类

用户界面事件有两种类型：通知事件和过滤事件。

通知事件表明某个用户操作已经发生，比如用户改变了控件的值，LabVIEW 在改变了控件的值以后发出一个“值改变事件”，通知事件结构，控件的值被改变了。如果事件结构内有处理该事件的分支，则程序转去执行该事件分支。

过滤事件指出某个用户动作已经发生，但是可以在程序中制定如何处理这个事件。这类事件的名称之后都有一个问号(？)，如“前面板关闭？”，以便与通知事件区分。在过滤事件的事件结构分支中，可在 LabVIEW 结束处理该事件之前验证或改变事件数据，或完全放弃该事件以防止数据的改变影响到 VI。

说明：通知事件在 LabVIEW 处理用户操作之后发出，而过滤事件是在 LabVIEW 处理用户操作之前发出。

2. 事件注册

LabVIEW 可产生多种不同的事件。为避免产生不需要的事件，可使用事件注册来指定希望 LabVIEW 通知的事件。LabVIEW 支持静态和动态两种事件注册模式。

静态注册可指定 VI 在程序框图上的事件结构的每个分支具体处理该 VI 在前面板上的哪些事件。LabVIEW 将在 VI 运行时自动注册这些事件，故一旦 VI 开始运行，事件结构便开始等待事件。每个事件与该 VI 前面板上的一个控件、整个 VI 前面板窗口或某个 LabVIEW 应用程序相关联。

动态事件注册通过将事件注册与 VI 服务器相结合，允许在运行时使用应用程序、VI 和控件引用来指定希望产生事件的对象。动态注册在控制 LabVIEW 产生何种事件和何时产生事件方面更为灵活。但是，动态注册比静态注册复杂。

【例 3-2】 使用事件结构处理前面板关闭事件。

本例演示当关闭一个 VI 前面板窗口时对前面板关闭事件的处理，这是一个可滤除事件处理，程序框图如图 3.69 所示，其中使用了双按钮对话框节点。当 VI 处于运行状态，用户单击 VI 前面板窗口右上角的关闭按钮时，就会发生一个前面板关闭事件，此时事件结构就会运行前面板关闭子框图程序，即双按钮对话框节点。此时会弹出一个对话框，询问用户是否要关闭前面板窗口，如图 3.70 所示。当单击确定按钮时，VI 前面板窗口就会关闭；当单击取消按钮时，VI 前面板窗口会维持原状。

说明：事件结构必须放在 While 循环中，因为当一个事件完成后，程序需要去等待下一个事件的发生。读者应避免在循环外使用事件结构，同时在一个循环中不能放置两个事件结构。

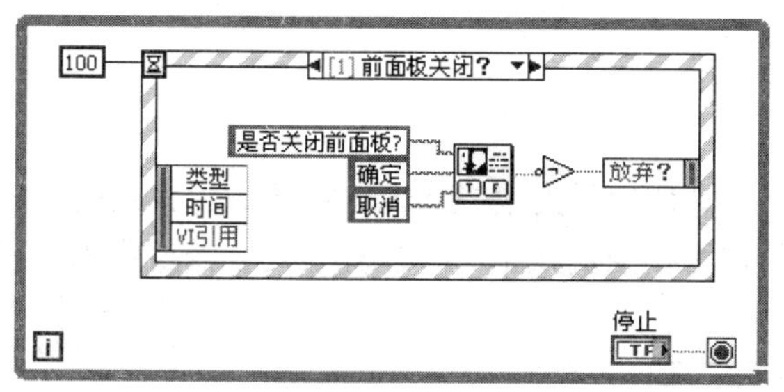

图 3.69　“前面板关闭？”事件处理程序框图

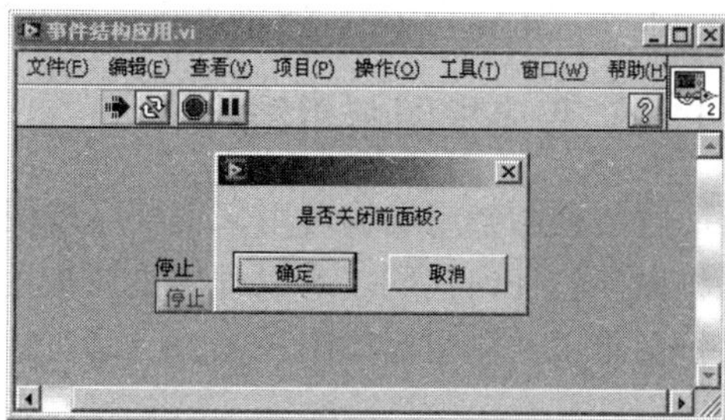

图 3.70　编辑事件对话框

3.11　禁 用 结 构

禁用结构是 LabVIEW8 中新增的功能，用来禁用部分程序框图上的代码。禁用结构含有多个子程序框图，每次只编译和执行一个子程序框图。禁用结构有两种：条件禁用和程序框图禁用结构，在函数选板上的位置如图 3.71 所示。下面逐一介绍这两种禁用结构。

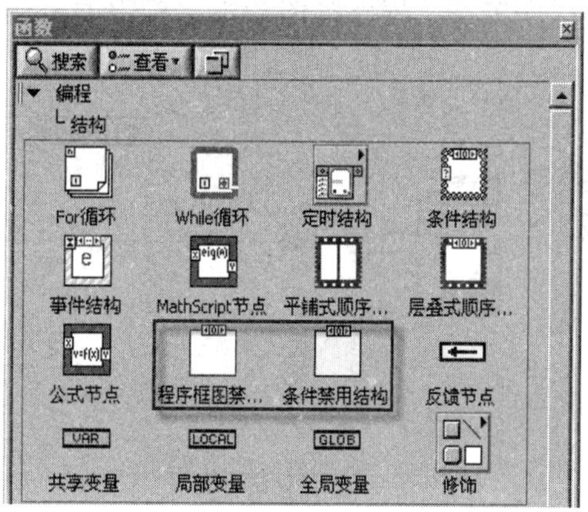

图 3.71　禁用结构在函数选板上的位置

3.11.1　条件禁用结构

条件禁用结构可用来定义程序框图上各部分代码执行的条件。条件禁用结构有一个或多个子程序框图，LabVIEW 在执行时根据子程序框图的条件配置只使用其中的一个子程序框图。条件禁用结构图标如图 3.72 所示。

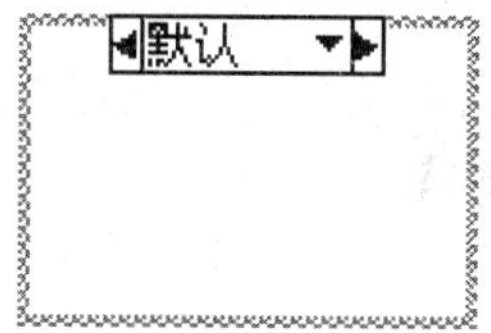

图 3.72　条件禁用结构

使用条件禁用结构范例见 labview\examples\general\disable structures 目录中的 Conditional

Disable Structure.lvproj。这里不作详细介绍。

3.11.2　程序框图禁用结构

程序框图禁用结构可用来使程序框图上的具体代码失效，LabVIEW 不编译禁用的子程序框图中的任何代码。所以程序框图禁用结构可作为调试工具、注释代码、替换代码。程序框图禁用结构图标如图 3.73 所示。

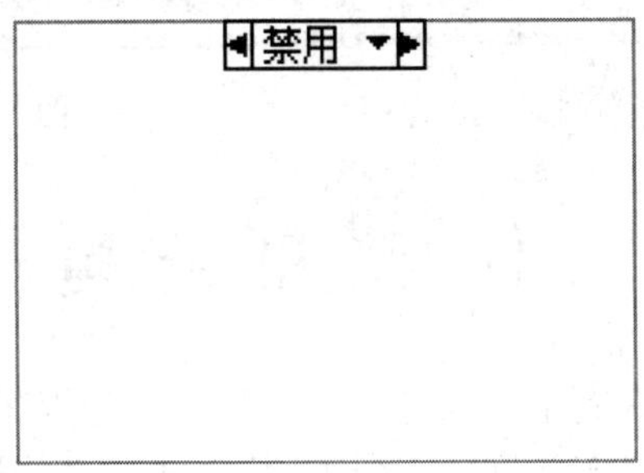

图 3.73　程序框图禁用结构

图 3.74 所示前面板和程序框图，程序框图禁用结构中的禁用子程序框图中的代码被禁用了。

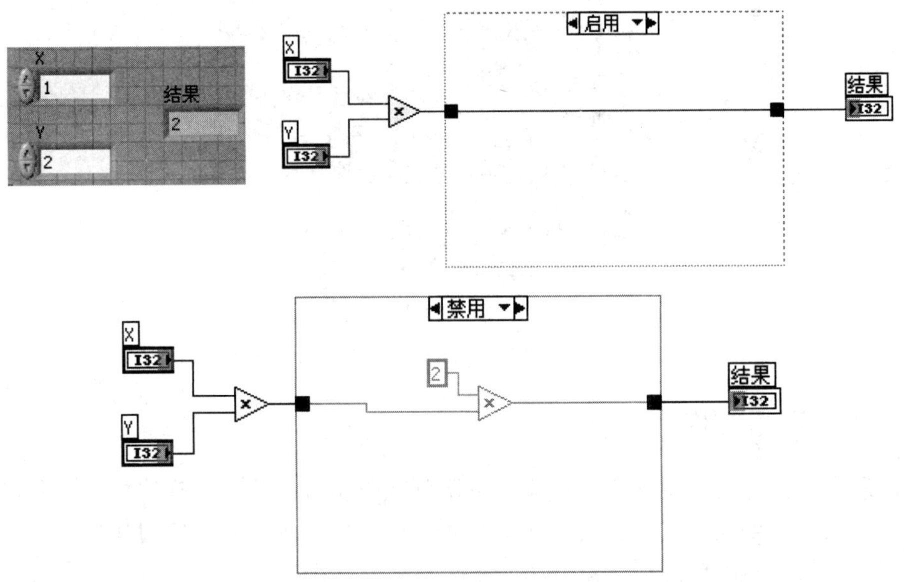

图 3.74　使用程序框图禁用结构

将程序框图禁用结构转换为条件禁用结构，只需右击程序框图禁用结构的边框，从快捷菜单中选择【转换为条件禁用结构】。

3.12　公 式 节 点

在程序框图中，如果需要设计较复杂的数学运算，框图将会十分复杂，工作量大，而且不直观。调试 LabVIEW 公式节点是便于在程序框图上执行数学运算的文本节点，允许用户使用类似于多数文本编程语言的句法，编写一个或多个代数公式。

3.12.1　创建公式节点

右击程序框图空白处，弹出函数选板，单击【编程】→【结构】→【公式节点】，如图 3.75 所示。公式节点是一个大小可以改变的框，用户可以使用标签工具或操作工具，将数学公式直接写入节点框内。如图 3.76 所示。

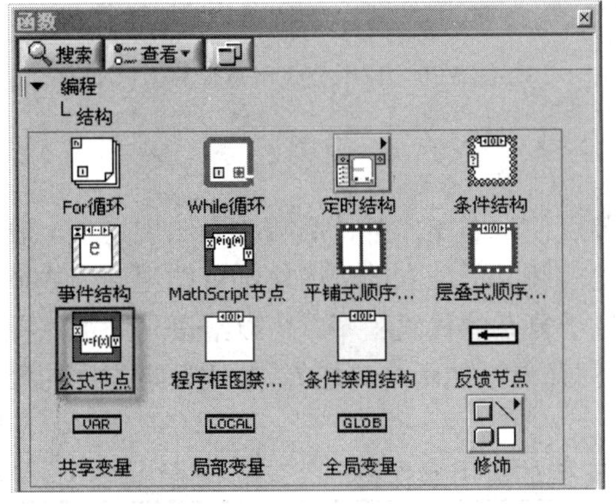

图 3.75　公式节点在函数选板上的位置

图 3.76　公式节点

右击公式节点的边框，从快捷菜单中选择【添加输入】或【添加输出】，可以输入变量，或输出变量创建一个输入端或输出接线端，如图 3.77 所示。在显示的接线端中输入变量名，注意变量名区分大小写。使用标签工具或操作工具可在 VI 未运行的情况下随时编辑变量名。输出变量的边框比输入变量的边框粗。

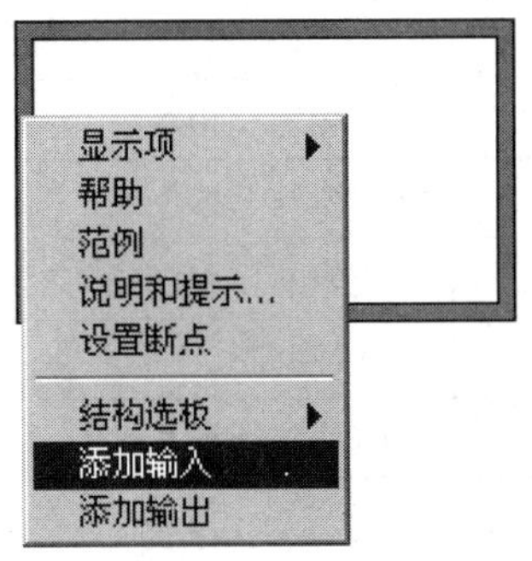

图 3.77　公式节点添加输入(或添加输出)

注意：两个输入或两个输出不能使用相同的名称，但在将输出作为输入时可使用同一个名称，即输出与输入可以有相同的名称。

接下来在公式节点框内输入公式，每个公式语句必须以分号(;)结束。将公式节点的输入端和输出端连接到程序框图上的对应接线端。必须连接所有输入端，但不必连接所有输出端。

公式节点尤其适用于含有多个变量或较为复杂的方程，以及对已有文本代码的利用。

例如方程式 $y = x^2 + x + 1$，如果用常规的 LabVIEW 数值函数实现，如图 3.78 所示。可以使用公式节点计算，如图 3.79 所示。

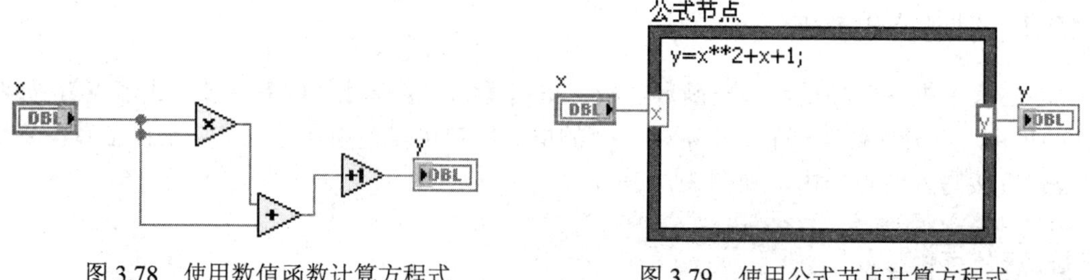

图 3.78　使用数值函数计算方程式　　　　图 3.79　使用公式节点计算方程式

3.12.2　公式节点的语法及使用说明

公式节点的帮助窗口中列出了可供公式节点使用的操作符、函数和语法规定。一般说来，它与 C 语言非常相似，大体上一个用 C 语言编写的独立的程序块都可能用到公式节点中。但是仍然建议不要在一个公式节点中写过于复杂的代码程序。可以给语句添加注释，注释内容放在一对“/*”和“*/”之间，或在注释前添加两个斜杠//。公式节点常用的操作符如表 3-4 所示。

表 3-4　公式节点支持的常用操作符

<table>
<tr><th>运 算 符 号</th><th>意　　义</th></tr>
<tr><td>**</td><td>指数</td></tr>
<tr><td>+、－、！、~、++、－－</td><td>加、减、逻辑非、补位、前向加、后向加</td></tr>
<tr><td>*、/、%</td><td>乘、除、取模(求余)</td></tr>
<tr><td>>>、<<</td><td>算术右移、算术左移</td></tr>
<tr><td>>、<、>=、<=</td><td>大于、小于、大于等于、小于等于</td></tr>
<tr><td>!=、= =</td><td>不相等、相等</td></tr>
<tr><td>&、|、^</td><td>按位与、按位或、按位异或</td></tr>
<tr><td>&&、||</td><td>逻辑与、逻辑或</td></tr>
<tr><td>? :</td><td>条件判断</td></tr>
<tr><td>=、　op=</td><td>赋值、计算并赋值</td></tr>
</table>

公式节点的使用说明：

(1) 一个公式节点中包含的变量或方程的数量不限。

(2) 两个输入变量或两个输出变量不可使用相同名称，但一个输出可与一个输入名称相同。

(3) 右键单击变量，从快捷菜单中选择【转换为输入】或【转换为输出】，可指定变量为输入或输出变量。

(4) 公式节点内部可声明和使用一个与输入或输出连线无关的变量。

(5) 必须连接所有的输入接线端。

(6) 变量不能有单位。

使用“公式节点”的实例见 labview\examples\ general\structs.llb 中的 Create Function with Formula Node Ⅵ。

3.12.3　表达式节点

表达式节点用于计算含有单个变量的表达式。表达式节点适于表达式中仅有一个变量的情况，如出现多个变量，情况会较复杂。表达式节点接受任何非复数数值数据类型。表达式节点位于函数选板上的【编程】→【数值】中，如图 3.80 所示。

图 3.80　表达式节点在函数选板上的位置

表达式节点使用外部传递到变量输入接线端的值作为该变量的值，并由输出接线端返回计算的结果。将表达式节点的输入端连接至为其提供变量值的 VI、函数、输入控件或常量。也可右键单击表达式节点的输入端，从快捷菜单中选择【创建】→【输入控件】或【创建】→【常量】，创建一个输入控件或常量。将表达式节点的输出端连接至 VI、函数或显示控件可接收表达式的值。也可右键单击表达式节点的输出端，从快捷菜单中选择【创建】→【显示控件】，创建一个显示控件。

例如条件表达式 x>=5?1:2 可以用表达式节点表示，如图 3.81 所示。

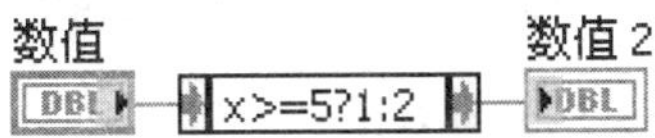

图 3.81　表达式节点

表达式节点输入接线端的数据类型和与之相连的控件或常量的数据类型相同。输出接线端与输入接线端也具有相同的数据类型。表达式节点只使用句点(.)作为小数点。

3.13　越限报警的程序设计

越限报警是指当测量值超越相应的上限值或下限值时，系统会发出一定的报警信息，例如会弹出越限报警窗口，发出系统声音，改变相应文本框的底色等。

1．问题描述

创建一个 VI，每 500 ms 产生一个随机数，如果随机数的值超过设定的上限或下限数值时，程序报警灯亮，同时驱动蜂鸣器报警，工作状态显示为“越限”；若随机数值在设定的上下限的范围内，正常显示灯亮，同时工作状态显示为“正常”。

2．设计

(1) 打开一个新的 VI。

(2) 创建前面板。

① 右击前面板空白处，弹出控件选板。

② 在控件选板上单击【Express】→【数值输入控件】→【数值输入控件】，将其拖放在前面板上并命名为上限。依据此方法创建一个名为下限的数值输入控件。

③ 在控件选板上单击【Express】→【指示灯】→【圆形指示灯】，将其拖放在前面板上并命名为正常。依据此方法创建一个名为报警的指示灯。

④ 在控件选板上单击【Express】→【文本显示控件】→【字符串显示控件】，将其拖放在前面板上并命名为工作状态。

⑤ 在控件选板上单击【Express】→【图形显示控件】→【波形图表】，将其拖放在前面板上并命名为随机数图。

创建好的前面板如图 3.82 所示。

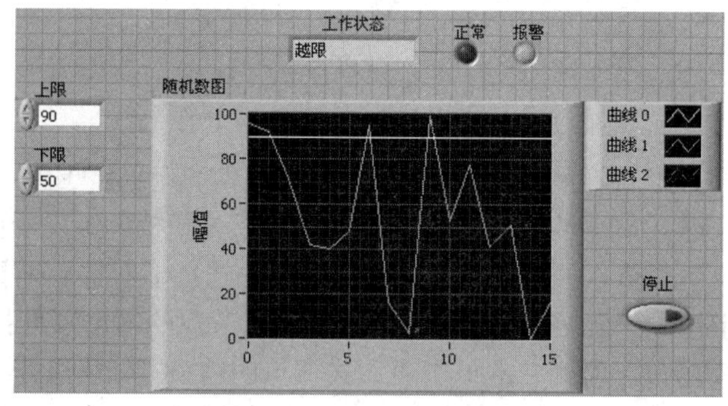

图 3.82　越限报警前面板

(3) 切换到 VI 的程序框图。

(4) 创建程序框图。

① 右击程序框图空白处，弹出函数选板。

② 在函数选板上单击【编程】→【比较】→【判定范围并强制转换】，将其拖放在程序框图中。

③ 在函数选板上单击【编程】→【数值】→【随机数(0-1)】，将其拖放在程序框图中。

将随机数乘以 100 连线至【判定范围并强制转换】节点的“x”端。

④ 在函数选板上单击【编程】→【结构】→【条件结构】，将其拖放在程序框图中。将【判定范围并强制转换】节点的“范围内？”输出端连线到其选择器接线端。

⑤ 在函数选板上单击【编程】→【字符串】→【字符串常量】，将其拖放在条件结构的真假两个分支中，分别输入“正常”和“越限”并将其连线到工作状态节点上。

⑥ 在函数选板上单击【编程】→【图形与声音】→【蜂鸣声】，将其拖放在条件结构的假分支框中。

⑦ 在函数选板上单击【编程】→【簇、类与变体】→【捆绑】，将其拖放在程序框图中。在此节点输入端处右击鼠标，在弹出的快捷菜单上选择【添加输入】。将上限、随机数值、下限依次连线至此节点三个输入端(连接顺序为从上到下)。

⑧ 在函数选板上单击【编程】→【结构】→【While 循环】，将其拖放在程序框图中并包含程序框图上的所有节点。循环条件的停止布尔开关的机械动作设置为释放时触发。

⑨ 在函数选板上单击【编程】→【定时】→【等待】，将其拖放在程序框图中并输入数值 500。

⑩ 使用连线工具，连线各个节点。

(5) 保存 VI，并且命名为越限报警程序。

(6) 返回前面板，运行 VI。

程序框图如图 3.83 所示。

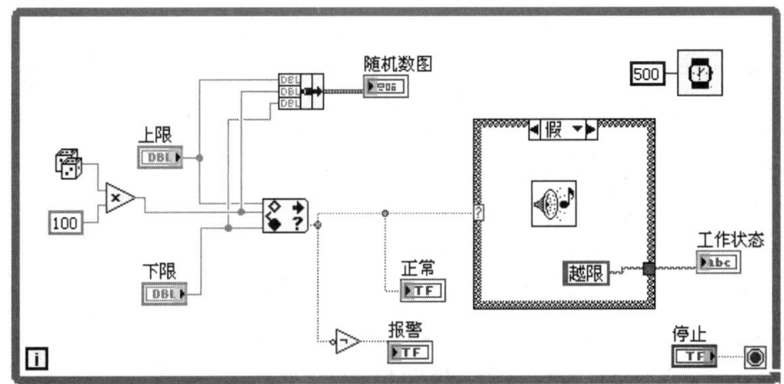

图 3.83　越限报警程序框图

本 章 小 结

(1) For 循环控制子程序框图(代码)执行指定的次数，循环次数由连接到总数接线端的值确定。For 循环在默认状态下是启用自动索引的。

(2) While 循环控制程序反复执行框内程序，直到某个条件发生。

(3) 控制循环定时时间最常用的方法：使用等待下一个整数倍毫秒函数，该函数保证循环重复时间的间隔不少于指定的毫秒倍数。

(4) 在 For 循环或 While 循环中，移位寄存器或反馈节点可以将循环的值传递到下一次循环中。

(5) 初始化的移位寄存器在每次执行程序时，其传递给第一次循环的值始终是移位寄存器的初始化值；为初始化的移位寄存器在每次执行程序时，第一次执行程序时传递给第一次循环的值为默认值 0，以后每次执行循环均以上一次执行程序获得最终值作为下一次程序执行的初始值，除非关闭程序前面板窗口。

(6) 层叠移位寄存器可以记住前几次循环的值，这一点可用于计算测量值的算术平均值。

(7) 反馈节点与移位寄存器功能类似，但反馈节可以节省连线，对于简化程序的结构有好处。

(8) 条件结构是一种多分支程序控制结构，执行哪个分支由选择器接线端决定。选择器接线端可以连接一个整型、布尔型、字符串型和枚举型值，选择器标签自动调整为输入的数据类型。

(9) 顺序结构可强制 VI 按照特定的顺序执行程序。

(10) 在顺序结构边框上可以创建顺序局部变量。利用顺序局部变量可以实现帧和帧之间的数据传递。在顺序结构的输出通道仅能有一个顺序局部变量，而且只对所有后续帧有效，对前面帧无效。

(11) 运用公式节点可以执行数学运算的文本节点，尤其适用于含有多个变量或较为复杂的方程。每个式子必须以分号结尾，而且公式中的变量区分大小写。

思考与练习

1. 创建一个 VI 产生 100 个随机数，求其最小值和平均值。

2. 创建一个 VI，每秒显示一个 0～1 之间的随机数。同时，计算并显示产生的最后四个随机数的平均值。只有产生 4 个数以后才显示平均值，否则显示 0。每次随机数大于 0.5 时，使用 Beep.vi 产生蜂鸣声。

3. 求 X 的立方和(使用 For 和 While 循环)。

4. 编程求 1000 内的“完数”(“完数”指一个数恰好等于它本身的因子之和，例如 28 = 14 + 7 + 4 + 2 + 1)。

5. 创建一个 VI，实现加、减、乘、除四种运算方式。

6. 编写一个程序测试输入以下字符所用的时间：“LabVIEW is a graphical programming language.”。

7. 使用公式节点创建 VI，完成下面公式计算，并将结果显示在同一个屏幕上。

$$y1 = x^3 - x^2 + 5$$

$$y2 = m \times x + b$$

x 的范围是 0～10。

第 4 章　数组、簇与波形显示

本章将通过学习以下主要知识来设计 LabVIEW 数据的波形显示程序。

- 数组
- 簇
- 波形图表
- 波形图

4.1　数　　组

数组是 LabVIEW 中的一种数据类型，本节将详细地介绍数组的概念、创建及其函数在 LabVIEW 编程中的应用。

4.1.1　数组的概念

数组是相同类型数据元素的集合，这些元素可以是数值型、布尔型、字符型等各种类型，也可以是簇，但是不能是数组。这些成员必须同时都是输入控件或同时都是输出控件。数组由元素和维度(或索引)组成。元素是组成数组的数据。维度是数组的长度、高度或深度。

数组可以是一维或者多维的，每维最多可有 $2^{31}-1$ 个元素。对数组成员的访问是通过数组索引值进行的，索引的范围是 0 到 n−1，其中 n 是数组中元素的个数。图 4.1 显示的是由数值构成的一维数组，在这个数组中含有 7 个浮点型数据，注意第一个元素的索引号为 0，第二个是 1，依此类推，最后一个元素的索引值为 6。

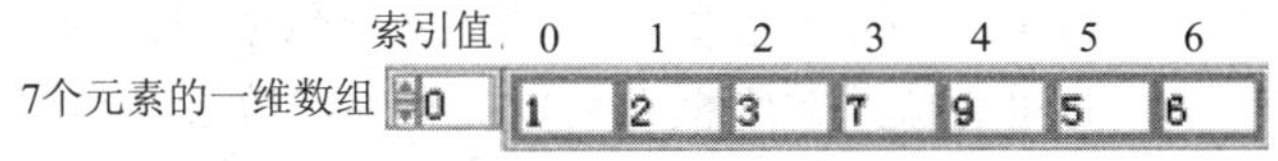

图 4.1　一维数值型数组

如果需要在前面板上显示某个特定的元素，可在索引框中输入索引数字或使用索引框上的箭头找到该数字。例如，一个二维数组包含行和列。如图 4.2 所示，数组左边的两个方框中上面的索引①为行索引，下面的索引②为列索引。行和列显示框右边的显示框③中就是指定位置的值。位置在第一行、第二列处的值为 5。

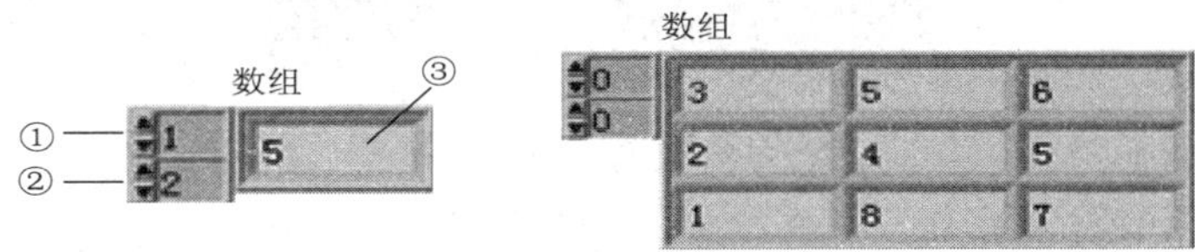

图 4.2　二维数组

行和列是从零开始的，即第一列为列 0，第二列为列 1，依此类推。如果试图显示超出数组维度范围的某一行或某一列，数组显示控件将变暗以表示该数据没有定义。

定位工具可调整数组的大小并一次显示多行或多列。数组的滚动条也可用来找到某一个特定元素。右击数组，单击快捷菜单中【显示项】→【垂直滚动条】或【显示项】→【水平滚动条】，可显示数组滚动条。

4.1.2　创建数组

数组的创建方法有多种，可以在前面板创建数组输入控件或显示控件，或在程序框图创建数组常量，还可以利用函数或循环的自动索引功能创建数组。

1. 在前面板创建一维数组对象

第一步：放置数组框。右击前面板空白处，弹出控件选板，单击【经典】→【经典数组、矩阵与簇】→【数组】，如图 4.3 所示。将此数组框拖放在前面板中，此时数组是一个没有任何数据元素的空壳，此数组在程序中不能使用。其在程序框图对应的数组接线端子是黑色的，这表示该数组未定义数据类型，如图 4.4 所示。

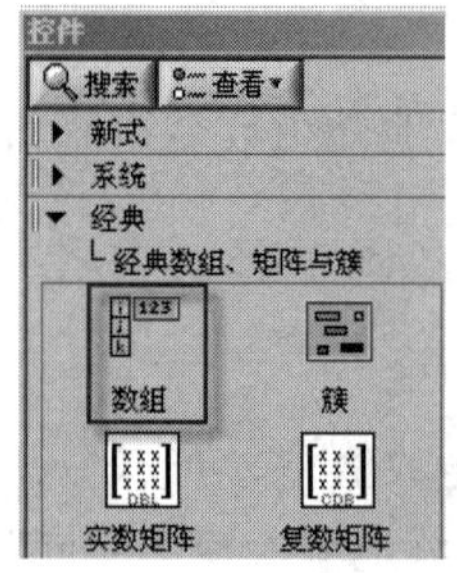

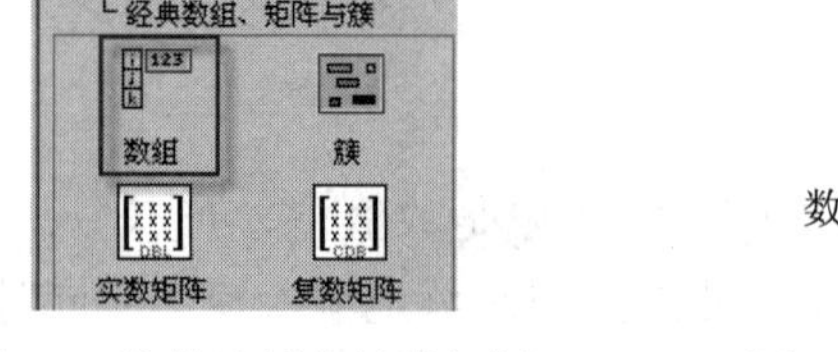

图 4.3　控件选板上的数组框　　图 4.4　未定义数据类型的数组

第二步：定义数组类型。定义数组的类型有两种方法，一种是直接将面板上已有的控件对象拖入数组框内，另一种方法是在空数组框内弹出选单选择所需数据类型的对象，将其放入框内。放入数组框内的对象如果是显示控件，则该数组为显示控件；如果放入数组框内的对象为输入控件，则该数组为输入控件。如果放入数组框内的元素为数值型的，则该数组为数值型数组。如图 4.5 所示，在数组框内放入布尔型的指示件，则创建了一个布尔型的数组显示控件。由此可见放入数组框内数据类型确定数组的类型。

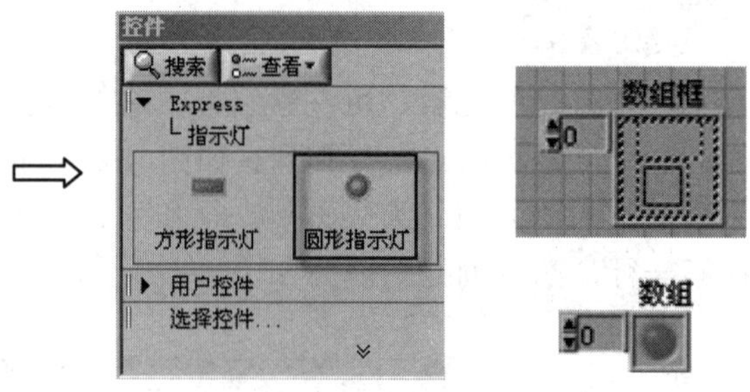

图 4.5　定义数组类型

注意：图 4.5 中的数组只是确定了数组的类型，还没有赋值，其控件是灰色的。

第三步：数组赋值。数组赋值常用的方法是利用操作工具或编辑文本工具给数组赋值，也可以在弹出选单上选择【数据操作】→【在前面插入元素】给数组赋值，赋值后的数组控件变亮，如图 4.6 所示。

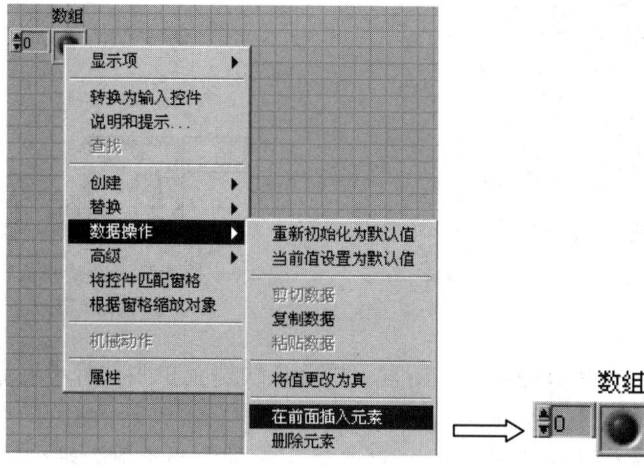

图 4.6　给数组赋值

当有效的数据对象(如数值、布尔值等)放入数组框中时，程序框图上的数组端子颜色从黑色变为反映数据类型的颜色。图 4.4 中创建的布尔型数组显示控件接线端子的颜色是绿色的，且边框线是细线，表明对应的前面板对象是布尔型指示件数组。如果右击前面板数组图标并单击快捷菜单中【转换为输入控件】，则数组的接线端子变为粗边框，如图 4.7 所示。

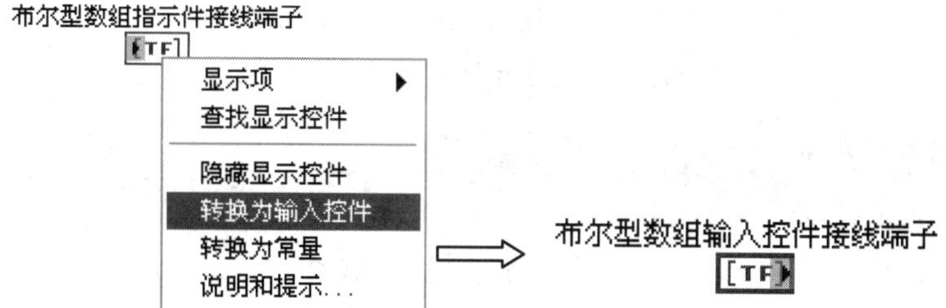

图 4.7　数组指示件转换为数组输入控件方法及其接线端子

说明：如需在一维数组中添加元素，右击数组，选择【数据操作】→【在前面插入元素】。如需在二维数组中添加行或列，右击数组，选择【数据操作】→【在前面插入行】或【在前面插入列】。

2. 在程序框图中创建一维数组常量

右击程序框图空白处，弹出【函数】选板，单击【编程】→【数组】→【数组常量】，如图 4.8 所示，并将其拖放到程序框图上。将函数选板上任意常量置于数组元素框中。数组框自动根据其中的对象调整大小。放置对象至数组框时，即定义数组常量的类型。数组中的所有元素都将成为该类型。用操作工具为每个数组元素输入值。VI 运行时不能改变数组常量的值。如图 4.9 所示，在数组框中置入数值 2，构成数值型数组常量。

另外，可将前面板上现有的数组复制或拖曳到程序框图，从而创建一个与其相同数据类型的常量。

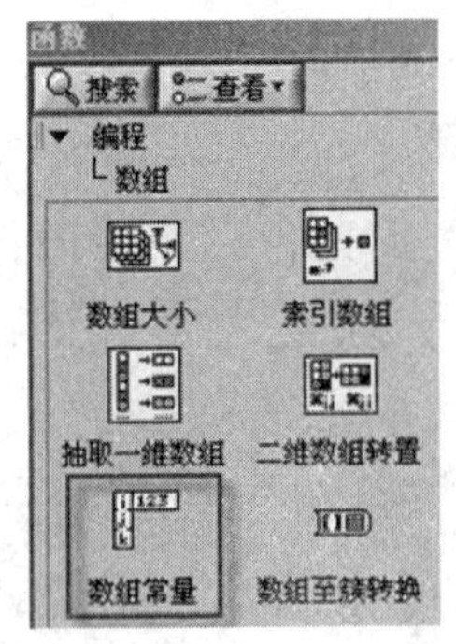

图 4.8　函数选板上的数组常量

图 4.9　放置常量数值形成数组常数

3. 创建多维数组

如果需要创建一个多维数组，右击索引框并从快捷菜单中选择【添加维度】，或通过拖曳鼠标改变索引框的大小直到出现所需的维数。如需一次删除数组的一个维度，右击索引框并从快捷菜单中选择【删除维度】，或改变索引框的大小来删除维度。

4. 在程序框图中创建数组

在程序框图中可以利用函数或循环的自动索引功能创建数组。

【例 4-1】 利用函数创建数组。

此例使用【字符串至字节数组转换】函数，函数图标如图 4.10 所示。将一串字符串转换为每个字符的 ASCII 码的一维数组。程序如图 4.11 所示。

字符串　[U8]　无符号字节数组

图 4.10　字符串至字节数组转换函数

图 4.11　利用函数创建数组

【例 4-2】 利用 For 循环创建二维数组。

对两个嵌套的 For 循环使用自动索引功能可以生成一个二维数组。外层 For 循环产生行元素，内层 For 循环产生列元素。图 4.12 显示了两个 For 循环自动索引产生的一个 2 行 4 列的二维数组。

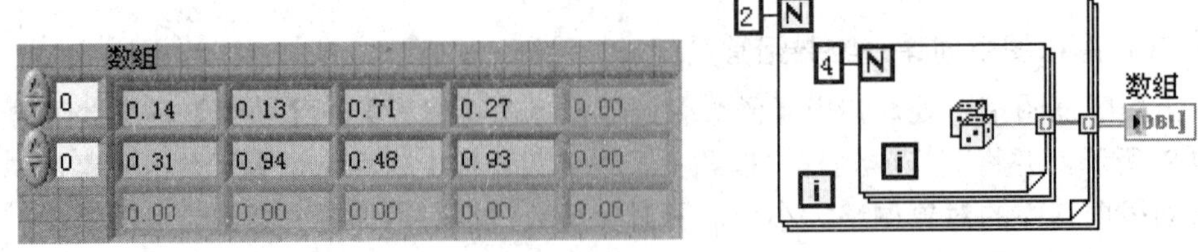

图 4.12　利用 For 循环创建二维数组

4.1.3　数组函数

数组函数可创建数组并对其操作。例如，从数组中提取单个数据元素；在数组中插入、删除或替换数据元素；分解数组等操作。数组函数选项板如图 4.13 所示。

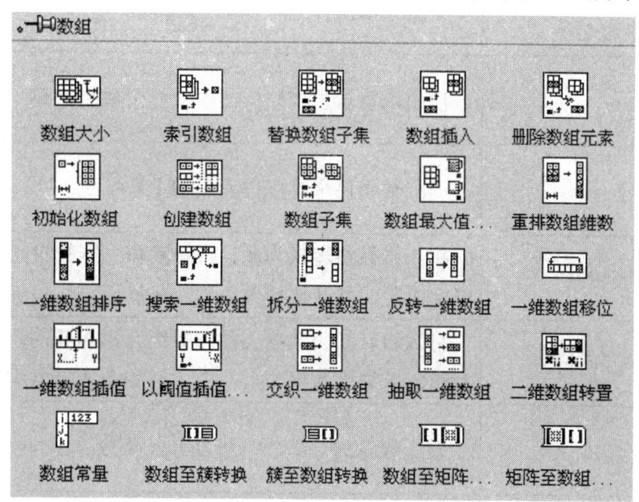

图 4.13　数组函数选项板

数组函数子选项板中共有 25 个函数节点，具体如表 4-1 所示。

表 4-1　数组函数一览表

函数图标	函数名称	说　明
	拆分一维数组	在索引位置将数组分为两部分，返回两个数组
	抽取一维数组	将数组的元素分成若干输出数组，将元素依次放入输出中
	初始化数组	创建一个 n 维数组，其中的每个元素都被初始化为元素的值
	创建数组	连接多个数组或向 N 维数组添加元素
	簇至数组转换	将相同数据类型元素组成的簇转换为数据类型相同的一维数组
	二维数组转置	重新排列二维数组的元素，使二维数组[i, j]变为已转置的数组[j, i]
	反转一维数组	反转数组中元素的顺序
	交织一维数组	交织输入数组中的相应元素，形成一个输出数组
	矩阵数据类型至数组转换	将矩阵转换为数据类型与矩阵元素相同的数组。连接至实数矩阵输入端的数据类型决定了所使用的多态实例
	删除数组元素	从 n 维数组删除一个元素或子数组，在已删除元素的数组子集返回编辑后的数组，在已删除的部分返回已删除的元素或子数组
	数组插入	在 n 维数组中索引指定的位置插入元素或子数组

续表

函数图标	函数名称	说　明
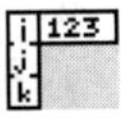	数组常量	使用该常量为程序框图添加一个数组常量
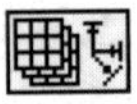	数组大小	返回数组每个维度中元素的个数
	数组至簇转换	将一维数组转换为簇，簇元素和一维数组元素的类型相同。右键单击函数，并从快捷菜单中选择簇大小，设置簇中元素的数量
	数组至矩阵转换	将数组转换为数据类型与数组元素相同的矩阵。连接至二维实数数组输入端的数据类型决定了所使用的多态实例
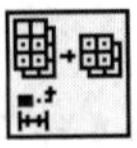	数组子集	返回数组的一部分，从索引处开始，包含长度个元素
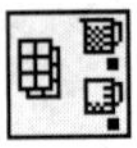	数组最大值与最小值	返回数组中的最大值和最小值，及其索引
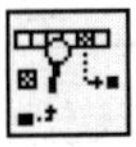	搜索一维数组	在一维数组中从开始索引处开始搜索元素。因为搜索是线性的，所以调用该函数前不必对数组排序。找到元素后，LabVIEW 会立即停止搜索
	索引数组	返回 n 维数组在索引位置的元素或子数组
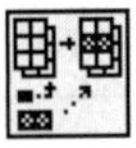	替换数组子集	从索引中指定的位置开始替换数组中的某个元素或子数组
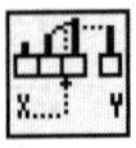	一维数组插值	使用分式指数或 x 值，线性插入一个来自数字或点的数组的 y 值
	一维数组排序	返回数组元素按照升序排列的数组
	一维数组移位	将数组中的元素移动若干个位置，方向由 n 指定
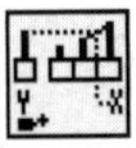	以阈值插值一维数组	在一个代表二维非降序排列的图形的一维数组中插入点。该函数将过阈值的 y 与数字或点的数组数组中开始索引位置以后的值相比较，直到找到一对连续的元素，其中，过阈值的 y 比第一个元素大，或等于第二个元素
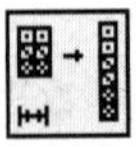	重排数组维数	根据维数大小 m−1 的值，改变数组的维数

下面将详细介绍一些常用数组函数。

1. 数组大小函数

数组大小函数用于确定数组的大小，其图标如图 4.14 所示。

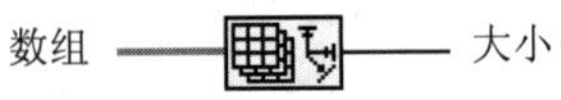

数组　　大小

图 4.14　数组大小函数

若输入为一维数组，则函数返回一个表示数组元素个数的长整型数，如果输入数组是多维的，则返回值是一个具有 n 个元素的一维数组，在这个一维数组中的每个元素都是一个长整型数，它们分别表示所对应的数组维数的元素个数。

【例 4-3】 利用数组大小函数计算一维和二维数组的大小。

若数组大小函数输入一维数组，其输出大小为数组元素个数 5；若数组大小函数输入是二维数组，其输出大小为一维数组，一维数组第一个元素表示二维数组包含 3 行元素、第二个元素表示二维数组包含 2 列元素。如图 4.15 所示。

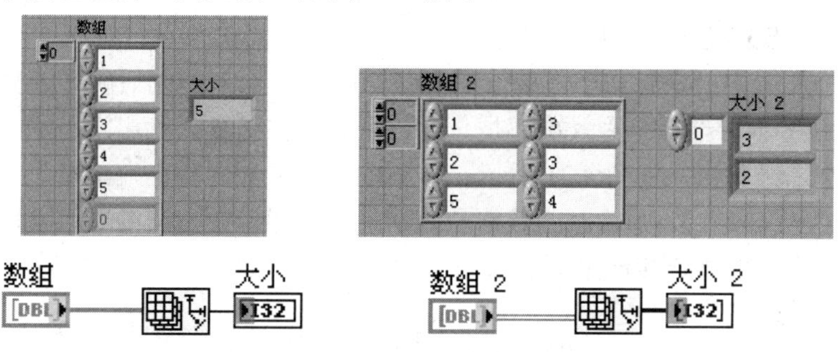

图 4.15　数组大小函数的应用

2. 初始化数组函数

初始化数组函数用于创建一个包含初始值的数组，其图标如图 4.16 所示。

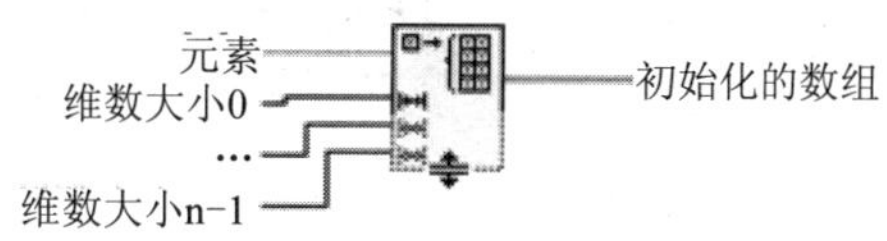

图 4.16　初始化数组函数

初始化数组函数元素端的输入参数定义了数组的类型，并且为每一个元素初始化为相同值，数组长度由维数大小决定。为了创建和初始化多维数组，可在初始化函数节点的左下侧弹出菜单，单击【添加维数】或使用位置工具向下拖动节点一角。删除维数时，可以从函数快捷选单中选择【删除维数】或使用位置工具向上拖曳。初始化数组函数具有给数组分配内存的作用。

【例 4-4】 利用数组初始化函数创建一维和二维数组。

在程序框图界面放置初始化函数，在该函数的元素端弹出选单选择创建常量，并用键盘输入常量 3.6，用同样的方法将维数大小设置为 5，则产生的一个具有五个相同元素值为 3.6 的一维数组，如图 4.17 所示。同样，在弹出菜单中也可以根据需要创建输入控件或显示控件。

图 4.18 所示为使用初始化函数创建的值为 2 的具有 3 行 4 列的二维数组。

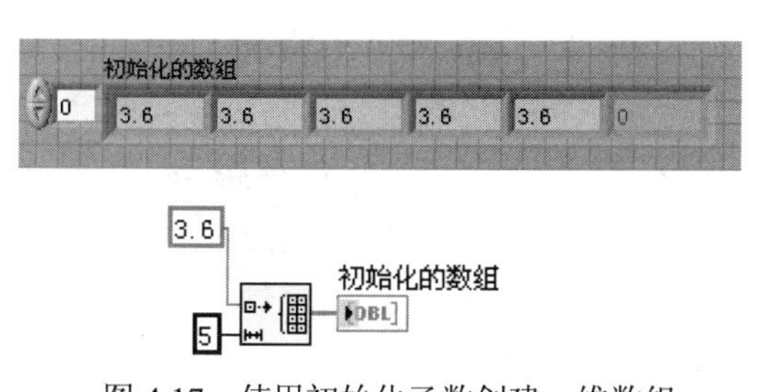

图 4.17　使用初始化函数创建一维数组

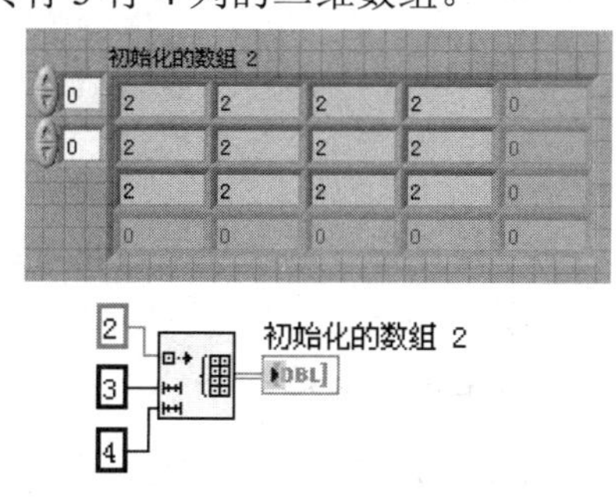

图 4.18　使用初始化函数创建二维数组

3. 创建数组函数

创建数组函数用于合并多个数组或给数组添加元素，其图标如图 4.19 所示。

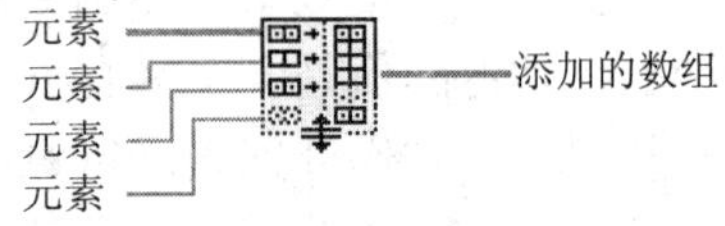

图 4.19　创建数组函数

元素输入数据类型可以为标量和数组。要添加更多的输入，可以在函数左侧弹出菜单并选择添加输入，也可以将位置工具放置在对象的一个角落，抓住并拖曳大小调节柄扩大函数节点来添加输入。要减少输入，则使用大小调节柄缩小节点或从快捷菜单中选择删除输入。

【例 4-5】 创建数组函数的应用。

当输入端中至少有一个是单值元素时，则按照输入的先后顺序连接成一个一维数组，如图 4.20 所示；当两个输入端都是一维数组时，在函数的输出端使用创建显示控件，则输出是一个二维数组，如图 4.21 所示；如果此时在函数的输出端单击鼠标右键，在弹出菜单中选择【连接输入】，则输出的数据是一个一维数组，新的一维数组是由输入端的两个一维数组按照先后顺序连接起来的，如图 4.22 所示。

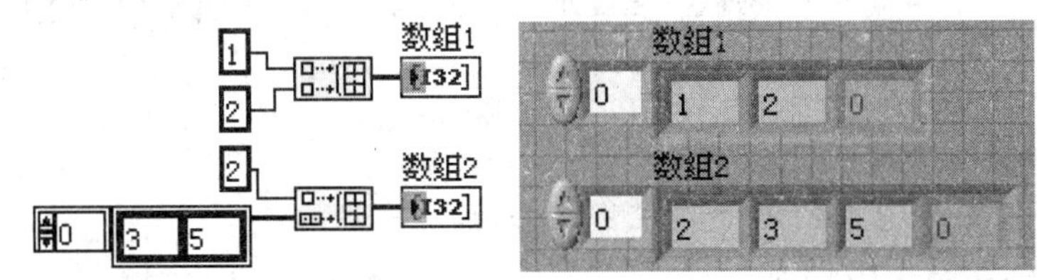

图 4.20　创建数组函数的输入端至少有一个单值

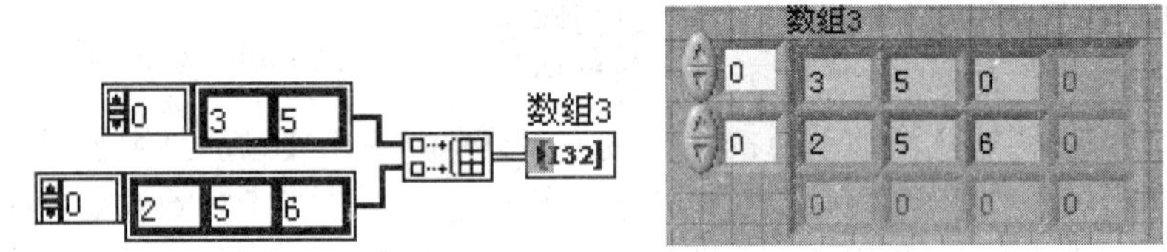

图 4.21　创建数组函数两个输入端均为一维数组

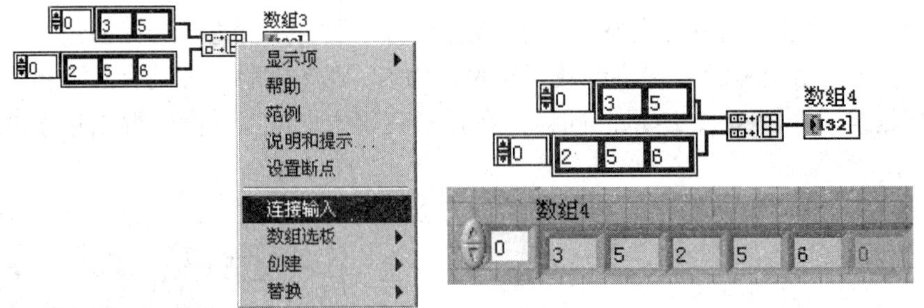

图 4.22　创建数组函数使用连接输入

说明：注意图中两种不同输出时函数图标及输出连线的区别。

4. 数组子集函数

数组子集函数可以返回输入数组从函数指定索引值开始的指定长度的子数组，其图标如图 4.23 所示。

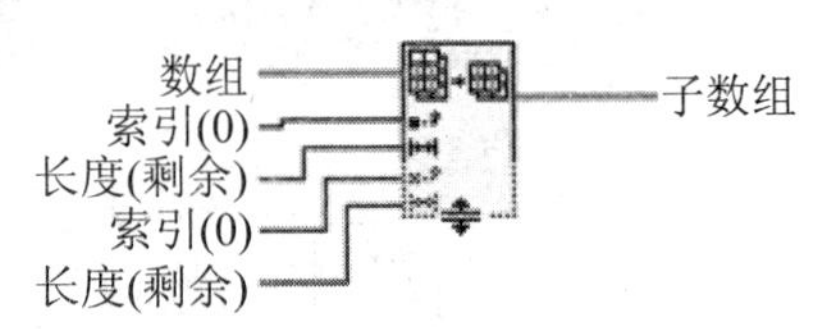

图 4.23　数组子集函数

【例 4-6】 数组子集函数应用。

利用数组子集函数获取数组子集的一些应用如图 4.24 所示。

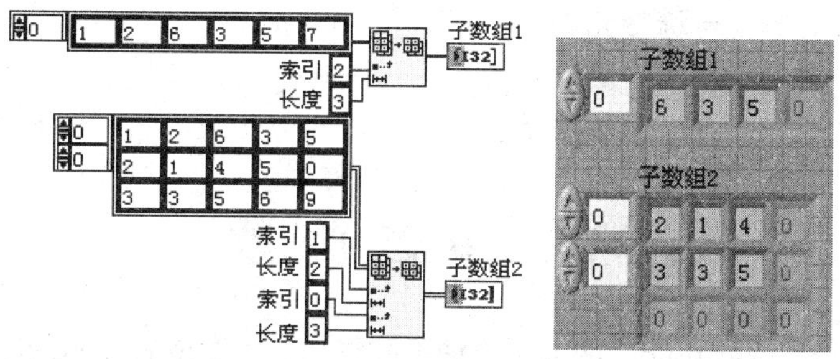

图 4.24　利用数组子集函数获取数组子集的应用

注意： *数组索引从 0 开始。*

5．索引数组函数

索引数组函数用于访问数组中的某个元素，其图标如图 4.25 所示。

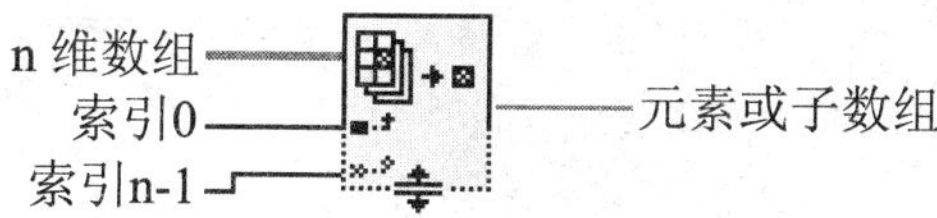

图 4.25　索引数组函数

【例 4-7】 索引函数的应用。

图 4.26 显示了一个索引函数的例子，其功能是访问一维数组中的第四个元素。

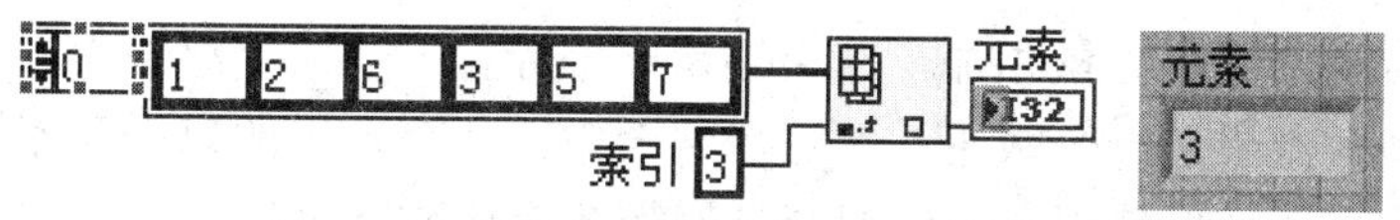

图 4.26　获取一维数组的数值元素

说明： *因为第 1 个元素的索引为 0，所以第 4 个元素的索引是 3。*

将一个二维数组与索引数组函数相连，索引数组函数就会含有 2 个索引端子。将一个三维数组与索引数组函数相连，索引数组函数就会含 3 个索引端子，其余类推。已使用的索引端的符号是一个黑方块，被禁止使用的索引端是一个空心的小方框。当给一个被禁止使用的索引端连接上一个常量或输入控件时它会自动变为黑方快，即变为可以索引，相反原来一个可以使用的索引端上连接的常量或输入控件被删去时，索引端符号会自动变为空心的小方框，即变为禁止使用。

【例 4-8】 从一个二维数组中提取一个一维的行或者列数组。

图 4.27 中程序实现从二维数组中提取第 2 行和第 1 列的元素分别构成一个一维数组。

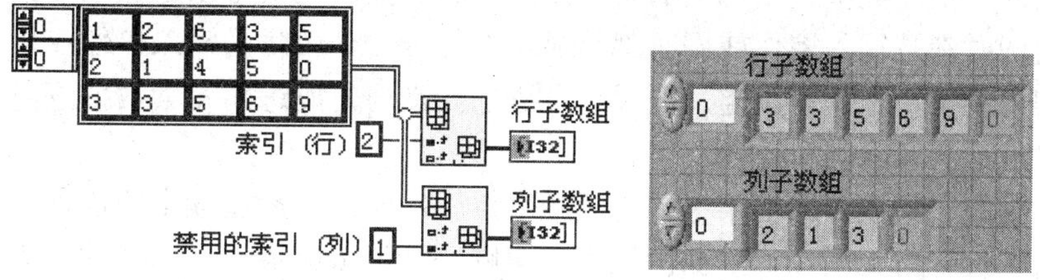

图 4.27　获取二维数组的行和列子数组

下面的规则对使用剪切数组进行了规定：

输出对象的维数必须等于被禁止的索引端口的数目。例如：

0 个索引端口被禁止＝标量元素

1 个索引端口被禁止＝一维数组元素

2 个索引端口被禁止＝二维数组元素

4.2 多态函数

多态化是指一种函数功能，即可以协调不同格式、维数或者显示的输入数据。具有多态化的函数称为多态函数。大多数 LabVIEW 的函数都是多态化的，即为多态函数。

图 4.28 所示是加法函数的一些多态化组合。

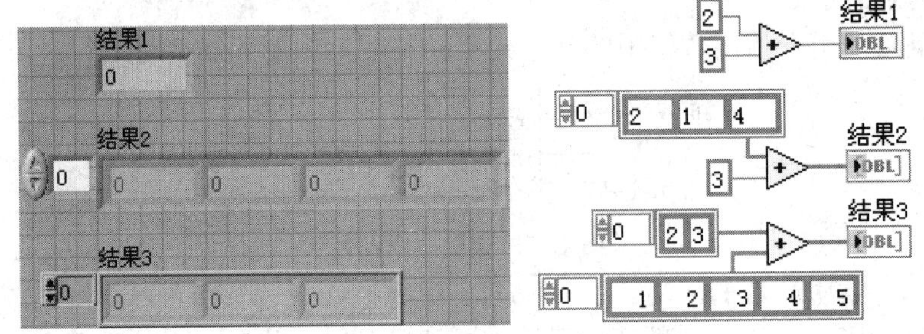

图 4.28　加法多态化组合的例子

第一个组合中，两个标量相加，结果还是一个标量。第二个组合中，该标量与数组中的每个元素相加，结果是一个数组。第三个组合中，一个数组的每个元素被加到另一个数组的对应元素中。还可以使用其他的组合，例如数值簇或者簇数组。

说明： 本节是加法函数的多态化，对其他函数同样适用。

4.3 簇

簇是一种类似数组的数据结构，用于数据分组。使用簇可以减少 VI 的连接端口。簇类似于一根电缆线，电缆线中每一根线如同簇中的一个元素。本节将介绍簇数据类型在 LabVIEW 编程中的应用。

4.3.1 簇的概念

簇是相同或不同类型数据元素的有序组合。簇的数据元素可以是任意数据类型，但这些元素必须同时都是输入控件或同时都是显示控件。一个簇将是输入控件或显示控件，由放入簇框架内的第一个元素决定。如果后放进的元素与先放进的元素数据流向不一致，其会自动按先放进的元素类型转换。

簇元素按照它们放入簇框架中的先后顺序排序，而与元素在簇中的位置无关。簇框架中第一个对象标记为元素 0，后面的元素按照顺序标记依次加一。当从簇中删除元素时，剩余的元素顺序自动调整。

改变簇元素顺序的方法是在簇上弹出快捷菜单，选择【重排序簇中控件…】，则前面板变为如图 4.29 所示，图中簇的每个元素的右下角都有一个数字标示，其表示簇中元素当前的排序，单击改变该值可以实现簇中元素的重新排序。

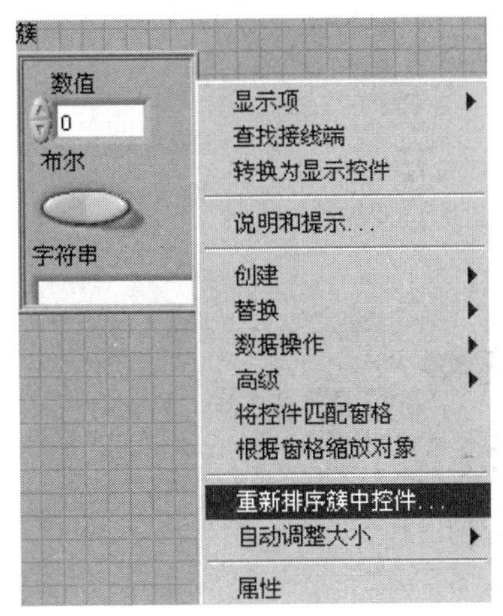

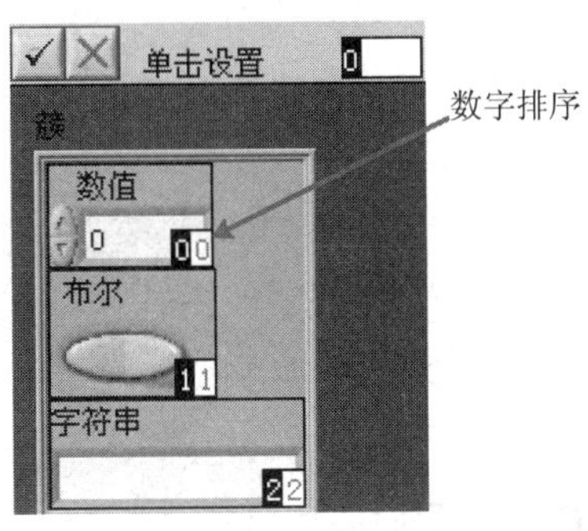

图 4.29　簇中元素重新排序

说明：两个簇只有在其元素和放置元素的顺序完全相同时，它们才能用连线连接起来。

4.3.2　创建簇

簇的创建方法与数组的创建方法类似。下面主要讲解如何在前面板和程序框图创建簇。

1. 在前面板创建簇控件

右击前面板空白处，弹出【控件】选板，单击【经典】→【经典数组、矩阵与簇】→【簇】，将簇框拖放在前面板中，然后根据需要放置的控件多少用定位工具调整簇框的大小；从控件选板中取控件或从前面板上移动控件到簇中。图 4.30 中的簇为一个混合型的簇输入控件，其三个元素的数据类型分别是数值型、布尔型、字符串型。

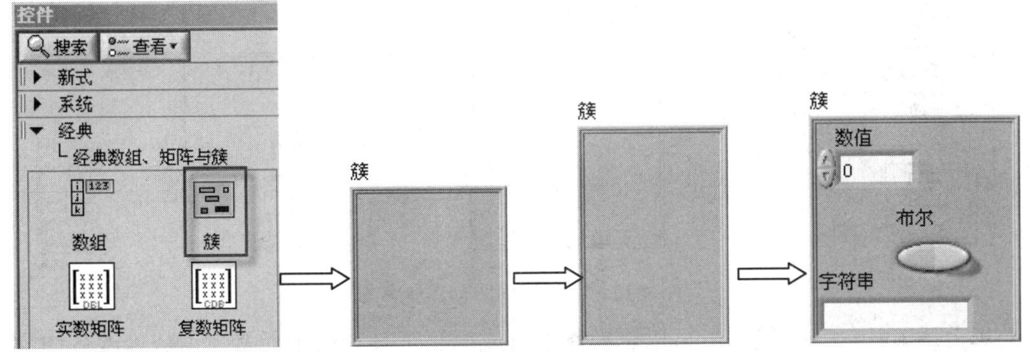

图 4.30　在前面板创建簇

如果簇框内的元素排放不够紧凑，可以先利用快捷工具栏中的对齐对象和分布对象工具使所有元素对齐无间隙的排放，然后在簇边框上右击选择快捷菜单中的【自动调整大小】→【调整为匹配大小】，如图 4.31 所示。另外，在【自动调整大小】中选择【水平排列】或【垂直排列】，可以让簇框中元素水平排放或者垂直排放。

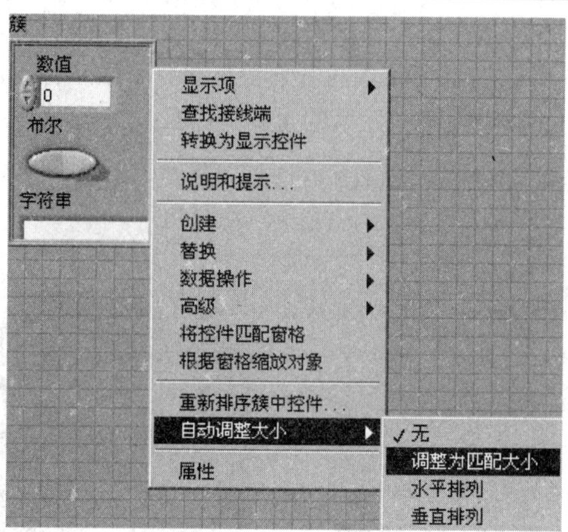

图 4.31　簇框大小的调整

2. 在程序框图中创建簇常量

右击程序框图空白处，选择【函数】→【编程】→【簇、类与变体】→【簇常量】，将其拖曳到程序框图中。然后根据需要选择合适数据类型的数据常量放置到簇框中，选择簇快捷菜单中【调整为匹配大小】，如图 4.32 所示。也可以把前面板的簇控件拖动或拷贝到程序框图产生一个簇常量。

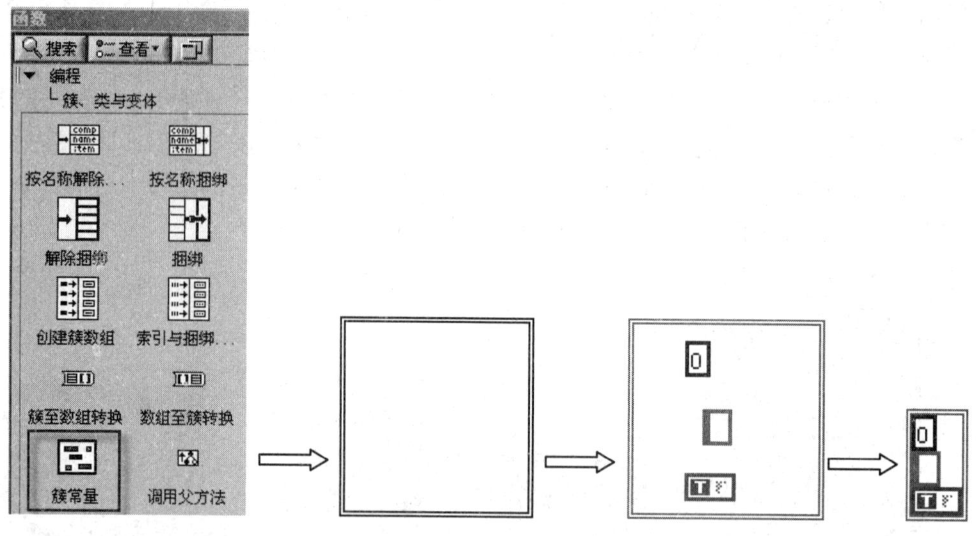

图 4.32　在程序框图创建簇常量

用上述方法创建好簇后，可以用操作工具或标签工具给簇中元素赋值或修改簇中元素的值。

4.3.3　簇函数

簇函数的功能包括捆绑和解除捆绑以及簇与数组的转换等。簇函数在【函数选板】→【编程】→【簇、类与变体】子选板中，如图 4.33 所示。

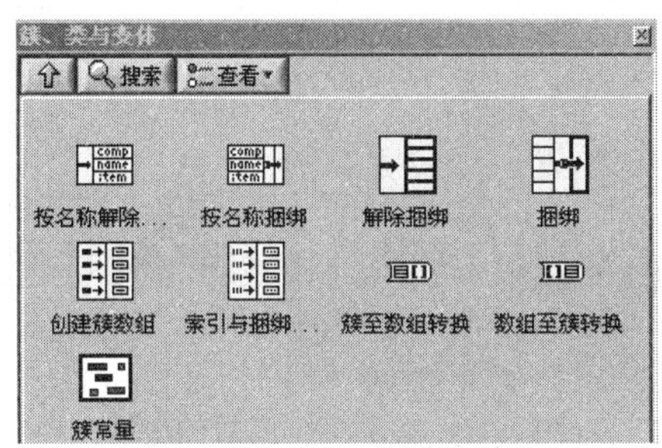

图 4.33　簇函数子选板

1．捆绑函数

捆绑函数是将独立元素组合为簇，或改变现有簇中独立元素的值，其图标如图 4.34 所示。图 4.35 所示为捆绑函数两种功能的应用。

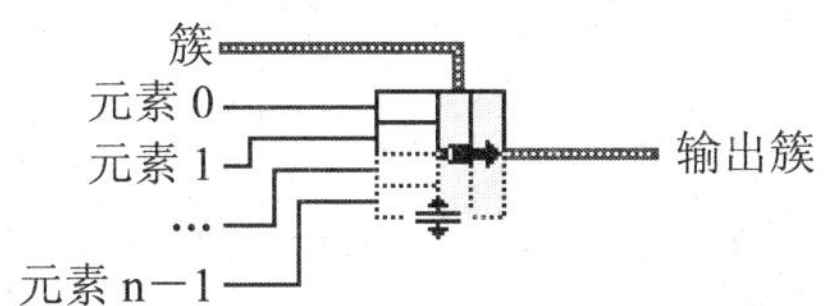

图 4.34　捆绑函数

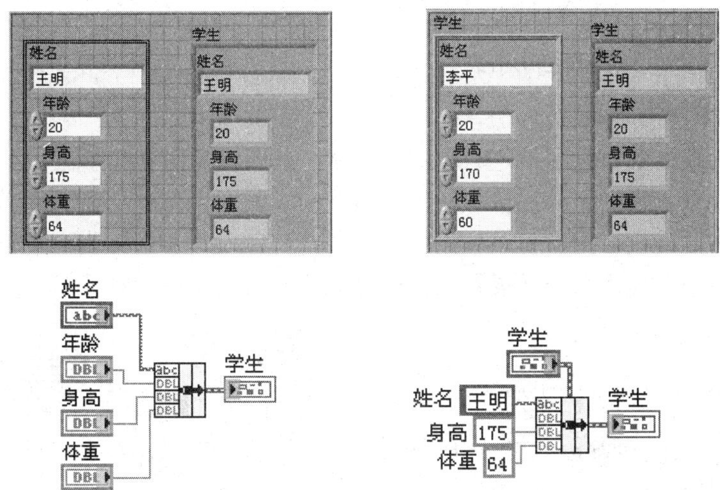

图 4.35　捆绑函数的应用

2．解除捆绑函数

解除捆绑函数是将一个簇分割为独立的元素，其图标如图 4.36 所示。

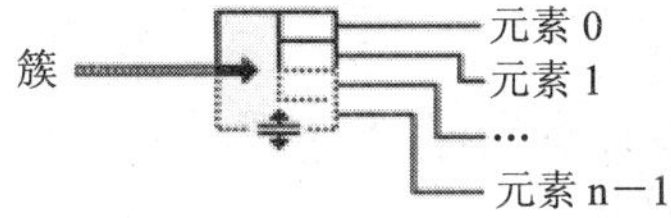

图 4.36　解除捆绑函数

连接簇到该函数时，函数将自动调整大小以显示簇中的各个元素输出。解除捆绑函数的应用如图 4.37 所示。

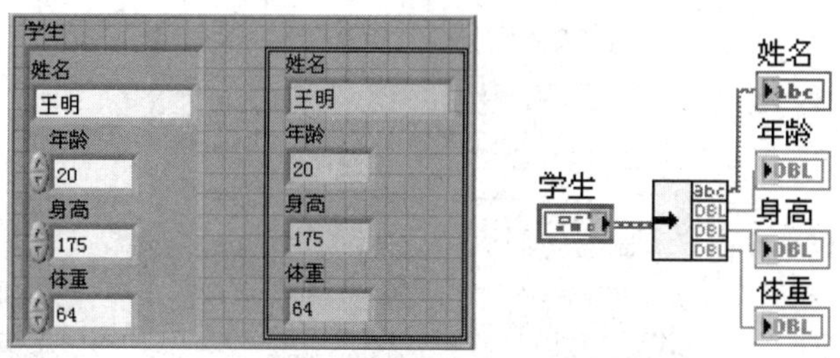

图 4.37　解除捆绑函数的应用

3．按名称捆绑函数

按名称捆绑函数用于替换一个或多个簇元素，其图标如图 4.38 所示。

该函数根据名称，而不是根据簇中元素的位置引用簇元素。将函数连接到输入簇后，右击名称接线端，从快捷菜单中选择元素。也可使用操作工具单击名称接线端，或从簇元素列表中选择。如图 4.39 所示。

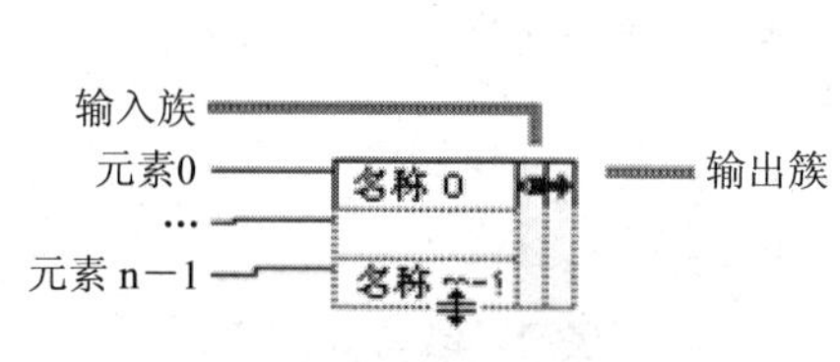

图 4.38　按名称捆绑函数

图 4.39　选择或增加簇中需要修改的元素

4．按名称解除捆绑函数

按名称解除捆绑函数返回指定名称的簇元素，其图标如图 4.40 所示。

该函数不要求元素的个数和簇中元素个数匹配。将一个簇连接到该函数后，可从函数中选择一个单独的元素。用户可以使用快捷菜单选择需要显示的元素；也可以通过鼠标拖曳或从快捷菜单中选择【添加元素】来输出更多的元素，如图 4.41 所示。

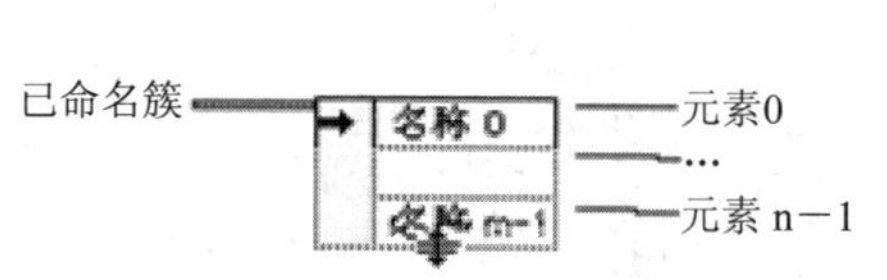

图 4.40　按名称解除捆绑函数

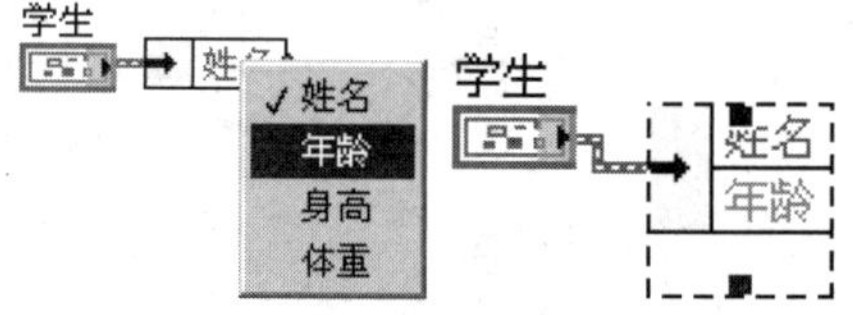

图 4.41　选择或增加输出元素

5．创建簇数组函数

创建簇数组函数将每个分量元素输入捆绑为簇，然后将所有分量元素簇组成以簇为元素的数组。其图标如图 4.42 所示。

分量元素的数据类型可以使任意类型，但是所有的分量元素必须是相同的数据类型。

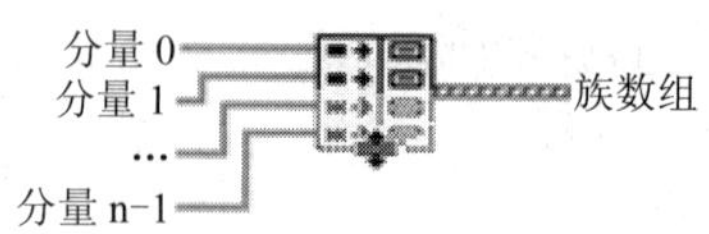

图 4.42　创建簇数组函数

前面讲数组时提到数组的成员不能是数组，但是在图 4.43 中，2 个一维数组被转成 2 个簇，然后创建成一个数组。该数组有 2 个元素，每个元素都是一个簇，这个簇中只有一个一维数组元素。

图 4.43　创建一个簇数组

6. 索引与捆绑数组函数

索引与捆绑数组函数对一组数组建立索引，并创建一个簇数组，其中第 i 个元素是包含每个输入数组的第 i 个元素构成的簇。其图标如图 4.44 所示。

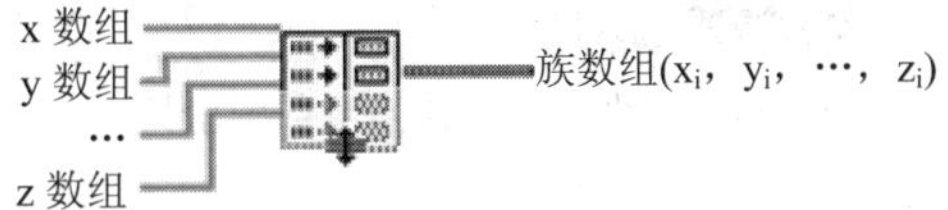

图 4.44　索引与捆绑数组函数

该函数输入数组可以是任意类型的一维数组，每个输入数组可以是不同类型。簇数组的长度与输入数组中长度最短的一个相等，如图 4.45 所示。

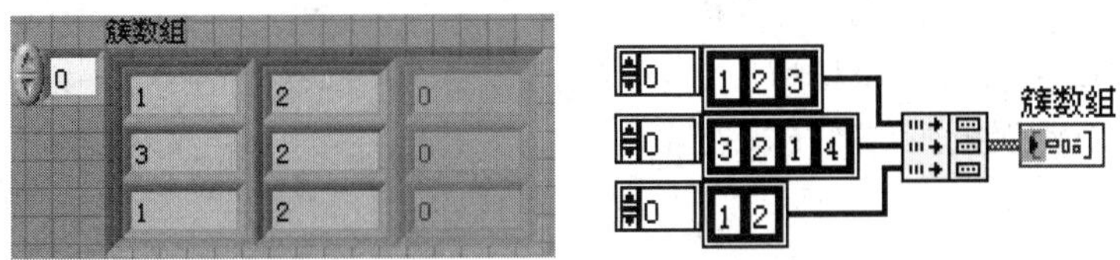

图 4.45　索引与捆绑函数的应用

7. 簇至数组转换函数

簇至数组转换函数将相同数据类型元素组成的簇转换为数据类型相同的一维数组。其图标如图 4.46 所示。

图 4.46　簇至数组转换函数

图 4.47 中程序实现将具有三个元素的常量簇转换为具有三个相同元素的数组。

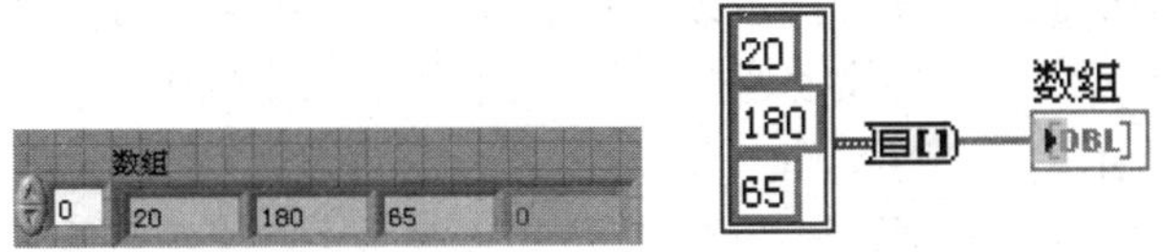

图 4.47　簇至数组转换函数应用

数组至簇转换函数将一维数组转换为簇，簇元素和一维数组元素的类型相同，其图标如图 4.48 所示。

图 4.48　数组至簇转换函数

右击函数并从快捷菜单中选择簇大小，设置簇中元素的数量，默认值为 9，如图 4.49 所示。该函数最大的簇可包含 256 个元素。如要在前面板簇显示控件中显示相同类型的元素，但又要在程序框图上按照元素的索引值对元素进行操作时，可使用该函数。

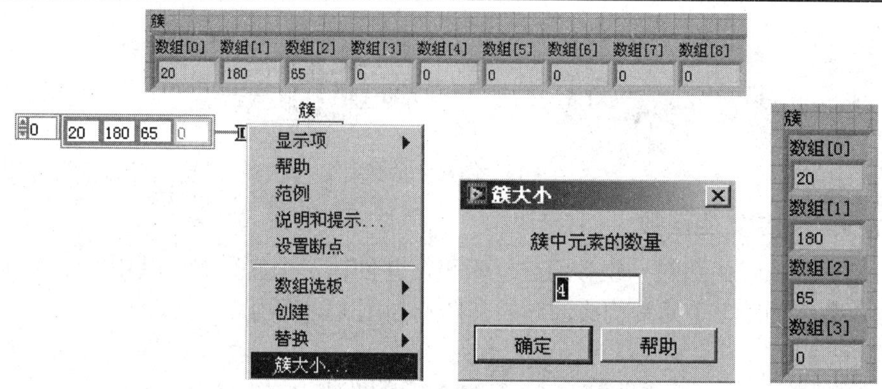

图 4.49　数组至簇转换函数的应用

4.3.4　错误簇

LabVIEW 包含一个簇，该簇被称为错误簇。LabVIEW 错误簇用于传递错误信息，该簇包含以下一些元素：

(1) 状态：布尔型，错误产生时状态值为真。

(2) 代码：32 位有符号整型数值，以数值方式识别错误。

(3) 源：用于错误发生位置的字符串。

4.4　波　　形

波形是数据的图形表示。波形的数据类型类似于簇，但是其成员的数量和类型是固定的。许多与数据采集和信号分析有关的 VI 使用这种数据类型。本节将介绍波形的一些概念及其创建。

4.4.1　波形的概念

波形数据的全部成员包括数据采集的起始时间 t_0、时间间隔 d_t、波形数据 Y 以及属性。当将一个波形类型数据连接到波形图或波形图表时，将根据波形的数据、起始时间 Δx 自动绘制波形。当将一个波形数据的数组连接到波形图或波形图表时，会自动画出相应的曲线。波形控件如图 4.50 所示。

LabVIEW 提供大量的波形操作函数，其位于【函数】→【编程】→【波形】子选板中；LabVIEW 还提供大量高级波形分析函数，位于【函数】→【信号处理】子选板中，包括【波形测量】、【波形调理】等子选板，如图 4.51 所示。

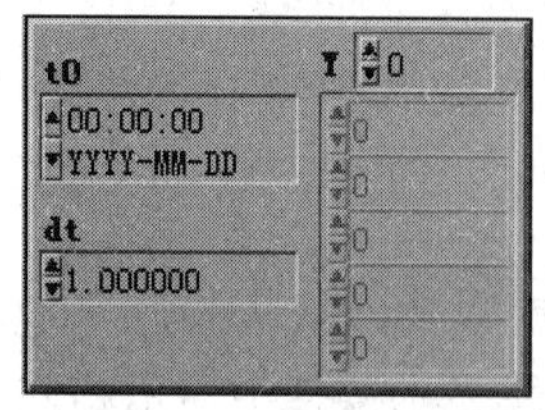

图 4.50　波形控件

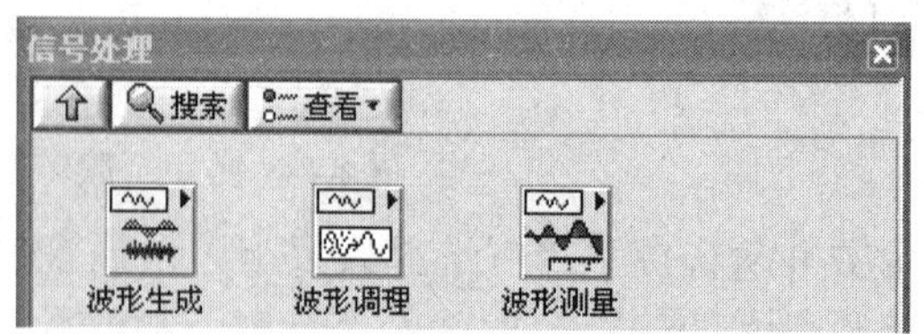

图 4.51　信号处理模板中的波形操作函数

4.4.2　创建波形

1. 创建波形控件

波形控件位于【控件】→【经典】→【经典 I/O】子模板中，其既可以做输入控件又可以做显示控件，通过弹出菜单上的【转换为显示控件】或【转换为输入控件】来实现。波形控件边框的大小像簇的外框一样可以自动调整。调整的方法也和簇一样。波形控件中显示哪些成员通过弹出快捷菜单，选择【显示项选项】进行设置。图 4.52 为显示全部成员水平排列的波形控件。

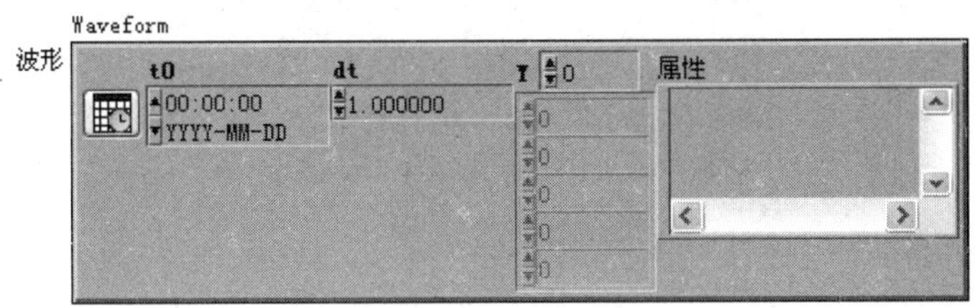

图 4.52　波形控件

2. 在程序框图中创建波形

使用波形函数子模板创建波形函数。这个函数也可以修改已有的波形，如果输入不连接波形参数，就根据连接的波形成员创建一个新波形，如图 4.53 所示；如果连接了波形参数，就根据连接的波形成员修改波形，如图 4.54 所示。

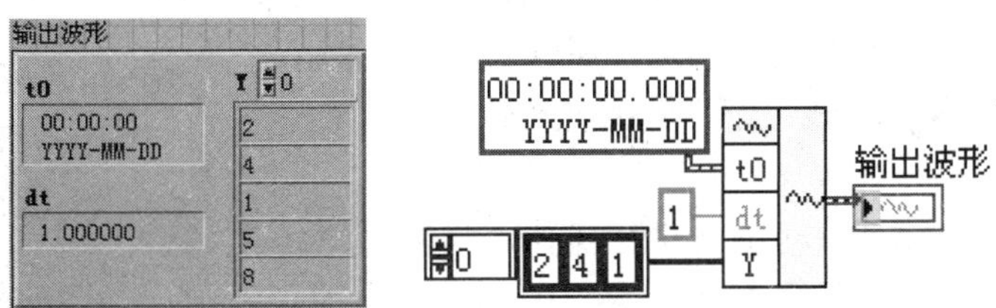

图 4.53　创建新波形

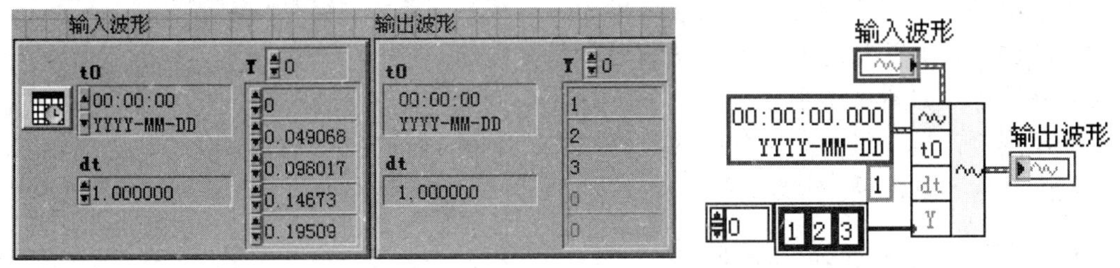

图 4.54　修改已有波形中的元素

4.5　波　形　图

波形图用于显示测量值为均匀采集的一条或多条曲线。波形图仅绘制单变量函数，比如 y = f(x)，并且各点沿 X 轴均匀分布，其控件位于【控件】→【经典】→【经典图形】子选板中，如图 4.55 所示。

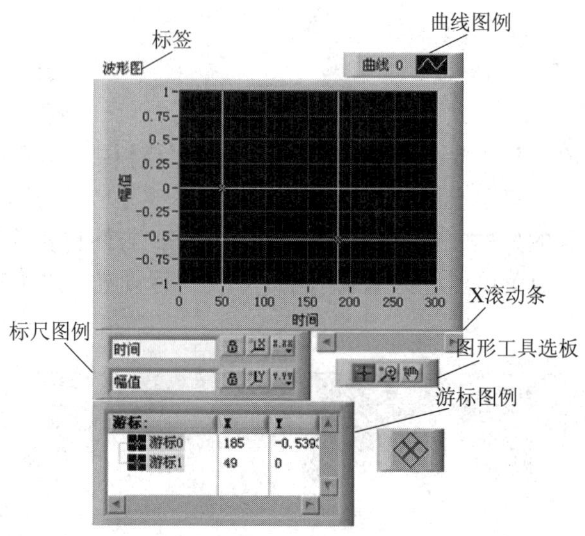

图 4.55　波形图控件

波形图可显示包含任意个数据点的曲线。波形图接收多种数据类型，从而最大程度地降低了数据在显示为图形前进行类型转换的工作量。波形图是一个事后显示数据的图形控件。波形图中的数据全部到达时，一次将所有数据送给波形图显示。本节将通过单条、双条曲线在波形图中显示示例，介绍波形图的数据类型及其具体的应用。

说明：图中所有标注的显示项都包含在波形图的快捷菜单【显示项】下。

曲线图例：可用来设置曲线的各种属性，包括线型(实线、虚线、点划线等)、线粗细、颜色以及数据点的形状等。

图形工具选板：可用来对曲线进行操作，包括移动以及对感兴趣的区域放大和缩小等。

游标图例：可用来设置光标、移动光标，用光标从曲线上读取感兴趣的数据。单击快捷菜单【显示项】→【游标图例】，默认状态下，游标图例框中是空白的。创建游标的方法如图 4.56 所示。

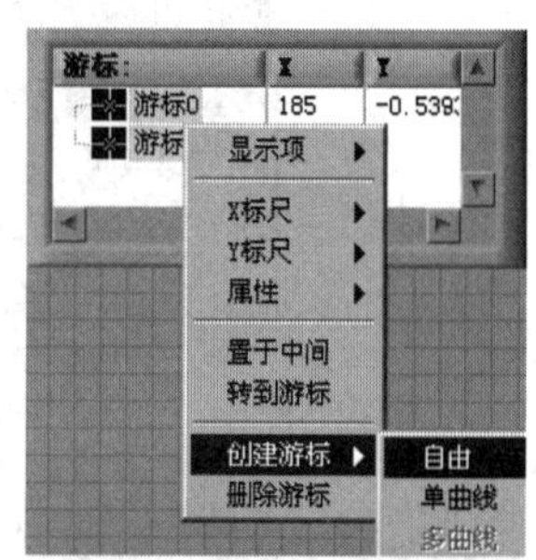

图 4.56　创建游标

标尺图例：用来设置坐标刻度的数据格式、类型(普通坐标或对数坐标)，坐标轴名称以及刻度栅格的颜色等。

4.5.1　在波形图中显示单条曲线

波形图接收多种数据类型以显示单条曲线。对于一个数值数组，其中每个数据被视为图形中的点，从 x = 0 开始以 1 为增量递增 *x* 索引。波形图接受包含初始 x 值、Δx 及 y 数据数组的簇。如果送给波形图的数据类型是簇，则簇的元素必须按照起始点、步长、波形数组数据的顺序排放，否则波形图不能接受其数据，即不能显示波形图，簇和波形图之间的连线是断线，使用断箭头调试工具会提示数据类型不匹配。波形图也接收波形数据类型。

波形图还接收动态数据类型，用于 Express VI。动态数据类型除包括对应于信号的数据外，还包括信号信息的各种属性，如信号名称、数据采集日期和时间等。属性指定了信号在波形图中的显示方式。当动态数据类型中包含单个数值时，波形图将绘制该数值，同时自动将图例及 x 标尺的时间标识进行格式化。当动态数据类型包含单个通道时，波形图将绘制整个波形，同时对图例及 x 标尺的时间标识自动进行格式化。

关于波形图所接收的数据类型，见 labview\examples\general\graphs\gengraph.llb 中的 Waveform Graph VI 范例。

图 4.57 中以簇数据类型连接波形图，图 4.58 中以数组数据类型连接波形图。两个波形图中显示的均是一个周期的正弦波，但是其横坐标最终数据不同，是因为波形图接受数组数据时，以默认的起始点 0、步长 1 来显示 128 个采样点的一个周期的正弦波，最终坐标 $X = 0 + 1 \times 128 = 128$；而波形图接受簇数据时，在图中起始点 0、步长 2，所以最终坐标 $X = 0 + 2\times 128 = 256$。

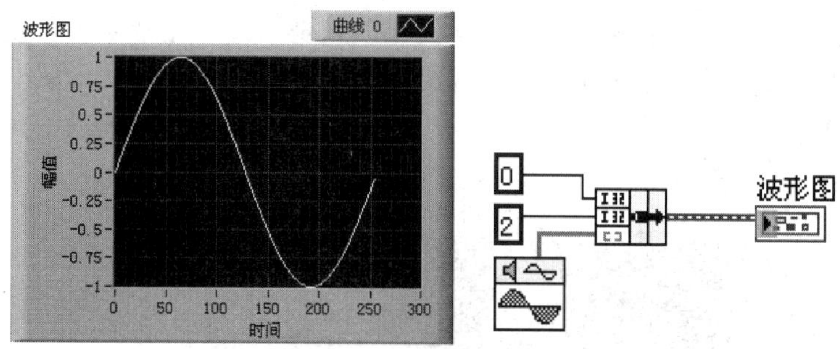

图 4.57　簇数据在波形图中的显示

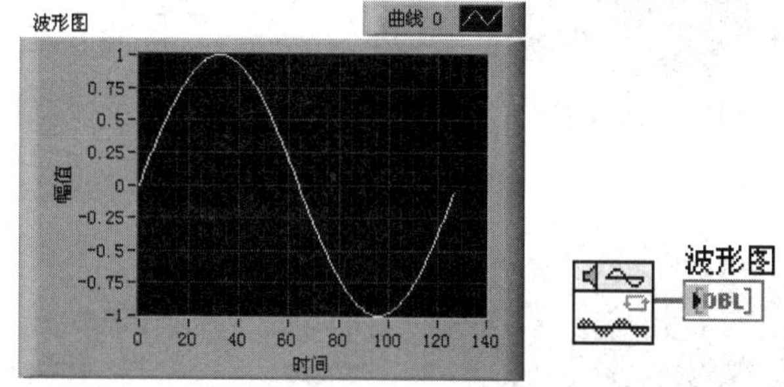

图 4.58　数组数据在波形图中的显示

4.5.2　在波形图中显示多条曲线

波形图接收多种数据类型以显示多条曲线。波形图接收二维数值数组，数组中的一行即一条曲线。将一个二维数组数据类型连接到波形图上，右击波形图并从快捷菜单中选择【转置数组】，则数组中的每一列便作为一条曲线显示。多曲线波形图尤其适用于 DAQ 设备的多通道数据采集。DAQ 设备以二维数组的形式返回数据，数组中的一列即代表一路通道的数据。

关于接收该数据类型的图形范例见 labview\examples\general\graphs\gengraph.llb 中 Waveform Graph VI 的(Y)Multi Plot1 图形。

波形图还接收包含了初始 x 值、Δx 和 y 二维数组的簇。该数据类型适用于显示以相同速率采样的多个信号。关于接收该数据类型的图形范例见 labview\examples\ general\ graphs\ gengraph.llb 中 Waveform Graph VI 中的(Xo = 10, dX = 2, Y)Multi Plot 2 图形。

波形图接收包含簇的曲线数组。每个簇包含一个包含 y 数据的一维数组。如每条曲线所含的元素个数都不同，应使用曲线数组而不要使用二维数组。例如，从几个通道采集数据且每个通道的采集时间都不同时，应使用曲线数组而不是二维数组，因为二维数组每一行中元素的个数必须相同。

波形图接收一个包含初始值 x、Δx 和簇数组的簇。每个簇包含一个包含 y 数据的一维数组。捆绑函数可将数组捆绑到簇中，或用创建数组函数将簇嵌入数组。创建簇数组函数可创建一个包含指定输入内容的簇数组。关于接收该数据类型的图形范例见 labview\examples\general\graphs\gengraph.llb 中 Waveform Graph VI 中的(Xo = 10, dX = 2, Y)Multi Plot 3 图形。图形接收包含了 x 值、Δx 值和 y 数据数组的簇数组。这种数据类型为多曲线波形图所常用，可指定唯一的起始点和每条曲线的 x 标尺增量。

波形图显示多条曲线的情况与单条曲线类似，只是如果要显示多条曲线，则需要将多条曲线最后用创建数组函数连接起来最终送给同一个波形图显示。波形图中显示两条曲线的示例如图 4.59 所示。

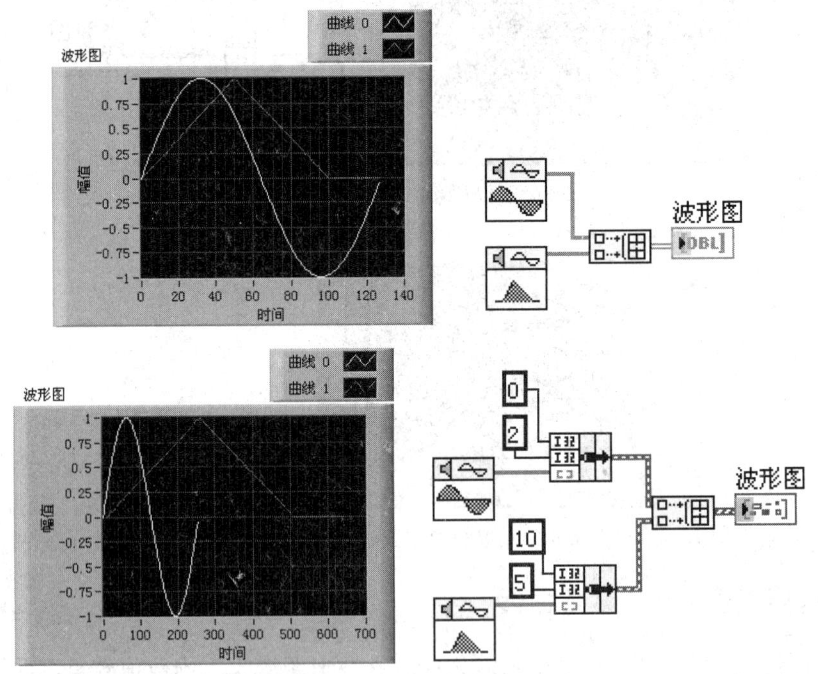

图 4.59　两条曲线波形图

4.6 波形图表

波形图表是显示一条或多条曲线的一类特殊的数值显示控件，用来显示通常以恒定速率采集到的数据信号曲线。波形图表显示控件位于【控件】→【经典】→【经典图形】子选板中，如图 4.60 所示。

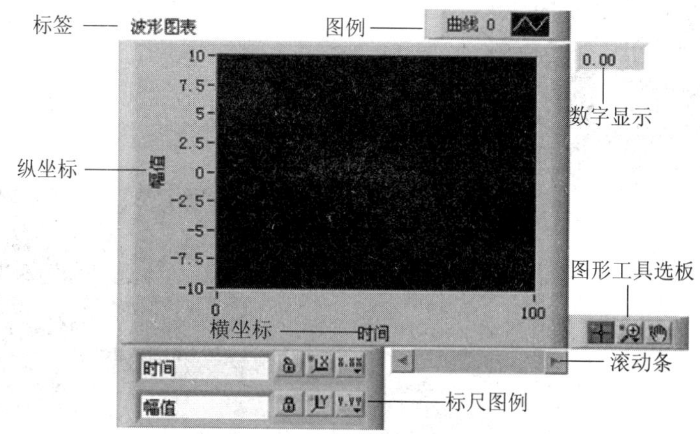

图 4.60 波形图表显示控件

波形图表是一个实时趋势图。为了能够看到先前的数据，波形图表控件内部含有一个显示缓冲器，其中保留了一些历史数据。这个缓冲器按照先进先出的原则管理，其最大容量是 1024 个数据点。查看或修改历史数据长度的方法是：右击波形图表，单击快捷菜单中【图标历史长度…】，则会弹出如图 4.61 所示的界面，在数据窗口可以查看或修改波形图表的历史数据长度，图 4.61 中历史数据长度为 1024。向图表传送数据的频率决定了图表重绘的频率。

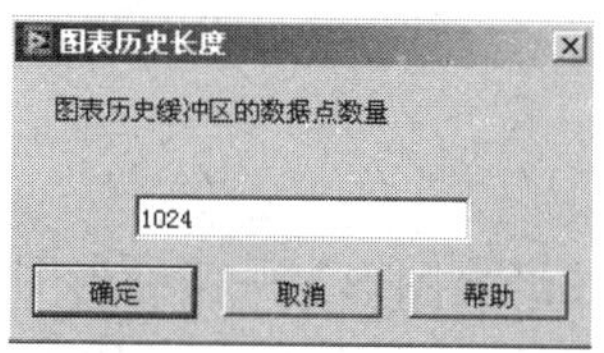

图 4.61 图表历史长度窗口

波形图表的各显示项的介绍如下：

滚动条：其对应于显示缓冲器，通过它可以前后观察缓冲器内任何位置的数据。

数据显示：选中它可以在图形右上角出现一个数字显示器，这样可以在画出曲线的同时显示当前最新的一个数据值。

刷新模式：波形图表提供了三种画面的刷新模式。

带状图表：与纸带式图表记录仪类似。曲线从左到右连续绘制，当新的数据点到达右部边界时，先前的数据点逐次左移。

示波器图表：与示波器类似。曲线从左到右连续绘制，当新的数据点到达右部边界时，清屏刷新，从左边开始新的绘制。它的速度较快。

扫描图表：与示波器模式的不同在于当新的数据点到达右部边界时，不清屏，而是在最左边出现一条垂直扫描线，以它为分界线，将原有曲线逐点向右推，同时在左边画出新的数据点。如此循环下去。

分格显示曲线：在相同的横坐标下，由于各种测量信号的差异，将几条曲线显示在同一个图区有困难时，可以组织出一种横坐标相同，而有各自纵坐标的堆叠式图区，如图 4.62 所示。

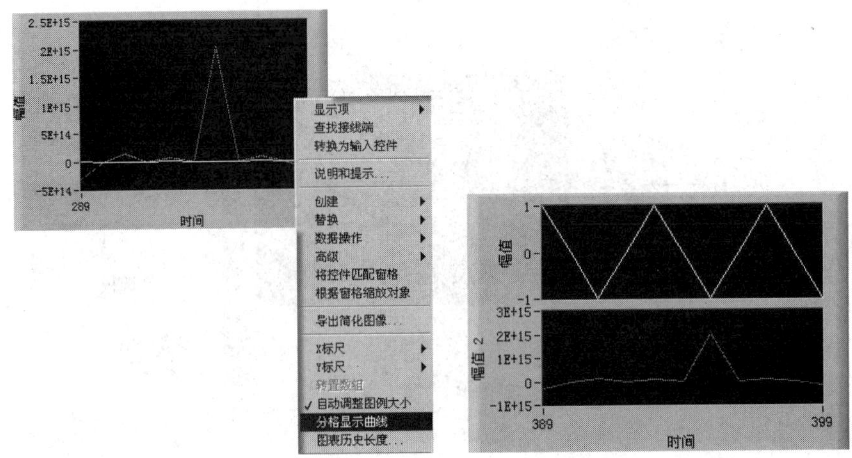

图 4.62　分隔显示波形图表

4.6.1　在波形图表中显示单条曲线

为了生成单个曲线的波形图表，可以将标量输出直接连接至波形图表。显示在波形图表中的数据类型将会与输入相匹配。

【练习 4-1】 在波形图中显示单条曲线。

目标：学习使用波形图表，每次 For 循环计算一个正弦值送给波形图表显示。

设计：显示单条曲线 VI。

(1) 打开一个新的 VI。

(2) 创建前面板。

单击控件选板上【经典】→【经典图形】→【波形图表】，将其拖放到前面板。

(3) 切换到 VI 的程序框图。

(4) 创建程序框图。

① 右击程序框图空白处，弹出函数选板。

② 单击函数选板上【编程】→【结构】→【For 循环】，将其拖放到程序框图。同时将波形图表接线端置于 For 循环框内部。

③ 设置循环次数为 54 次。

④ 单击函数选板上【编程】→【数值】→【除】，将其放置于 For 循环框内部。

⑤ 单击函数选板上【编程】→【数值】→【数学与科学】→【pi】，将其放置于 For 循环框内部。

⑥将程序框图的各个节点连线，如图 4.63 所示。

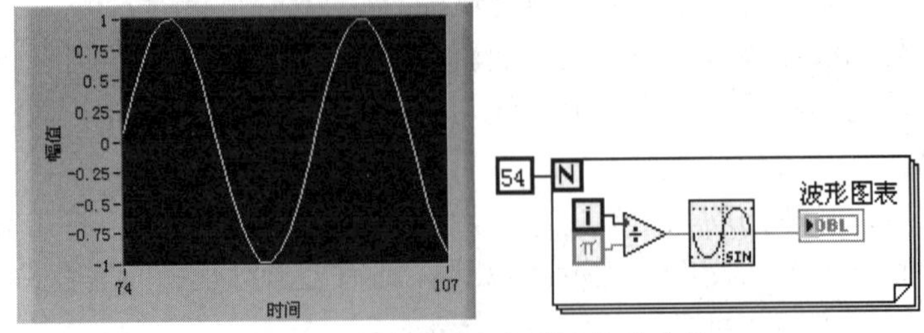

图 4.63　在波形图表中显示单条曲线

4.6.2　在波形图表中显示多条曲线

如需向波形图表传送多条曲线的数据，可将这些数据捆绑为一个标量数值簇，其中每一个数值代表各条曲线上的单个数据点。

为了生成多个曲线的波形图表，可以使用捆绑函数或者【Express】→【信号操作】→【合并信号函数】将数据捆绑在一起。在图 4.64 所示示例中，每循环一次分别产生两个数据值正弦和余弦值，然后通过捆绑函数将其送给波形图表显示，这样就可以在波形图表中显示两条曲线，如果要显示更多的曲线，可以增加捆绑函数的输入端的个数实现。

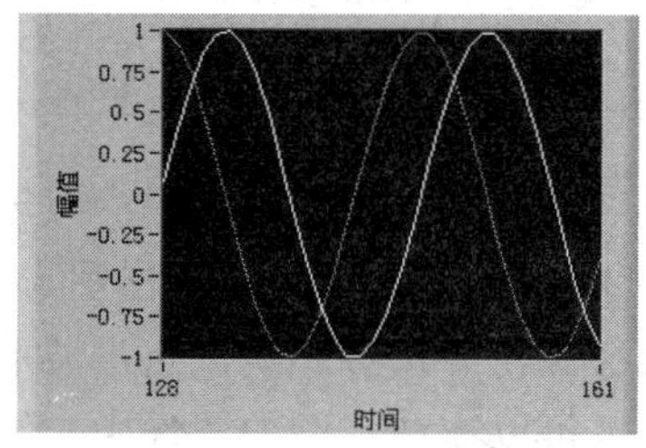

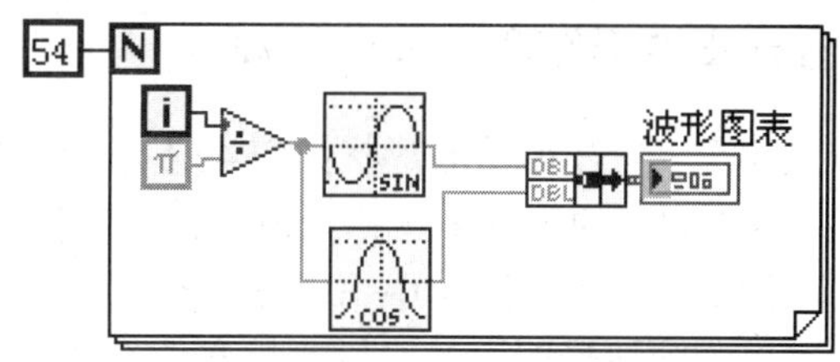

图 4.64　在波形图表中显示两条曲线

关于波形图表的范例见 labview\examples\general\graphs\charts.llb。

【练习 4-2】 波形图表和波形图的比较。

目的：创建一个 VI，用波形图表和波形图分别显示 40 个随机数产生的曲线，比较程序的差别。前面板及程序框图如图 4.65 所示。

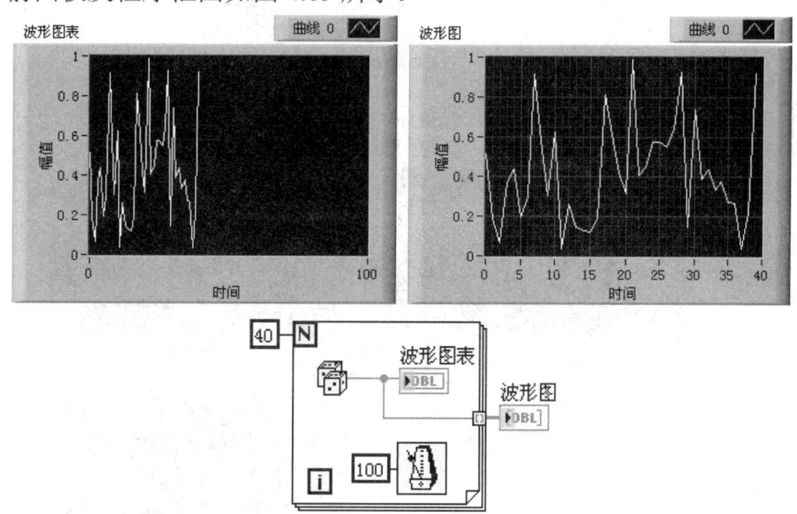

图 4.65　波形图表和波形图显示 40 个随机数的程序

从图 4.65 可见：显示的运行结果是一样的，但实现方法和过程不同。在程序框图中可以看出，波形图表放在循环内，每得到一个数据点，就立刻显示一个。而波形图放在循环之外，40 个数都产生之后，跳出循环，然后一次显示出全部数据的曲线。从运行过程可以清楚地看到这一点。

思考题： 如果练习中的波形图控件放入循环框中，程序将如何编写。

值得注意的还有，For 循环执行 40 次，产生的 40 个数据存储在一个数组中，这个数组创建于 For 循环的边界上(使用自动索引功能)。在 For 循环结束之后，该数组就将被传送到外面的波形图。仔细看程序框图，穿过循环边界的连线在内、外两侧粗细不同，内侧表示单个浮点数值，外侧表示一维浮点型数组。

4.7　自定义波形图和图表

图形和图表都具有定制曲线的编辑特点，本节介绍如何设置图形和图表的某些个性化特征。

4.7.1　自定义波形图和图表的外观

在默认情况下，波形图的形状如图 4.66 所示的第 3 步效果。在工具模板中点击选择设置颜色工具，在弹出的窗口中选择与前面板底色相同的颜色并选择透明，点击图形的边框，则可以去除图形的边框，即图中第 4 步效果。如果选择黑色并选择透明，点击波形图的网格线，则可以去除波形图中的网格线。要去除网格线也可以在波形图的属性中，修改网格线的颜色来获得图中第 5 步的效果。

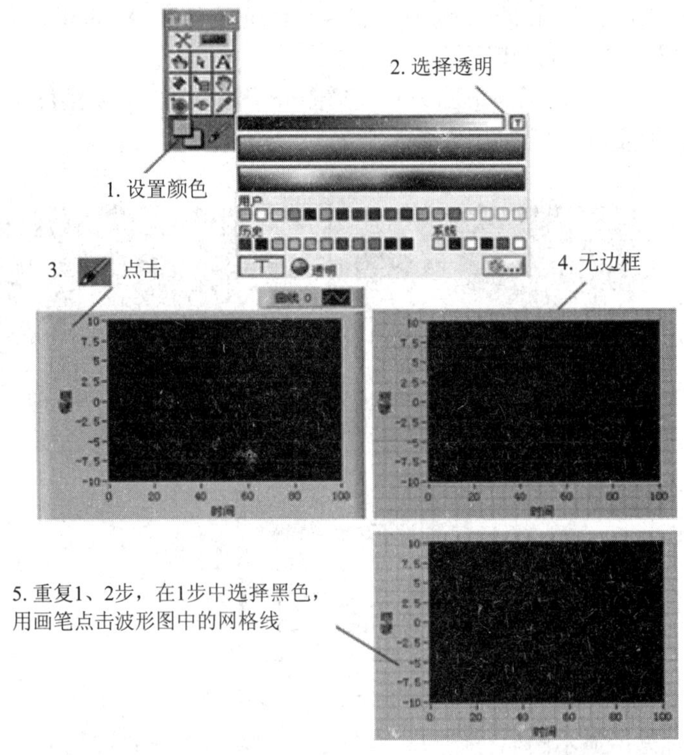

图 4.66　自定义波形图的外观

波形图表的外观自定义与波形图的自定义类似。

4.7.2　图形工具选板

图形工具选板 包括光标选择、图形缩放和图形移动 3 个工具。在运行 VI 时使用图形工具选板可以实现与图形或图表的交互式操作。通过图形工具选板，可以移动游标、缩放以及平移所显示的图像。右键单击图形或图表并从快捷菜单选择【显示项】→【图形工具选板】可以显示或隐藏图形工具选板。图形工具选板从左至右显示了下列按钮：

(1) 游标移动工具(仅对图形有效) ：移动所显示图形的游标。

(2) 缩放工具 ：放大或缩小显示图形。

(3) 平移工具 ：在显示区域内移动曲线或标绘图。

单击图形工具选板中的按钮后，即可移动游标、缩放或平移显示图像。被启用的按钮会显示绿色指示灯。

4.7.3　自动调整标尺

自动调整标尺是指图形或图表根据连接到图形或图表的数据自动确定其标尺的刻度长度。自动调整标尺功能可以通过右击图形或图表，在快捷菜单中选择【X 或 Y 标尺】→【自动调整 X 或 Y 标尺】实现，如图 4.67 所示。

4.7.4　格式化 X 标尺和 Y 标尺

格式化标尺可以按照下列步骤实现：

(1) 右击图形或图表，从快捷菜单中选择【X 标尺】→【格式化】或【Y 标尺】→【格式化】，打开属性对话框的格式与精度选项卡，如图 4.68 所示。

(2) 修改格式与精度设置，格式化图形或图表。

(3) 单击完成按钮，关闭属性对话框。

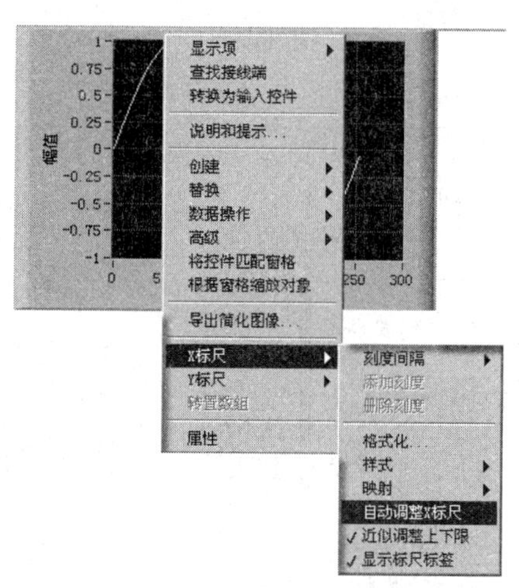

图 4.67　设置自动调整标尺功能

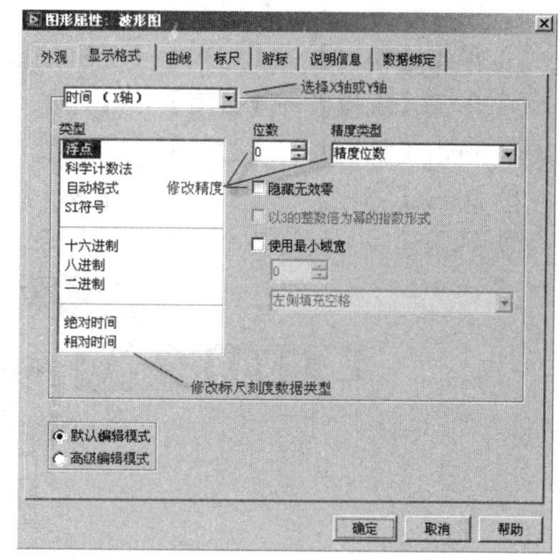

图 4.68　格式化标尺选项卡

4.8　LabVIEW 数据的波形显示程序设计

1. 问题描述

设计一个 VI，分别用波形图和波形图表显示 $y = x^2 + 2x + 1$ 的图形，其中 x 取值为 0,

1，2，3，4，5，6，7，8。

2．设计

(1) 打开一个新的 VI。

(2) 创建前面板。

① 右击前面板空白处，弹出控件选板。

② 单击控件选板上【波形显示控件】→【波形图】，将其拖放到前面板。

③ 单击控件选板上【波形显示控件】→【波形图表】，将其拖放到前面板。

前面板如图 4.69 所示。

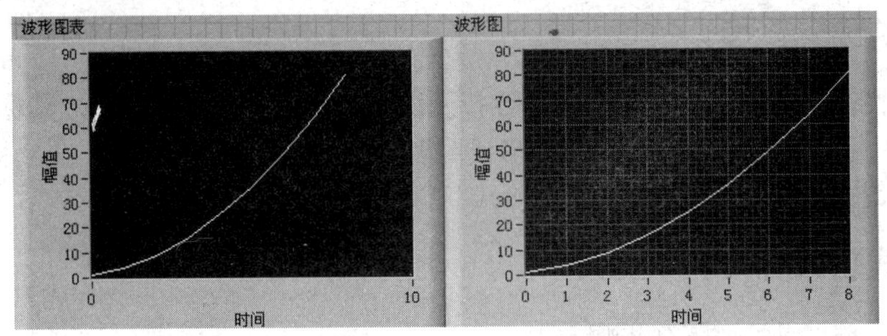

图 4.69　LabVIEW 数据的波形显示前面板

(3) 切换到 VI 的程序框图。

(4) 创建程序框图。

① 右击程序框图空白处，弹出函数选板。

② 创建数组常量，数组元素为 0，1，2，3，4，5，6，7，8。

③ 单击【编程】→【结构】→【For 循环】，将其拖放到程序框图。

④ 单击【编程】→【数值】→【加】，将其拖放到程序框图。

⑤ 单击【编程】→【数值】→【乘】，将其拖放到程序框图。

⑥ 单击【编程】→【数值】→【加 1】，将其拖放到程序框图。

⑦ 利用连线工具将各个节点连接起来，如图 4.70 所示的程序框图。

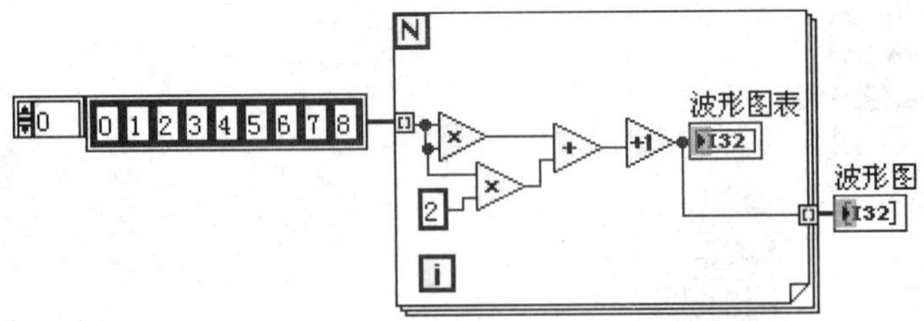

图 4.70　LabVIEW 数据的波形显示程序框图

4.9　其他类型的图形和图表

前面介绍的波形图和波形图表是应用较广的两种图形，此外，LabVIEW 还提供了其他的一些图形显示控件(如 XY 图，数字波形图、三维图等)可以用于显示一些特殊数据的波形。本节将介绍这些图形的应用。

4.9.1　XY 图

XY 图也叫坐标图，它可以用来绘制多变量函数曲线，例如圆或具有可变时基的波形。XY 图可显示任何均匀采样或非均匀采样的点的集合。XY 图位于控件选板【经典】→【经典图形】子选板中，如图 4.71 所示。

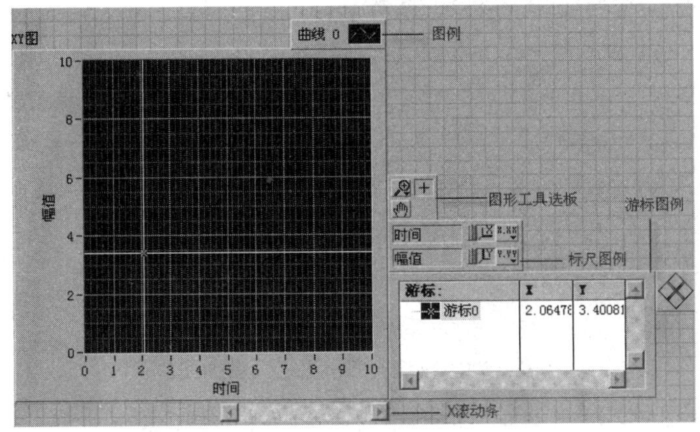

图 4.71　XY 图显示控件

XY 图控件快捷菜单中显示项与波形图类似，这里就不再重复介绍了。

XY 图可显示包含任意个数据点的曲线。XY 图接收多种数据类型。XY 图中可显示 Nyquist 平面、Nichols 平面、S 平面和 Z 平面。

下面通过一个构成利萨育图形的例子来说明 XY 图的使用。如果控制利萨育图形 XY 方向的两个数组分别按正弦规律变化(假设其幅值、频率都相同)，且其相位相同，则利萨育图形是一条 45° 的斜线，当它们之间相位差为 90° 时为圆，其他相位差是椭圆。

【例 4-9】 在 XY 图中显示单条利萨育图形曲线，如图 4.72 所示。

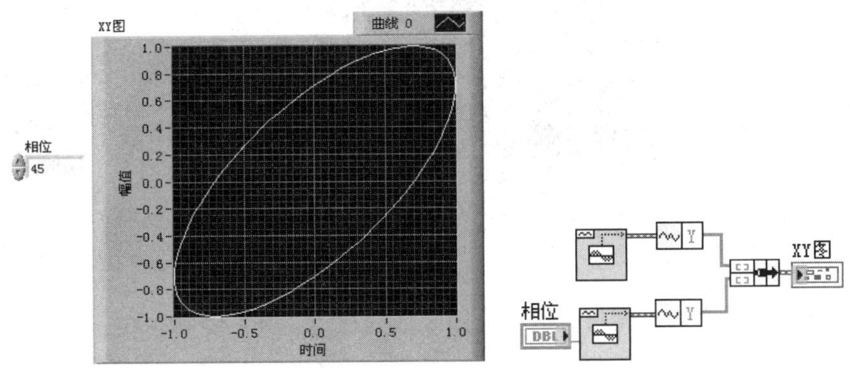

图 4.72　在 XY 图中显示单条利萨育图形曲线

前面板上放置一个 XY 图显示控件和一个相位输入控件。在程序框图中使用了两个正弦波形.vi，第一个正弦波形函数所有输入参数(包括频率、幅值、相位等)都使用缺省值，所以其初始相位为 0。第二个正弦波形函数的初始相位由前面板的数值输入控件设置。两个函数的输出是包括 t0、dt 和 Y 值的簇，即为波形数据。但是对于 XY 图只需要其中的 Y 数组，因此使用波形函数中的【获取波形成分】函数分别提取出各自的 Y 数组，然后再将他们捆绑在一起，连接到 XY 图。当相位置为 45° 时，运行程序，得到如图 4.72 所示的椭圆。

【例 4-10】 在 XY 图中显示多条曲线举例。

在 XY 图中显示一个半径为 1 的圆和一条过原点的斜直线，如图 4.73 所示。

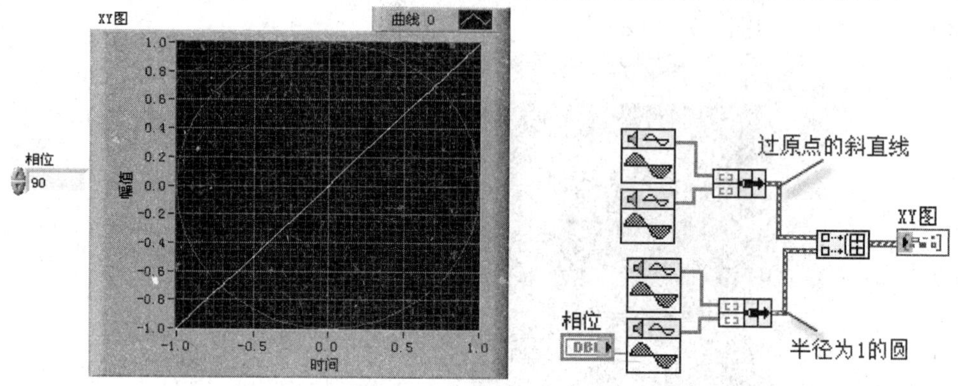

图 4.73　在 XY 图中显示两条曲线

说明：在 XY 图中显示多条曲线，只需将多个单条曲线(X、Y 捆绑数据)通过数组创建函数送给 XY 图显示即可。

4.9.2　数字波形图

数字波形图用于显示数字数据。数字波形图接收数字波形数据类型、数字数据类型和上述数据类型的数组作为输入。其位于控件选板【经典】→【经典图形】子选板中，如图 4.74 所示。

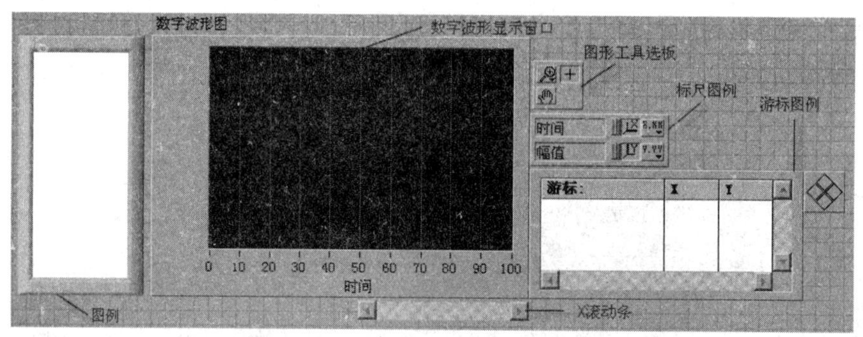

图 4.74　数字波形显示控件

默认状态下，数字波形图将数据在绘图区域内显示为数字线和总线。通过自定义数字波形图可显示数字总线、数字线，以及数字总线和数字线的组合。如连接的是一个数字数据的数组(每个数组元素代表一条总线)，则数组中的一个元素便是数字波形图中的一条线，并以数组元素绘制到数字波形图的顺序排列。

如需扩展或折叠位于图例的树形视图中的数字总线，单击数字总线左边的【扩展/折叠】符号。扩展或折叠图例的树形视图中的数字总线时，位于图形的绘图区域中的总线将同时扩展或折叠。如需扩展或折叠图例以标准视图显示时的数字总线，可右击数字波形图并从快捷菜单中选择【Y 标尺】→【扩展数字总线】。

数字波形数据类型包含数字波形的起始时间、时间间隔(Δx)、数据和属性。可使用创建波形(数字波形)函数创建数字波形。将数字波形数据连接到一个数字波形图上时，该图形会根据时间信息和数字波形数据自动绘制波形。将数字波形数据连接到数字数据显示控件可查看数字波形的采样和信号。

【例 4-11】 数字波形图应用举例。

将一维数组用数字波形图显示。在前面板放置一个数组输入控件、一个二进制显示控件和一个数字波形图，二进制显示控件用于显示数组元素对应的二进制数，如图 4.75 所示。

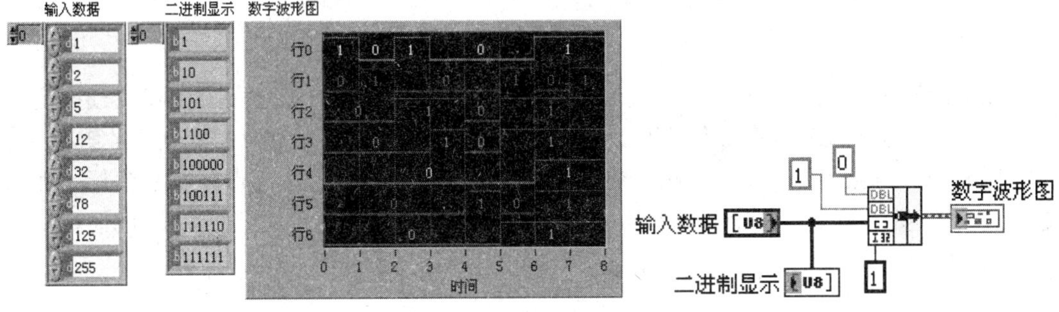

图 4.75　数字波形图应用举例

说明：这个图中数据应当从纵方向读出，在横坐标上的刻度是数据的序号(0～7)，其中最后一个数的序号是 7，纵坐标从下向上读是 11111111，第一个数的序号是 0，其值从下向上读是 00000001，而第二个数(序号 1)，其值从下向上读是 00000010。

该程序框图中值得注意的问题有以下几点：

(1) 十进制数可以直接送给数字波形，不必事先转化为二进制数。

(2) 在送给数字波形之前，需要经过一个捆绑函数。

(3) 捆绑的顺序是 x0、时间间隔、输入数据，最后是端口数。这里的端口数将反映二进制的位数或字长，为 1 时是 8 位，为 2 时变为 16 位，其余类推。

4.9.3 Windows 三维图形

三维图形是一种直观的数据显示方法，它可以很清楚地描绘出空间轨迹。修改三维图形属性可改变数据的显示方式。其控件在函数选板上的位置如图 4.76 所示。

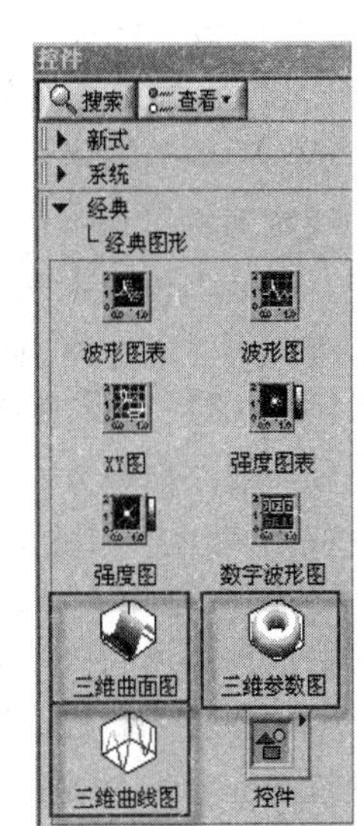

图 4.76　图形子选板上的三维图形显示控件

注：仅有 Windows 版的 LabVIEW 完整版和专业版开发系统中才有三维图形控件。

LabVIEW 中包含以下三维图形：

三维曲面图：在三维空间绘制一个曲面。

三维参数图：在三维空间绘制一个参数曲面。

三维曲线图：在三维空间绘制一条曲线。

1. 三维曲面图

单击【控件】→【经典】→【经典图形】→【三维曲

面图】，将其拖放到前面板上，则前面板和程序框图如图 4.77 所示。

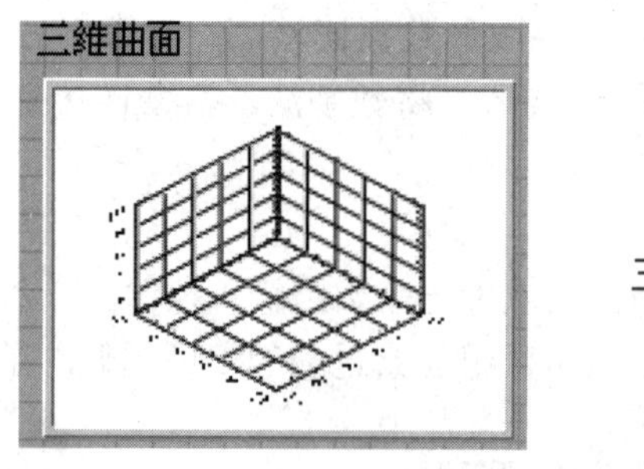

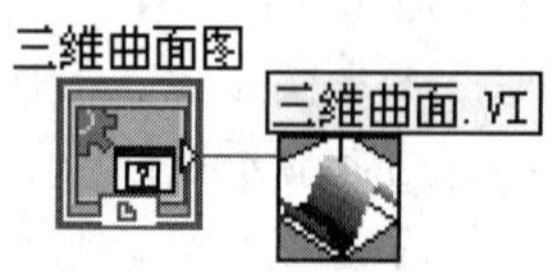

图 4.77　三维曲面图控件及其 VI

三维曲面.VI 作图时采用的是描点法，即根据输入的 X、Y、Z 坐标在三维空间确定一系列数据点，然后通过插值得到曲面。在作图时，三维曲面.VI 根据 X、Y 坐标数组在 XY 平面上确定一个矩形网格，每个网格结点都对应着三维曲线上的一个点在 XY 坐标平面的投影。Z 矩阵数组给出了每个网格结点所对应的曲面点的 Z 坐标。三维曲面.VI 的图标如图 4.78 所示。

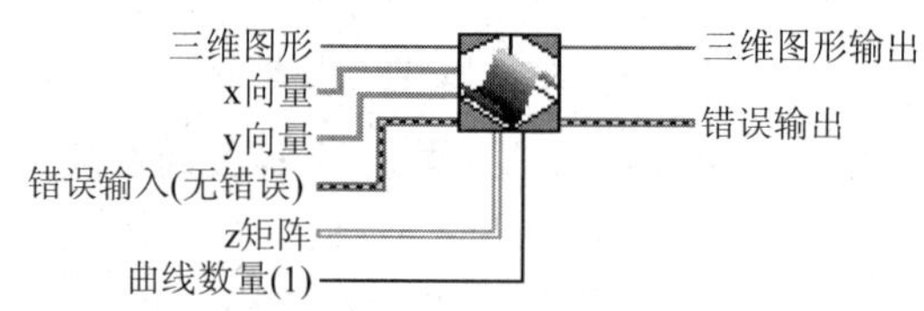

图 4.78　三维曲面图函数

其端口的说明如下：

三维图形：可输入对三维控件的引用。

x 向量：该一维数组用于说明 z 矩阵的曲面与 x 平面的关系。

y 向量：该一维数组用于说明 z 矩阵的曲面与 y 平面的关系。

z 矩阵：该二维数据数组用于确定曲面与 z 平面的关系。 x 向量和 y 向量用于平移或斜移 z 矩阵中的数据集合。

曲线数量：是三维控件属性的曲线列表的索引。通过右键单击控件调整属性，可添加新曲线。默认值为列表中的第一条曲线。

三维图形输出：将引用传递至三维控件输出，使引用可与其他 VI 配合使用。

【例 4-12】 三维曲面图应用举例。

目标：显示曲面 $z = \sin(x)\cos(y)$；x，$y \in [0, 2\pi]$；x，y 坐标的步长为 $\pi/50$。

设计步骤如下：

(1) 新建一个 VI，在前面板中放置一个三维曲面图控件，切换到框图程序窗口，三维曲面图自动与添加的“三维曲面图.vi”函数的三维图形端口相连。

(2) 在程序框图上放置一个嵌套的 For 循环结构，计算曲面在每个网格结点的 Z 坐标，然后通过 For 循环边框的自动索引功能将 Z 坐标组成一个二维数组，二维数组的大小为 200×200，X 和 Y 向量元素步长为 $2\pi/100$。

(3) 保存并运行程序。程序前面板运行结果和程序框图如图 4.79 所示。

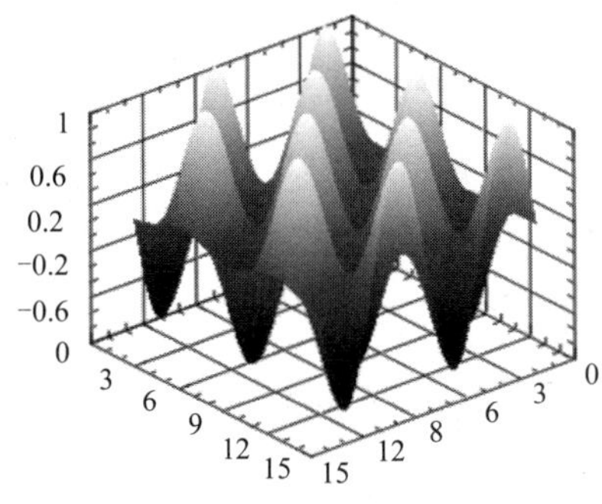

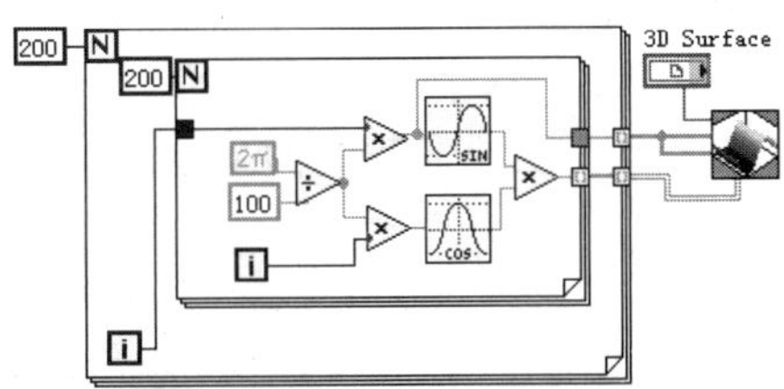

图 4.79　例 4-12 的前面板和程序框图

单击前面板三维曲面控件并移动鼠标可以改变视点位置，如图 4.80 所示。如果鼠标带有滚轮，单击三维曲面图控件，然后转动滚轮可以对图形进行缩放。

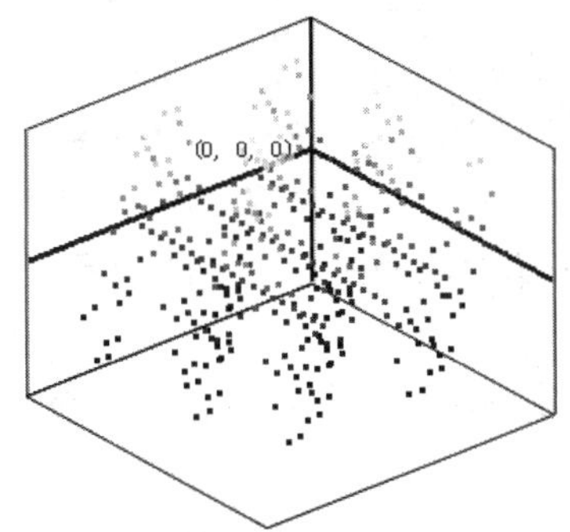

图 4.80　改变三维曲面图视点位置

三维图可以显示光标，光标可用于测量曲面上点的坐标。在三维图中添加光标的步骤如下：

(1) 右击三维曲面图控件，单击快捷菜单中【GWGraph3D】→【特性】，从弹出的属性设置选项卡中选择光标设置页“Cursors”，如图 4.81 所示，同时还将显示一个光标预览窗口。

(2) 单击左边“Cursors”列表框下的 Add 按钮添加光标。Add 按钮下面的文字框可以编辑光标的名称。在对话框的右边还可以设置光标的其他属性。

(3) 设置完备后单击“确定”按钮，光标就添加到图形中了，如图 4.82 所示。在使用时，鼠标指向光标原点，按下鼠标左键，可以拖动光标。

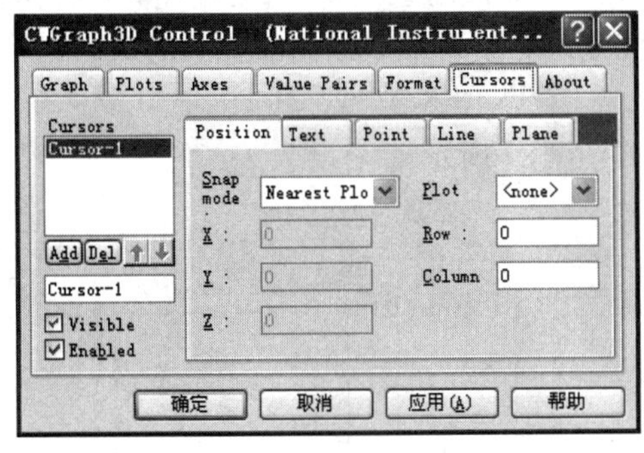

图 4.81　光标设置选项卡

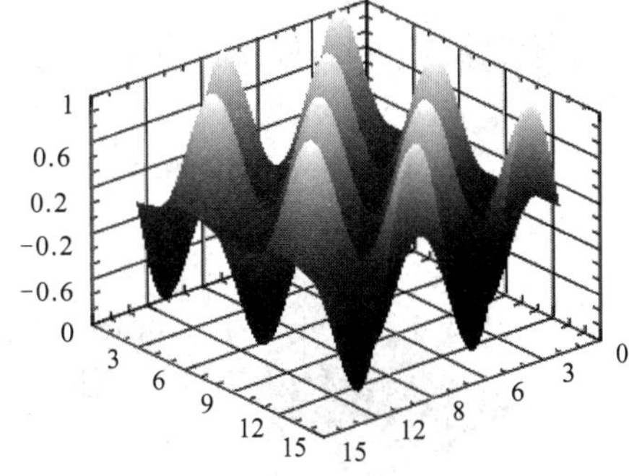

图 4.82　拖动三维曲面图中的光标

三维曲面图不能显示三维空间的封闭图形，如果要显示封闭图形可以使用三维参数曲面图控件。

2. 三维参数图

三维参数图类似于三维曲面图，但比三维曲面图更加灵活，它可以描绘一些较复杂的三维图形。当三维参数图放入前面板后，在框图程序界面会自动与三维参数曲面.vi 的三维图形输入端相连。三维参数曲面.vi 图标如图 4.83 所示。

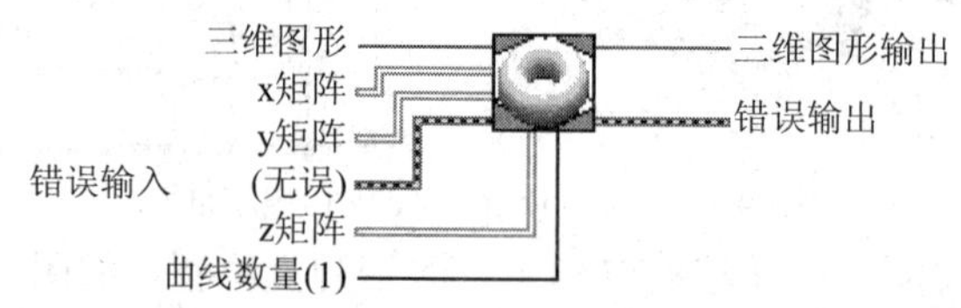

图 4.83　三维参数曲面.vi

三维参数曲面.vi 的端口说明如下：

x 矩阵：二维数据数组用于确定与 x 平面相关的曲面。

y 矩阵：二维数据数组用于确定与 y 平面相关的曲面。

z 矩阵：二维数据数组用于确定曲面与 z 平面的关系。x 向量和 y 向量用于平移或斜移 z 矩阵中的数据集合。

三维参数曲面的使用较为复杂，借助参数方程可以容易理解，如要显示三维图形，需要 3 个方程：

$$x = f_x(i，j);\ y = f_y(i，j);\ z = f_z(i，j)$$

其中 x，y，z 是图形中点的三维坐标，i, j 是两个参数。

【例 4-13】 使用三维参数曲面来产生一个显示水波纹的三维参数图。

设计步骤如下：

(1) 新建一个 VI，在前面板中放置一个三维参数曲面控件，在框图程序窗口，三维参数图自动与三维参数曲面函数的三维图端口相连。

(2) 在程序框图窗口，利用两个嵌套的 For 循环实现：产生一个变化范围介于[−12，12]之间的二维数组，二维数组的大小为 49 × 49，列间元素步长为 0.5，并将产生的二维数组通过二维数组转置函数后送给三维参数曲面函数的 x,y 矩阵端口；将二位数组的元素提取出来实现如下计算：先平方，然后相加开方，结果用抽样函数(Sinc)来进行计算。算法实现的功能等价于公式(4-1)。最后将累加得到的二维数组送给三维参数曲面函数的 Z 矩阵端口。

$$z=sin(sqrt(x.^2+y.^2))/sqrt(x.^2+y.^2) \tag{4-1}$$

(3) 保存并运行程序。前面板和框图程序如图 4.84 所示。

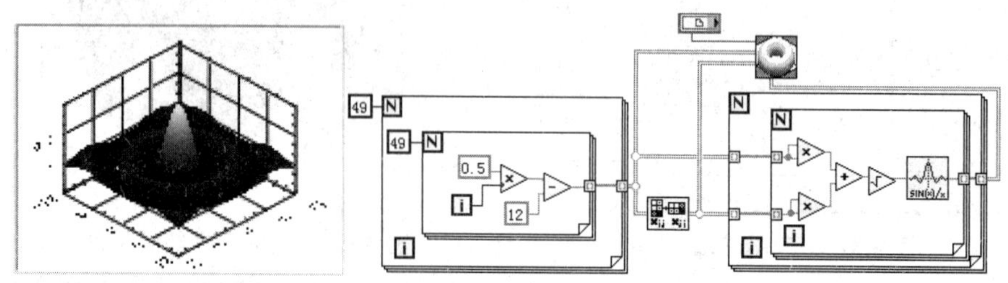

图 4.84　显示水波纹的三维参数图程序框图及前面板

3. 三维曲线图

三维曲线.VI 的图标如图 4.85 所示。

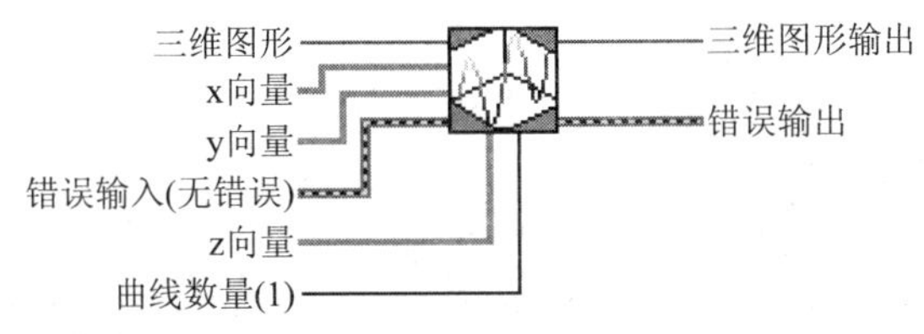

图 4.85　三维曲线.VI

其端口说明如下：

x 向量：一维数据数组包含曲线的 x 轴坐标。

y 向量：一维数据数组包含曲线的 y 轴坐标。

z 向量：一维数组包含曲线的 z 坐标。x 向量和 y 向量用于平移或斜移 z 矩阵中的数据集合。

【例 4-14】 使用三维曲线图产生一个显示螺旋线的三维曲线图。

设计步骤如下：

(1) 新建一个 VI，在前面板上放置一个三维曲线图控件，在框图程序窗口三维曲线图自动与三维曲线图函数的三维图端口相连。

(2) 在程序框图上放置一个 For 循环结构，计数端口赋值为 501，利用 For 循环结构的自动索引功能累加产生一个变化范围介于[0，10π]之间的一维数组，并将其送给三维曲线函数的 Z 端口。

(3) 在 For 循环结构中放置正弦和余弦函数，产生两个一维的正弦信号和余弦信号数组。并将正弦信号数组与三维曲线图函数的 X 端口相连，余弦信号数组与三维曲线函数的 Y 端口相连。

(4) 在三维图形的快捷菜单中选择【CWGraph3D】→【特性】，在弹出的特性对话框中，取消 XY 平面、XZ 平面和 YZ 平面的网格显示。其运行后的前面板和框图程序如图 4.86 所示。

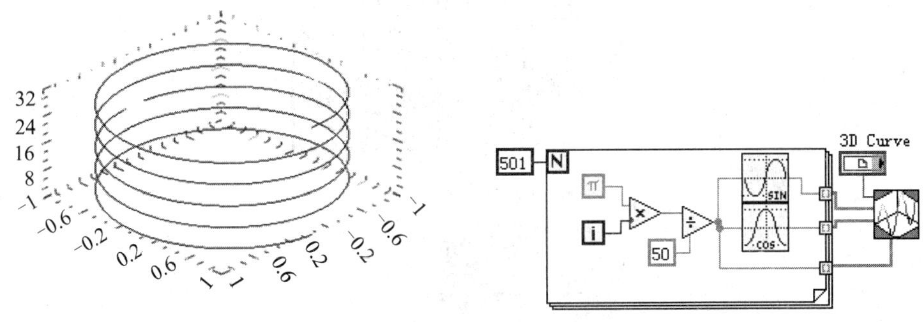

图 4.86　利用三维曲线图显示螺旋线的前面板和程序框图

4.9.4　混合信号图

混合信号图可显示模拟数据及数字数据，且接受所有波形图、XY 图和数字波形图所接受的数据。右击前面板空白处，单击【控件】→【新式】→【混合信号图】，如图 4.87 所示，将其拖放到前面板上，混合信号图默认状态图标如图 4.88 所示。

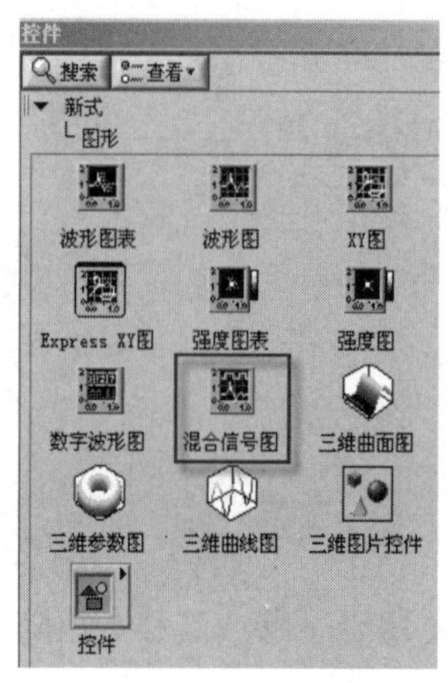

图 4.87　混合信号图在控件选板中的位置

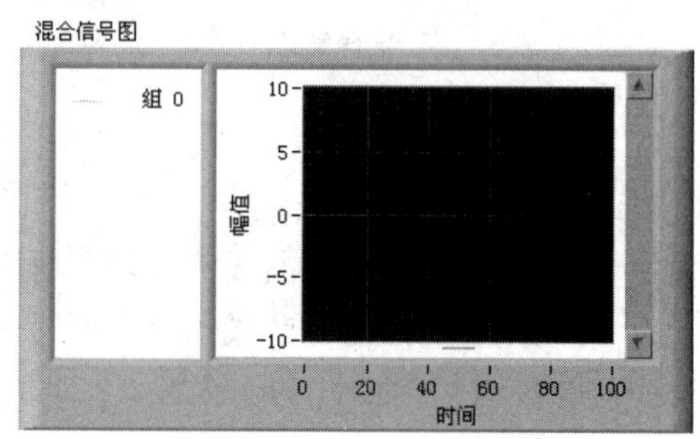

图 4.88　混合信号图

混合波形图控件有两部分：左边是图例，在其中显示每组图形的具体图例；右边是绘图区，LabVIEW 在绘图区域中绘制图像数据。一个混合信号图中可包含多个绘图区域，绘图区的数量与图例中图组的数量相同。但一个绘图区域仅能显示数字曲线或者模拟曲线之一，无法兼有二者。

右击混合信号图，在快捷菜单中选择【显示项】，可以看到混合信号图具有与波形图标相同的显示项。混合波形图与波形图表的区别主要是：混合波形控件快捷菜单中增加了【添加绘图区】和【删除绘图区】的选项，其用于增加或减少绘图区窗口的数量。如图 4.89 所示。

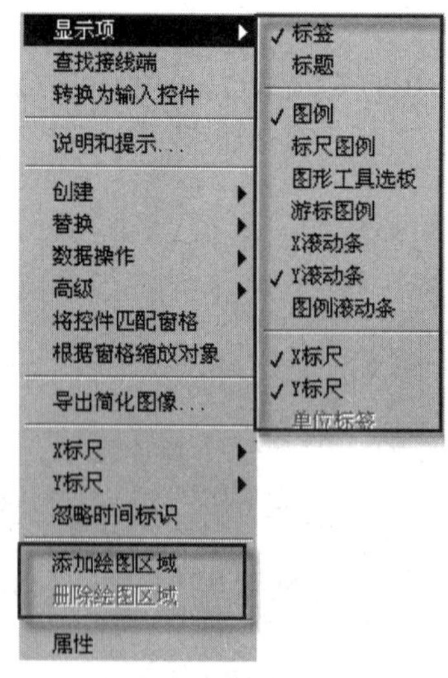

图 4.89　混合信号图的快捷菜单

混合信号图将在必要时自动创建足以容纳所有模拟和数字数据的绘图区域。向一个混合信号图添加多个绘图区域时，每个绘图区域都有其各自的 y 标尺。所有绘图区域共享同一个 x 标尺，以便比较数字数据和模拟数据的多个信号。图 4.90 所示为 LabVIEW 提供的一个显示混合信号图范例的前面板。该范例见 labview\examples\ general\ graphs\Mixed Signal Graph.vi 中的 Mixed Signal Graph VI。

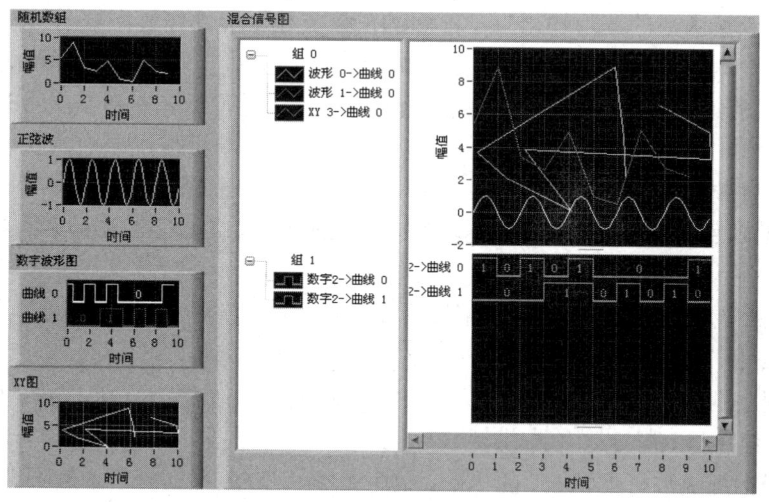

图 4.90　一个混合信号图示例的前面板

前面板的设计步骤如下：

(1) 在前面板放置放置两个波形图、一个数字波形和一个 XY 图，并用文本编辑工具修改波形图标签为正弦波和随机数。

(2) 在前面板放置混合信号图：右击前面板空白处选择【控件】→【新式】→【混合信号图】，并将其拖放到前面板上。

(3) 利用快捷工具栏中的【对齐对象】、【分布对象】和【调整对象大小】工具布置前面板。

程序框图如图 4.91 所示，其设计步骤如下：

(1) 右击程序框图空白处，选择【函数】→【信号处理】→【波形生成】→【正弦波形】，并将其拖放到程序框图上合适的位置。

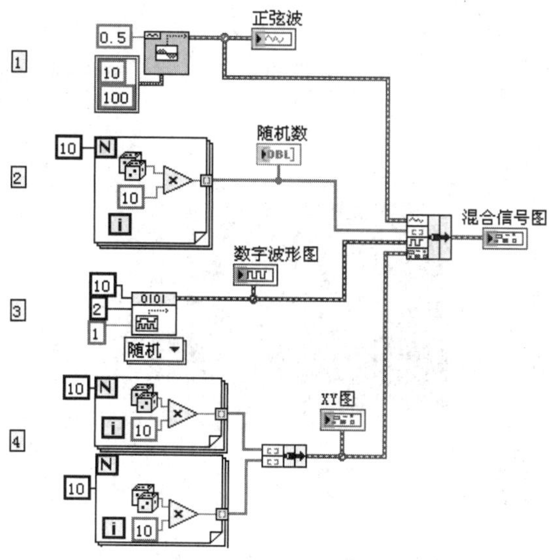

图 4.91　混合信号图示例

(2) 在正弦波形函数的频率和采样信息的输入端口，右击鼠标选择【创建】→【常量】，并将频率值设置为 0.5，设置采样频率和采样点数分别为 10 和 100。

(3) 将正弦波函数的波形输出端与前面的正弦波显示控件在程序框图的接线端相连。

(4) 在程序框图放置 For 循环，然后在循环结构内放置一个随机数和乘法函数，将随机数与乘法函数的一个输入端相连，利用步骤(2)中的方法设置循环次数 N 为 10、乘法函数另一输入端为常量 10 。再将乘法函数的输出与随机数接线端相连。

(5) 在程序框图放置数字波形发生器：在函数选板中选择【编程】→【波形】→【数字波形】→【数字波形发生器】，将其拖放到程序框图中。在数字波形的多态状态控件中选择随机 随机▼。

(6) 利用步骤(2)中的方法设置数字波形发生器函数的输入端采样数、信号数、采样率分别为 10、2 和 1，并将函数的输出端与数字波形接线端相连。

(7) 在程序框图中放置两个 For 循环，并分别在循环内放置一个随机数，利用乘法将随机数扩大 10 倍，将其输出送给捆绑函数打包后送给 XY 图显示。

(8) 利用捆绑函数将正弦波、随机数、数字波形、XY 波形捆绑后送给混合信号图显示。

说明： 该范例中，在混合信号图中显示了四条曲线。其实现方法是先分别产生四个单独波形，然后利用捆绑函数将四个波形信号捆绑后送给混合信号图显示。

由上例可见：多曲线混合信号图接收与波形图、XY 图和数字波形图中相同的数据类型。绘图区域仅接受模拟数据或数字数据之一。将数据连接到混合信号图时，LabVIEW 将自动创建绘图区域以容纳模拟数据和数字数据。如混合信号图上有多个绘图区域，则在绘图区域间使用分隔栏可重新调整每个绘图区域的大小。

混合信号图上的图例由树形控件组成，显例在图形绘图区域的左侧。每个树形控件代表了一个绘图区域。绘图区域具有组 **X** 的标签，其中 X 代表 LabVIEW 或用户将该绘图区域放置在图形上的顺序。通过图例可将曲线在绘图区域间移动。移动绘图区域和图例间的分隔栏可重新调整图例的大小或隐藏图例。

如果要在混合信号图中显示单条曲线，只要将单条曲线的数据与混合信号图连接起来即可。如图 4.92 所示，用混合波形图显示一条正弦波。在前面板放置一个混合信号图控件，在程序框图调用波形生成子选板中的正弦波函数，然后将波形函数的输出与混合信号图的接线端连接起来。

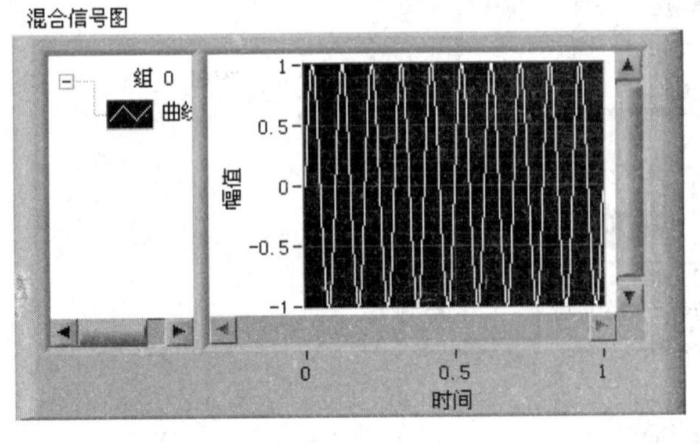

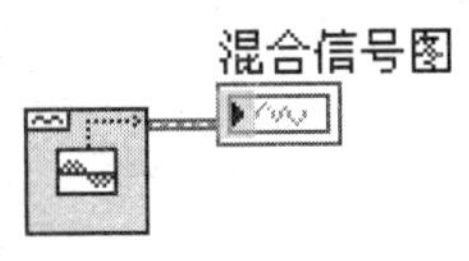

图 4.92　在混合信号图中显示单条曲线

本 章 小 结

(1) 数组是相同元素的集合。数组的元素可以使任意数据类型，但是不能是数组。

(2) 数组的创建可以直接创建或应用函数及循环的自动索引功能创建。

(3) LabVIEW 的函数支持多态化的输入，在使用数组函数时注意多态性。

(4) 簇是相同或不同数据类型元素的有序集合。簇的序是由放入簇框架的元素顺序决定的，而与其元素在簇框架中的物理位置无关。

(5) 波形数据是起始位置、时间间隔和波形数据三个参数按照特定的顺序捆绑而成的簇。

(6) 波形图是一个数据事后显示图形；波形图表示一个实时数据显示图形。使用时要注意区分两者。

(7) 通过自定义波形图或图表可以获得读者需要的图形显示方式，可以便于图形数据的查看。

(8) 其他波形图或图表可以用于一些特定的图形显示。

思考与练习

1．产生一个数组，熟悉数组函数。设计一个 VI 用来连接两个数组。把一个初始化后的数组以指定的偏移量添加到连接好的数组中，并指出最后数组的中间元素。

2．用 Graph 显示数据并使用分析程序。设计一个 VI 来测量温度，每隔 0.25 s 测一次，共测定 10 秒。在数据采集过程中，VI 将在波形 Chart 上实时地显示测量结果。采集过程结束后，在 Graph 上画出温度数据曲线，并算出温度的最大值，最小值和平均值。

3．一维数组的产生与操作。设计一个 VI，产生 9 个随机数组成的数组，先倒序排列，按从小到大排列，并且求出最大值、最小值。

4．获得波形数据元素 VI。创建一个程序，从一个原始波形数据中取到一个从零时刻开始，总长为 0.5 s 的波形数据，并用 Graph 表示出来。

5．分别用 XY Graph 和 Express XY Graph 输出一个圆。

第 5 章　字符串与文件输入/输出

本章介绍字符串的使用和文件输入/输出(I/O)操作。

- 字符串
- 文件 I/O

5.1 字　符　串

字符串是可显示的或不可显示的 ASCII 字符序列。如同其他语言一样，LabVIEW 也提供了各种处理字符串的功能。当用户与 GPIB 和串行设备进行通信、读写文本文件以及传递文本信息时，字符串都是非常有用的。本节将介绍如何创建字符串控件和使用字符串函数。

5.1.1　创建字符串输入控件和显示控件

在前面板上，字符串以表格、文本输入框和标签的形式出现。右击前面板空白处，弹出控件选板，单击【Express】→【文本输入控件】→【字符串输入控件】和【Express】→【文本显示控件】→【字符串显示控件】，将其拖放在前面板上，如图 5.1 和图 5.2 所示。

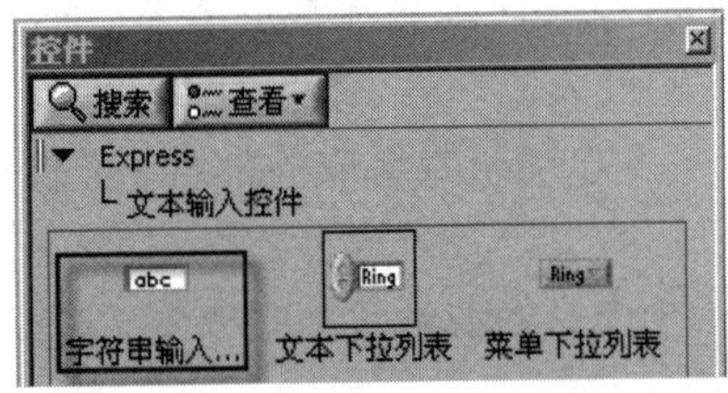

图 5.1　前面板上的字符串输入控件

图 5.2　前面板上的字符串显示控件

使用操作工具或标签工具可用于输入或编辑前面板上字符串控件中的文本。默认状态下，新文本或经改动的文本在编辑操作结束之前不会被传至程序框图。

5.1.2　字符串显示类型

右击前面板上的字符串控件，弹出快捷菜单，为其文本选择显示类型，例如以密码显示或十六进制显示，如图 5.3 所示。

正常显示：这是 LabVIEW 默认的显示模式，可打印字符以控件字体显示，不可显示字符通常显示为一个小方框。

‘\’代码显示：所有不可显示字符显示为反斜杠。反斜杠代码列表及其含义如表 5-1 所示。

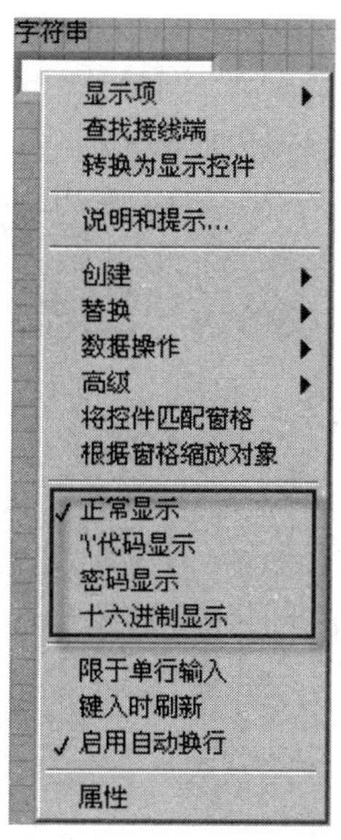

图 5.3　快捷菜单中选择字符串显示类型

表 5-1　反斜杠代码列表及其含义

代　码	含　义	ASCII 码
\xx	任意字符，其中xx是字符的十六进制代码，由0～9和大写字母A～F组成	
\b	退格键(Backspace)	08
\f	换页	0C
\n	换行	0A
\r	回车	0D
\s	空格	20
\t	制表	09
\\	反斜杠	5C

密码显示：每一个字符(包括空格在内)显示为星号(*)。

十六进制显示：每个字符显示为其十六进制的 ASCII 值，字符本身并不显示。

用户可以将字符串输入控件和显示控件设置为不同的显示类型。例如，字符串“There are four display types.”用 4 种显示类型显示，如图 5.4 所示。

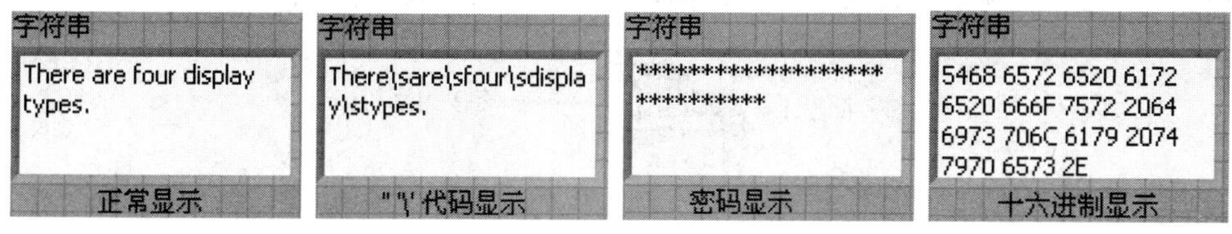

图 5.4　字符串显示类型

图 5.3 所示中【键入时刷新】表示字符串的内容随着输入实时地改变。

5.1.3　字符串函数

LabVIEW 提供了许多对字符串进行处理的函数，这些函数位于函数选板上的【编程】→【字符串】中，如图 5.5 所示。下面介绍一些常用的字符串函数。

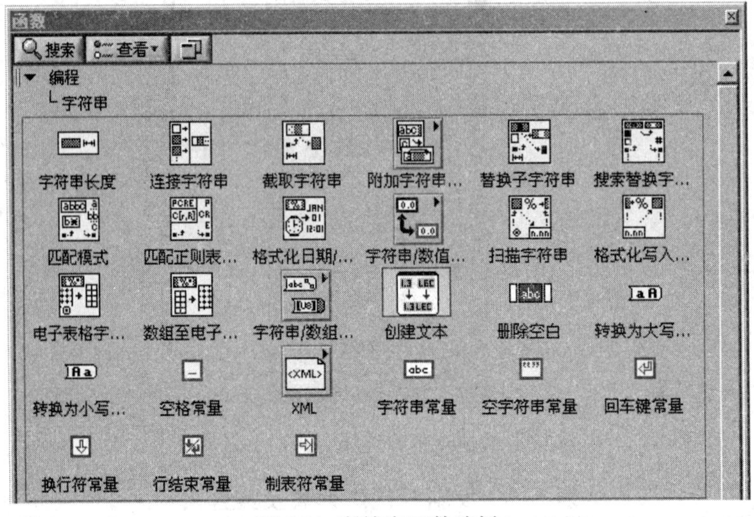

图 5.5　字符串函数选板

1. 字符串长度函数

字符串长度函数用于返回字符串中字符的个数(长度)。字符串长度函数图标如图 5.6 所示。

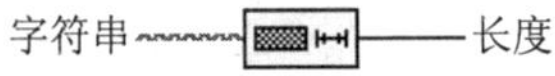

图 5.6　字符串长度函数

【例 5-1】 如图 5.7 所示，使用字符串函数计算字符串的长度。

图 5.7　使用字符串长度函数

2. 连接字符串函数

连接字符串函数用于将输入的多个字符串(字符串 0…n−1)合并连接成一个字符串。连接字符串函数图标如图 5.8 所示。输入端的数目可以增减，通过右击函数从快捷菜单中选择【添加输入】，或调整函数大小，均可向函数增加输入端。

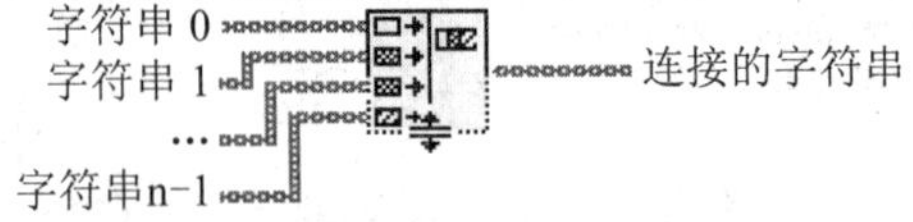

图 5.8　连接字符串函数

说明： 连接的字符串顺序与连线至函数节点的字符串顺序(从上到下)一致。

【例 5-2】 如图 5.9 所示，使用连接字符串函数将三个字符串连接成一个字符串。

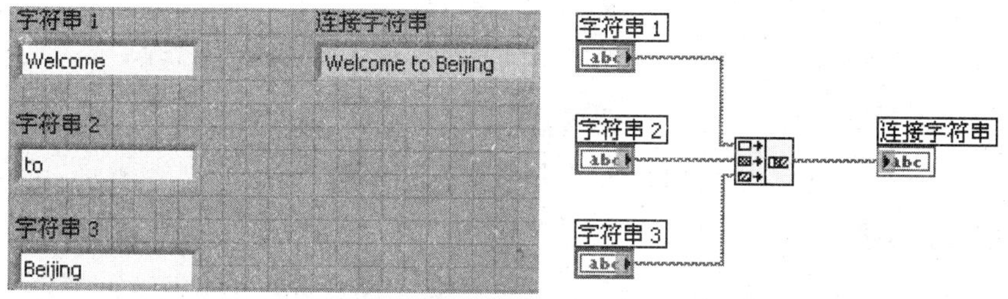

图 5.9　使用连接字符串函数连接三个字符串

说明：本例中字符串 1 和字符串 2 结尾都是以空格结束的。

对于数组输入，连接字符串函数用于连接数组中的每个元素。如图 5.10 所示，使用连接字符串函数将数组中的元素连接成一个字符串。

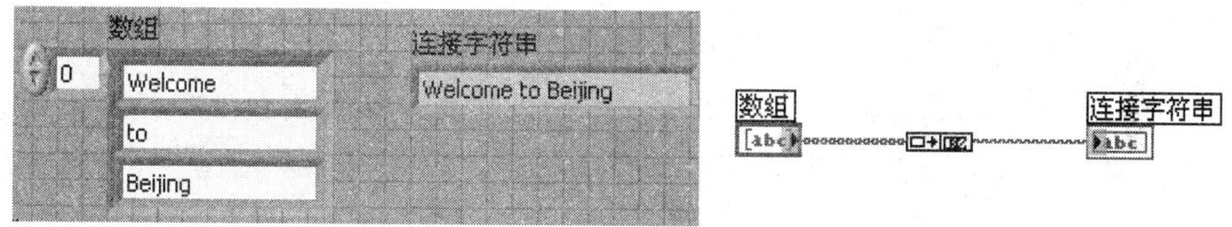

图 5.10　使用连接字符串函数连接数组元素

说明：本例中连接字符串函数输入端仅有一个数组输入，所以应减少连接字符串函数输入端的个数。可以通过右击函数从快捷菜单中选择【删除输入】来实现。

使用连接字符串函数将数组和字符串连接成一个字符串，如图 5.11 所示。

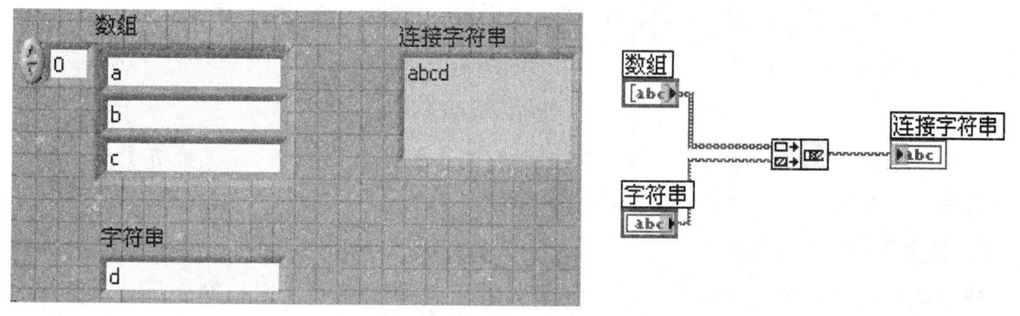

图 5.11　使用连接字符串函数连接数组和字符串

3. 截取字符串函数

截取字符串函数用于从一个字符串里提取一个子字符串，从偏移量位置开始，取长度个字符。截取字符串函数图标如图 5.12 所示。

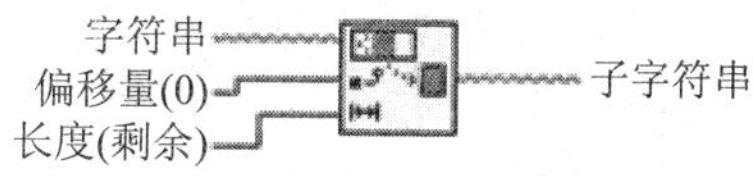

图 5.12　截取字符串函数

说明：偏移量是指字符的起始位置并且必须为数值。字符串中第一个字符的偏移量为 0。如没有连线或小于 0，则默认值为 0。长度必须为数值。

【例 5-3】 如图 5.13 所示，使用截取字符串函数从一个字符串中提取子字符串。

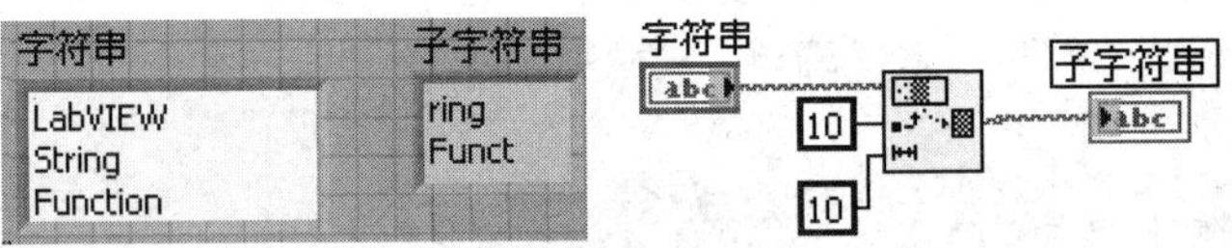

图 5.13　使用截取字符串函数

4. 匹配模式函数

匹配模式函数用于在字符串中从偏移量参数指定的偏移处开始搜索正则表达式，如果找到匹配的表达式，则将字符串分解为 3 个子字符串。区配模式函数图标如图 5.14 所示。

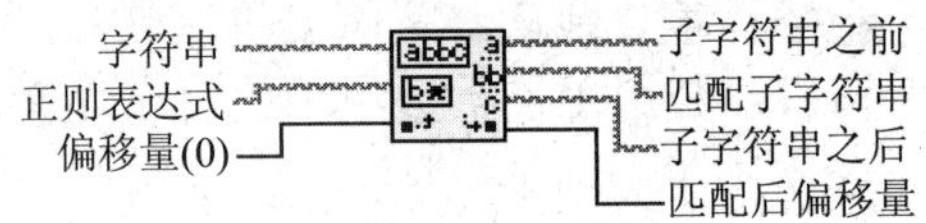

图 5.14　匹配模式函数

说明：正则表达式指的是要在字符串中搜索的表达式。如果函数没有找到正则表达式，则匹配子字符串将为空，子字符串之前为整个字符串，子字符串之后为空，匹配后偏移量为−1。

【例 5-4】 如图 5.15 所示，使用匹配模式函数从一个字符串中查找匹配的子字符串。

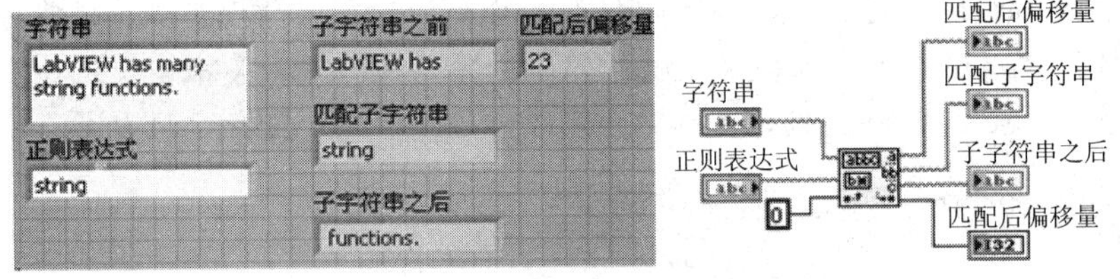

图 5.15　使用匹配模式函数

说明：LabVIEW 中还提供了【匹配正则表达式】函数，此函数有更多的字符串匹配选项，但执行速度比匹配模式函数慢。

5. 替换子字符串函数

替换子字符串函数用于从偏移量位置开始在字符串中删除指定长度个字符，并将删除的部分替换为子字符串。如长度为 0，函数在偏移量位置插入子字符串。如果子字符串为空，则函数在偏移量位置删除指定长度个字符。替换子字符串函数图标如图 5.16 所示。

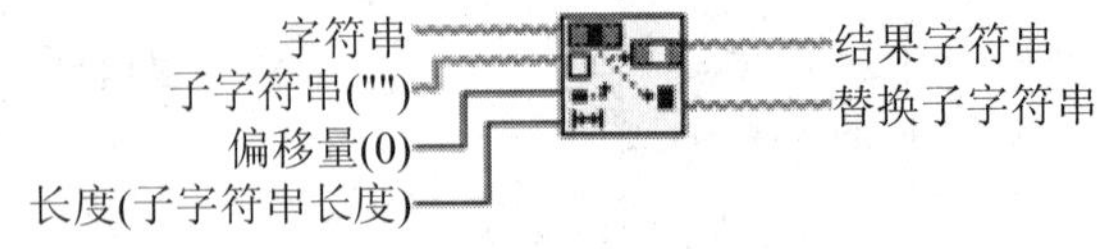

图 5.16　替换子字符串函数

替换子字符串函数的主要参数说明如下：

子字符串：用于替换输入字符串中的字符串。

长度：确定输入字符串中被替换子字符串的字符数。如果子字符串为空，则从偏移量开始的长度个字符将被删除。

结果字符串：输入字符串中替换子字符串后的字符串。

替换子字符串：输入字符串中被替换的字符串。

【例 5-5】 如图 5.17 所示，替换子字符串函数使用举例。

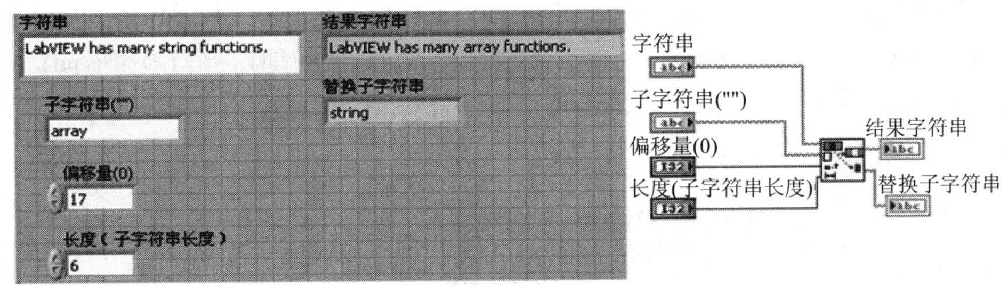

图 5.17　使用替换子字符串函数

思考 1：如果本例中的长度值改为 0，运行程序，察看结果字符串的结果(提示：插入子字符串)。

思考 2：如果本例中的子字符串为空，运行程序，查看结果字符串的结果(提示：删除子字符串)。

由此可见，替换子字符串函数有 3 种用法，插入、删除或替换子字符串。

6. 搜索替换字符串函数

搜索替换字符串函数与替换子字符串函数有所不同，它不是按照位置和长度替换字符串，而是查找与搜索字符串参数一致的字符串，用替换字符串参数去替换。搜索替换字符串函数图标如图 5.18 所示。

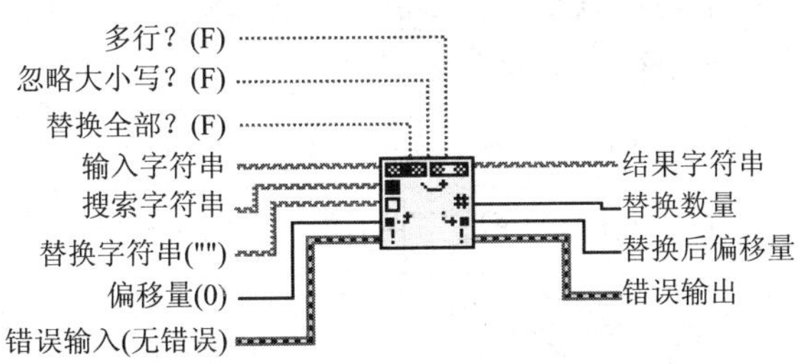

图 5.18　搜索替换字符串函数

搜索替换字符串函数的主要参数说明如下：

输入字符串：函数要搜索的输入字符串。

搜索字符串：要搜索或替换的字符串。

替换字符串：用于替换搜索字符串中的字符串，默认值为空字符串。

【例 5-6】 如图 5.19 所示，搜索替换字符串函数使用举例。

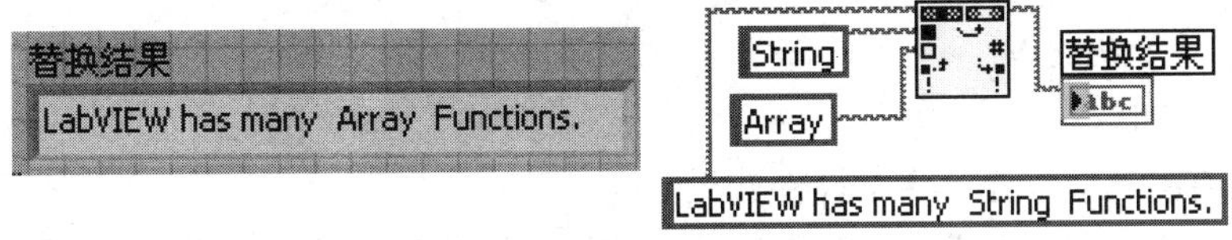

图 5.19　使用搜索替换字符串函数

7. 格式化日期/时间字符串函数

格式化日期/时间字符串函数通过复制时间格式化字符串，将各个时间格式化代码替换为相应的值，从而计算得到日期/时间字符串。时间格式字符串代码有%a(星期名缩写)、%b(月份名缩写)、%c(地区日期/时间)，%d(日期)、%H(时，24 小时制)、%I(时，12 小时制)、%m(月份)、%M(分钟)、%p(am/pm 标识)、%S(秒)、%x(地区日期)、%X(地区时间)、%y(两位数年份)、%Y(四位数年份)、%<digit>u(小数秒、<digit>位精度)。格式化日期/时间字符串函数图标如图 5.20 所示。

图 5.20　格式化日期/时间字符串函数

【例 5-7】 如图 5.21 所示，格式化日期/时间字符串函数使用举例。

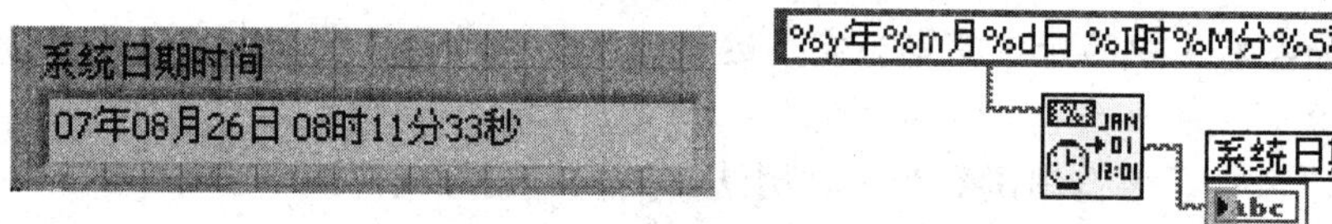

图 5.21　使用格式化日期/时间字符串函数

8. 格式化写入字符串函数

格式化写入字符串函数按照格式字符串输入参数指定的格式，将输入数据转换成字符串并连接在一起输出字符串。可以将字符串路径、枚举型、事件标识、布尔或数值等数据格式化为文本。格式化写入字符串函数图标如图 5.22 所示。

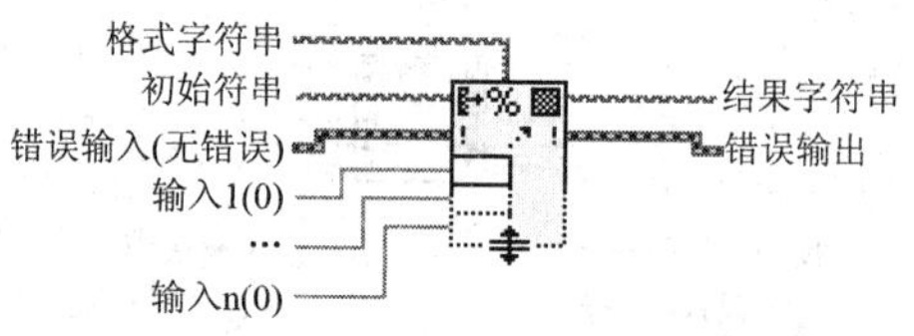

图 5.22　格式化写入字符串函数

说明：格式字符串是指定如何将输入数据转换为结果字符串。通过此端口对每一个被转换的数据进行格式说明，数据的顺序由上到下。默认状态下将匹配输入参数的数据类型。

【练习 5-1】学习使用格式化写入字符串函数。

目标：使用字符串功能函数将一个数值转换成字符串，并把该字符串和其他一些字符串连接起来组成一个新的输出字符串。

设计：Build String VI。

(1) 打开一个新的 VI。

(2) 创建前面板。

① 右击前面板空白处，弹出控件选板。

② 在控件选板上单击【Express】→【数值输入控件】→【数值输入控件】，将其拖放在前面板上并命名为数值。

③ 在控件选板上单击【Express】→【文本输入控件】→【字符串输入控件】，将其拖放在前面板上并命名为题头。重复此步骤，创建一个名为单位的字符串输入控件。

④ 在控件选板上单击【Express】→【文本显示控件】→【字符串显示控件】，将其拖放在前面板上并命名为结果字符串。

新创建的前面板如图 5.23 所示。

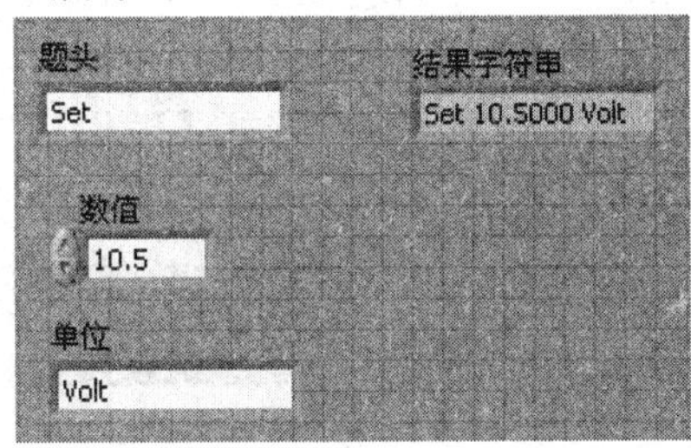

图 5.23　Build String 前面板

(3) 切换到 VI 的程序框图。

(4) 创建程序框图。

① 右击程序框图空白处，弹出函数选板。

② 在函数选板上单击【编程】→【字符串】→【格式化写入字符串】，将其拖放在程序框图中。右击函数输入参数端口，从快捷菜单中选择【添加参数】(或调整函数大小)，使函数输入参数端口增加到 3 个。

③ 将题头、数值和单位 3 个控件节点依次连线到格式化写入字符串函数的输入端口。

④ 双击格式化写入字符串函数，(或右击函数，从快捷菜单中选择【编辑格式字符串】)，弹出如图 5.24 所示的对话框。其中“当前格式顺序”有 3 个，依次对应着连线到函数输入端口 3 个控件变量的数据类型。通过此对话框设置格式字符串来指定数字经转换后所使用的格式、精度、数据类型和宽度。配置好格式字符串后，单击【确定】按钮。该函数自动产生一个字符串常量，并与格式字符串端口连接。格式字符串也可以像输入字符串常量一样直接编辑。

创建的程序框图如图 5.25 所示。

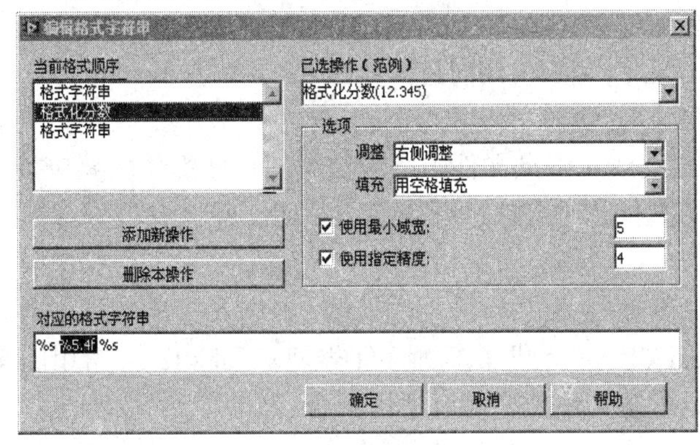

图 5.24　编辑格式字符串对话框

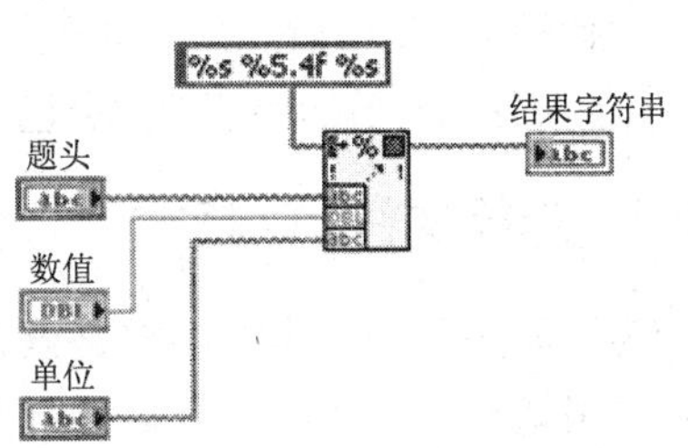

图 5.25　Build String 程序框图

(5) 保存 VI，并且命名为 Build String。

(6) 返回前面板，运行 VI。

9. 扫描字符串函数

很多情况下，必须把字符串转换成数值，例如需要将从仪器中得到的数据字符串转换成数值。扫描字符串函数功能与格式化写入字符串函数功能相反，将输入字符串中的数字字符(如 0～9，+，–，e，E)转换为数字。扫描字符串函数图标如图 5.26 所示。

扫描字符串函数从初始扫描位置端参数指定的位置开始，将字符串中的有效数字字符转换为由函数节点的格式字符串端口指定格式的数据。其使用方法与格式化写入字符串函数类似。双击函数(或右击函数，从快捷菜单中选择【编辑扫描字符串】)，弹出如图 5.27 所示的对话框，设置相关参数。

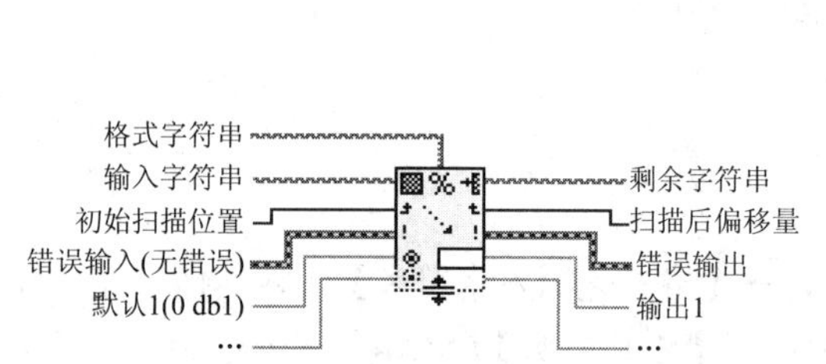

图 5.26　扫描字符串函数

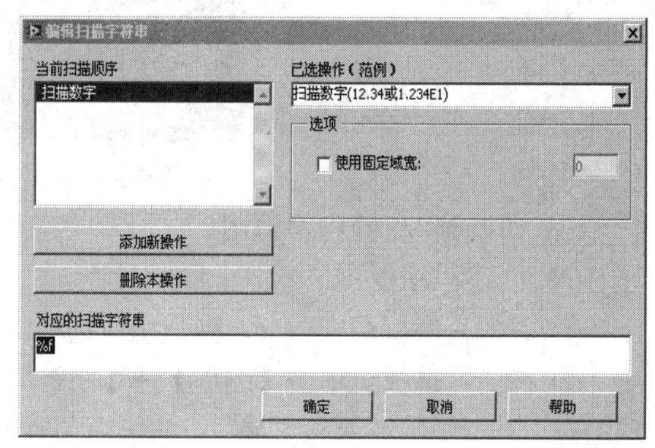

图 5.27　编辑扫描字符串对话框

【例 5-8】 如图 5.28 所示，扫描字符串函数使用举例。

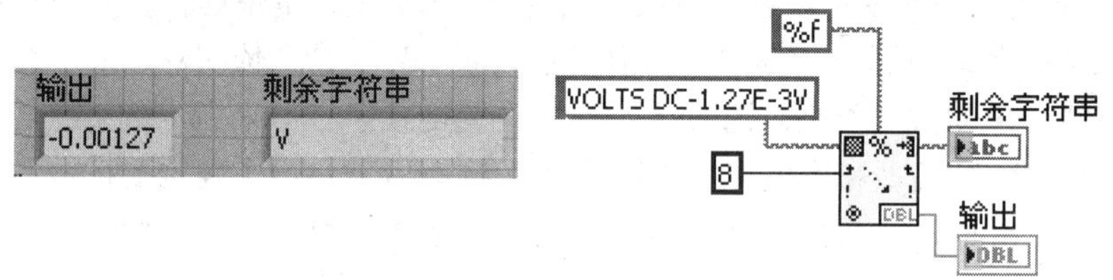

图 5.28　使用扫描字符串函数

5.2　文件输入/输出

文件输入/输出(I/O)操作用于存储数据或从磁盘文件中读取数据。这些操作主要包括 3 个基本步骤：新建或者打开一个已有的文件；对文件进行读写；关闭文件。

5.2.1　选择文件 I/O 格式

为了满足不同数据的存储格式，LabVIEW 提供了多种文件类型。LabVIEW 常用的文件读写格式有以下 4 种。下面逐一介绍这些文件类型以及适用场合。

1. 文本文件(ASCII 字节流)

文本文件是最便于使用和共享的文件格式，几乎适用于任何计算机。许多基于文本的程序可读取基于文本的文件。多数仪器控制应用程序使用文本字符串数据以 ASCII 码形式存储，其输出与字符一一对应，即一个字节代表一个字符，因而便于对字符进行逐个处理，也便于输出字符。这种格式的文件可以被任何其他文本编辑器打开，可以用文字处理软件或电子表格程序(如 Word 和 Excel)来读取或处理数据。其缺点是占用磁盘空间大，数字精度不高，文件 I/O 操作速度慢，因为存储时所有的数据都要转换成 ASCII 码字符串，而数据读出后，还需进行字符到数值的转换。

2. 二进制文件

二进制文件格式是把数据按其在内存中的存储格式原样输出到磁盘上存放，是最紧凑、最快速地存储文件的格式。用户必须把数据转换成二进制字符串的格式，还必须清楚地知道在对文件读写数据时采用的是哪种数据格式。二进制文件格式的优点是读取文件的速度快，占用的磁盘空间少，优于文本文件；缺点是与人可识别的文本文件不同，二进制文件只能通过机器读取。

文本文件和二进制文件均为字节流文件，以字符或字节的序列对数据进行存储。

3. 数据记录文件

数据记录文件是 LabVIEW 中一种特殊类型的二进制文件。数据记录文件类似于数据库文件，因为它可以把不同的数据类型存储到同一个文件记录中，从该文件中读出来的数据仍然能保持原格式，因此适合用来存储各种复杂类型的数据格式，最适用于存储簇数据。

4. 波形数据文件

波形数据文件专门用于存储波形数据类型，包含了波形数据特有的一些信息，例如起始时间、采样间隔、波形数组等。

5.2.2　文件 I/O 函数

LabVIEW 提供了许多文件 I/O 函数，这些函数位于函数选板上的【编程】→【文件 I/O】中，如图 5.29 所示。这些函数可执行一般及其他类型的 I/O 操作，可读写各种数据类型的数据，如文本文件的字符或行、电子表格文本文件的数值或二进制文件数据。下面介绍一些常用的函数，其中大部分函数是多态函数。

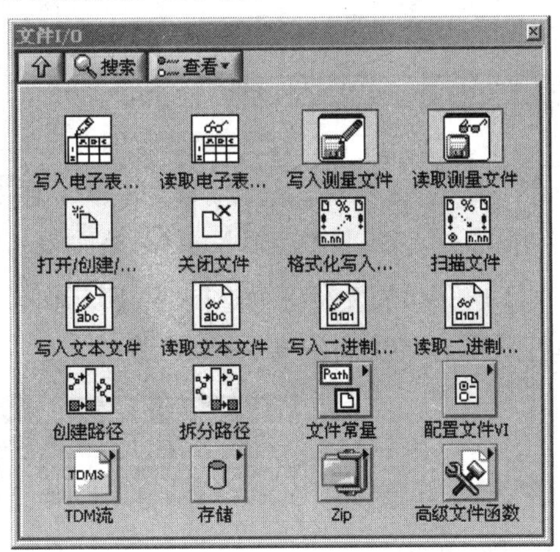

图 5.29　文件 I/O 函数选板

电子表格文件是一种特殊的文本文件，用 Tab(制表符)作列标记，用 EOL(End of Line,

换行符)作行标记，可以用 Excel 等电子表格软件打开文件。

1. 写入电子表格文件函数

写入电子表格文件函数的功能是将字符串、带符号整数或双精度数的一维或二维数组转换为电子表格字符串，并将其写入一个新的文件或添加到现存文件中，写入之后自动关闭文件。写入电子表格文件函数图标如图 5.30 所示。

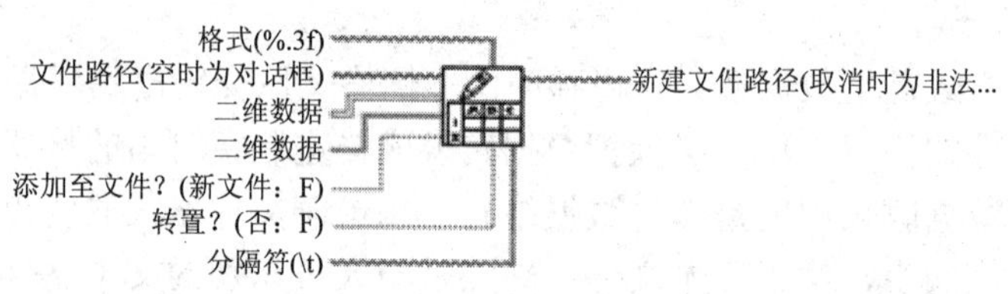

图 5.30　写入电子表格文件函数

说明：写入电子表格文件函数的格式参数端口可以是双精度数(%f)，也可以是字符串(%s)和整数(%d)。

【例 5-9】 将含有 10 个随机数的一维数组写入电子表格文件，程序框图如图 5.31 所示。

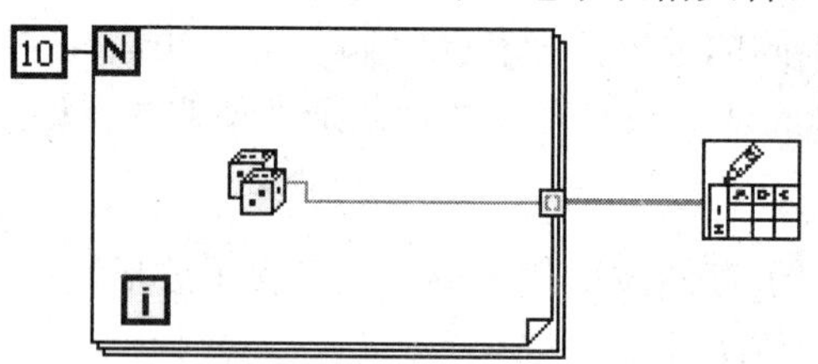

图 5.31　将一维数组写入电子表格文件

【例 5-10】 将一个浮点型二维数组写入电子表格文件。

程序框图如图 5.32 所示，创建一个 2 行 5 列二维数组，该数组直接连入写入电子表格文件函数的二维数组参数端口。

说明：图 5.32 路径中的文件名后缀为.xls，可以用 Excel 软件打开保存的文件。文件后缀名没有也是可以的。

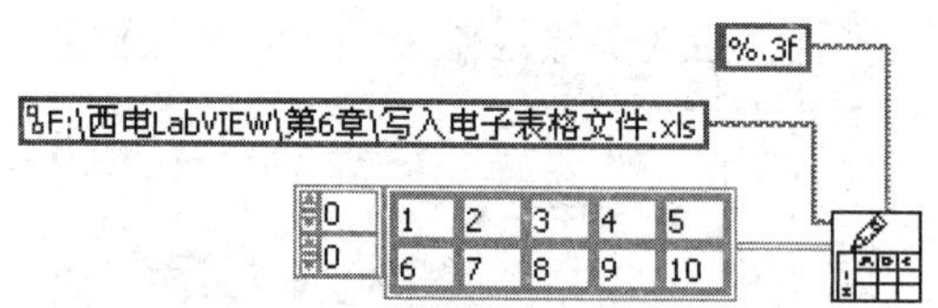

图 5.32　将二维数组写入电子表格文件

用 Microsoft Excel 软件打开保存的文件，如图 5.33 所示。

用 Windows 的记事本打开保存的文件，如图 5.34 所示。

	A	B	C	D	E
1	1	2	3	4	5
2	6	7	8	9	10

图 5.33　用 Excel 打开电子表格文件

图 5.34　用记事本打开电子表格文件

用 Windows 的写字板打开保存的文件，如图 5.35 所示。

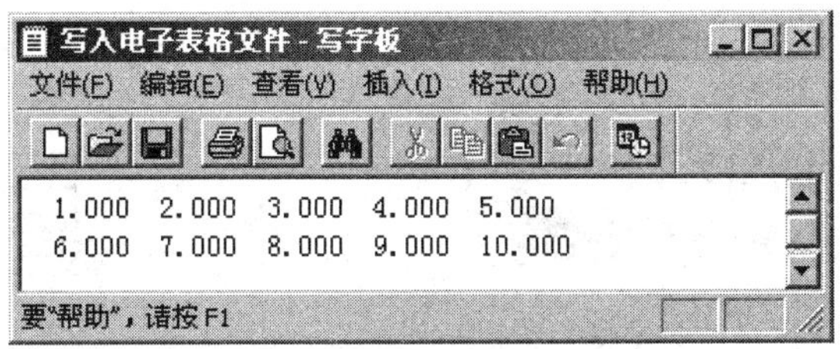

图 5.35　用写字板打开电子表格文件

2. 读取电子表格文件函数

读取电子表格文件函数用于打开一个电子表格文件，在数值文本文件中从指定字符偏移量开始读取指定数量的行或列，并将数据转换为双精度的二维数组，数组元素可以是数字、字符串或整数，读完后关闭文件。此函数默认的分隔符是制表符 Tab。读取电子表格文件函数图标如图 5.36 所示。此外，该函数可选择是否转置数组。

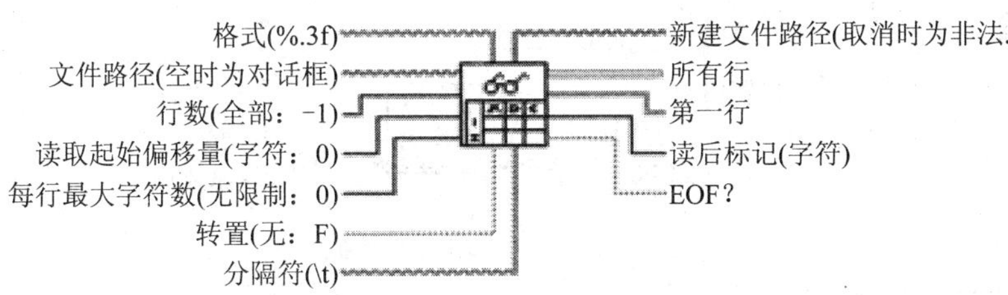

图 5.36　读取电子表格文件函数

【例 5-11】 读取例 5-10 保存的电子表格文件，并将读出来的数据在前面板中显示出来。前面板和程序框图如图 5.37 如示。

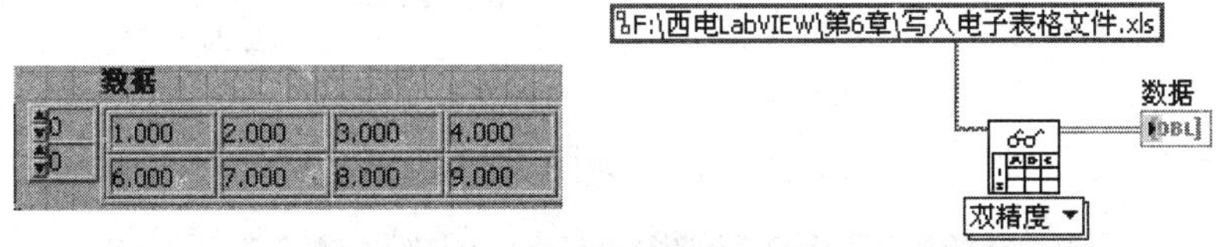

图 5.37　读取电子表格文件到数组

可以将读出的数据送入字符串中显示，如图 5.38 所示。

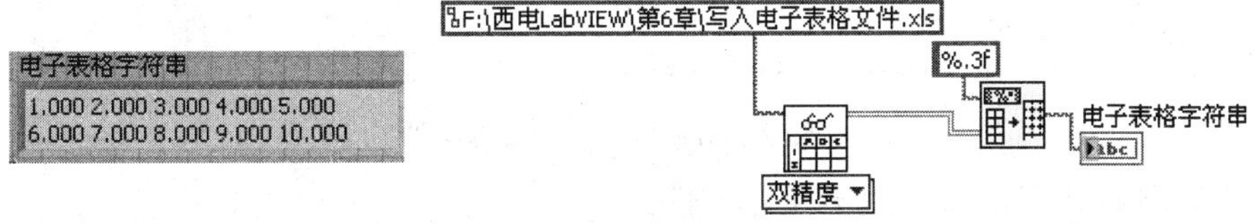

图 5.38　读取电子表格文件到字符串

说明：【数组至电子表格字符串转换】(位于函数选板【编程】→【字符串】)用于将一个任何维数的数组转换为字符串形式的表格。

也可以将读出的数据送入表格控件(位于控件选板【新式】→【列表与表格】→【表格】)

中显示，如图 5.39 所示。

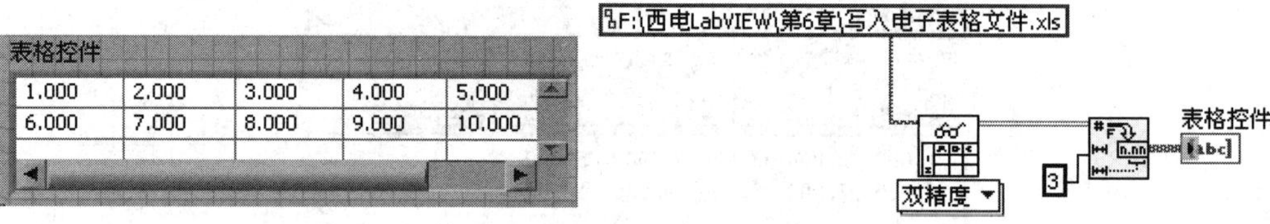

图 5.39　读取电子表格文件到表格

说明：【数值至小数字符串转换】函数(位于函数选板【编程】→【字符串】→【字符串/数值转换】)：将数字转换为小数(分数)格式的浮点型字符串。

3. 写入文本文件函数

写入文本文件函数用于将字符串或字符串数组按行写入文件。写入文本文件函数图标如图 5.40 所示。

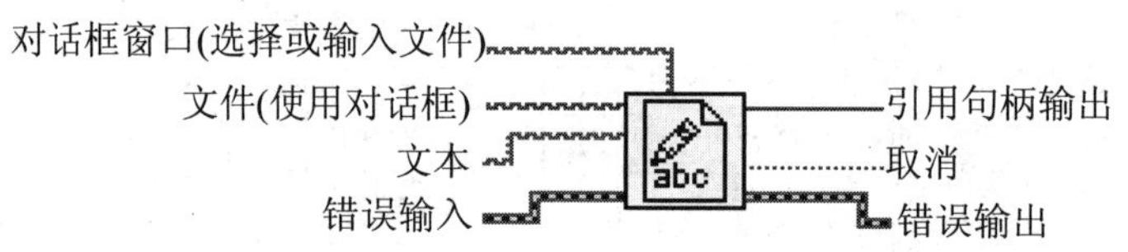

图 5.40　写入文本文件函数

【例 5-12】 将字符串写入文本文件。

前面板和程序框图如图 5.41 所示。文件保存为文本文件，文件名为 text.txt。

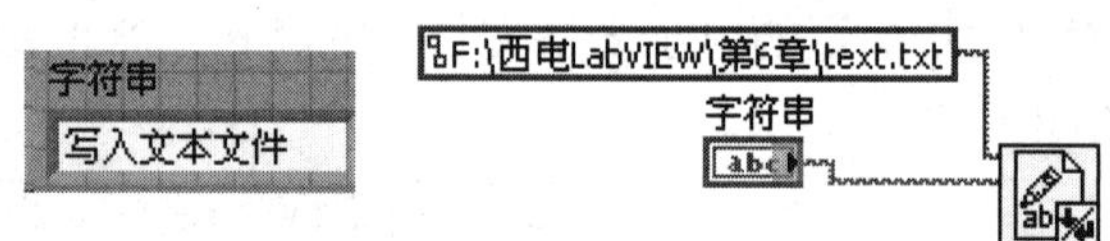

图 5.41　将字符串写入文本文件

用记事本可以打开保存的 text.txt 文件，如图 5.42 所示。

图 5.42　用记事本打开文本文件

【例 5-13】 将随机数值写入文本文件。

注意：要将数据写入文本文件，必须先要将数据转化为字符串。可以使用 5.1.3 节介绍的格式化写入字符串函数来实现。

程序框图如图 5.43 所示。本例利用了 For 循环自动索引的功能，一次产生了 10 个数据，经格式化写入字符串函数转换为保留 3 位小数并以回车“\n”作为分隔符的格式字符串，然后将其写入文本文件。

程序执行完后用记事本打开随机数.txt 文件，观察文件内容及格式，如图 5.44 所示。

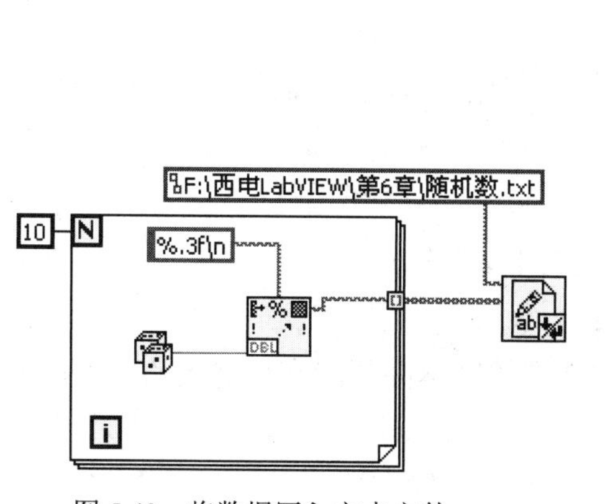

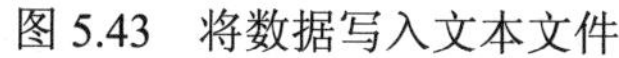
图 5.43　将数据写入文本文件

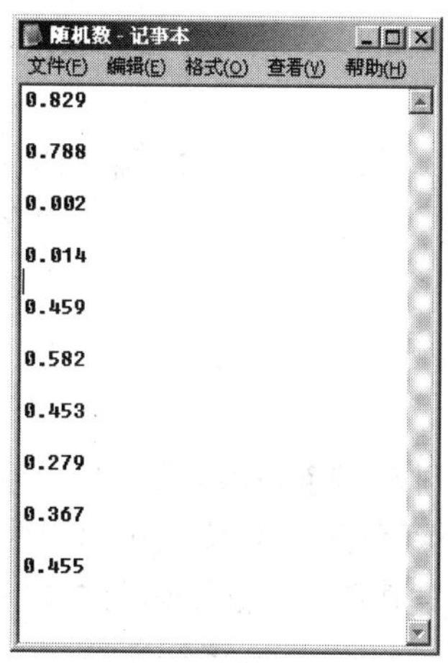

图 5.44　用记事本打开文本文件

本例中用了一个【写入文本文件】函数就完成了文件的打开或创建、写入文件和关闭文件，还可以用 3 个函数来实现，程序框图如图 5.45 所示。

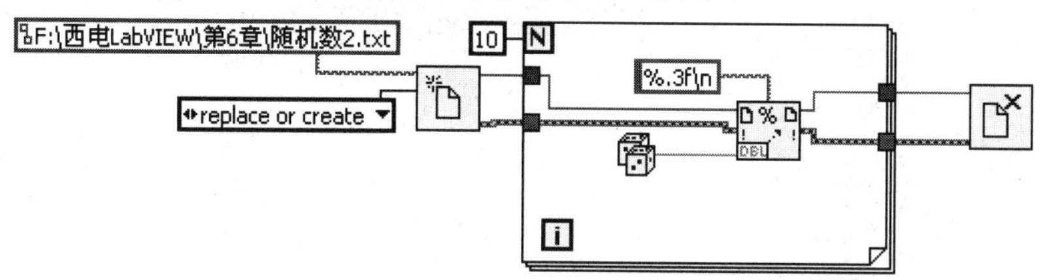

图 5.45　将数据写入文本文件

说明：

(1) 【打开/创建/替换文件】函数：通过编程或使用文件对话框交互式地打开一个现有文件，创建一个新文件，或替换一个现有文件。打开、新建还是替换由函数操作输入接线端的值确定，其值含义如表 5-2 所示。

表 5-2　操作输入接线端值列表

参数值	含　义
0	open——打开已经存在的文件(默认)
1	replace——通过打开文件并将文件结尾设置为 0，替换已存在的文件
2	create——创建一个新文件
3	open or create——打开一个已存在的文件，若文件不存在，则创建一个新文件
4	replace or create——创建一个新文件，若文件已存在，则替换该文件。该 VI 通过打开文件并将文件结尾设置为 0 替换一个文件
5	replace or create with confirmation——创建一个新文件，若文件已存在且拥有权限，则替换该文件。该 VI 通过打开文件并将文件结尾设置为 0，替换一个文件

(2) 【格式化写入文件】函数：将字符串、数值、路径或布尔数据格式化为文本并写入一个文件。

(3) 【关闭文件】函数：关闭打开的文件。

4. 读取文本文件函数

读取文本文件函数用于从文本文件中读取字符或字符串。读取文本文件函数图标如图 5.46 所示。

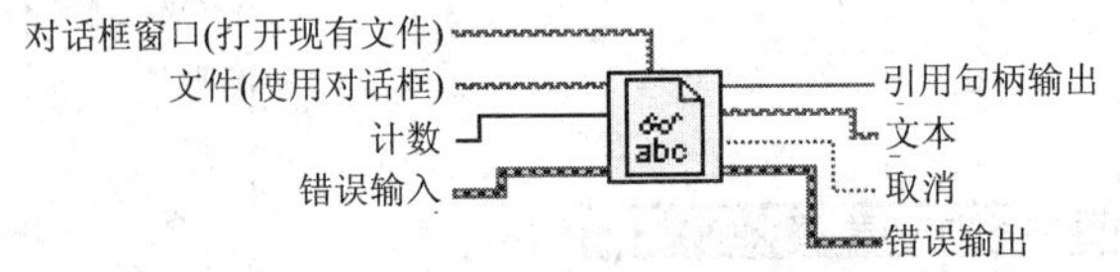

图 5.46　读取文本文件函数

【例 5-14】 读取例 5-13 中保存的文本文件。

运行程序，VI 读取由路径常量所指定文件的文本并显示在前面板的字符串显示控件中。前面板和程序框图如图 5.47 所示。

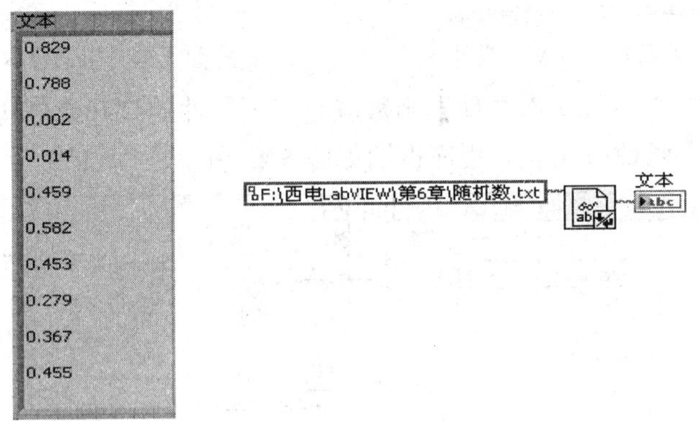

图 5.47　读取文本文件

说明： 右键单击读取文本文件函数的文件输入端口，选择【创建】→【常量】。将要读取文件的绝对路径输入常量中。如果读者要避免输入路径，可将系统桌面上的文件直接拖放进常量。

本例中只用了一个【读取文本文件】函数就完成了文件的打开、读取和关闭，和写入文本文件时一样，也可以通过 3 个函数来实现以上的 3 个步骤，如图 5.48 所示。

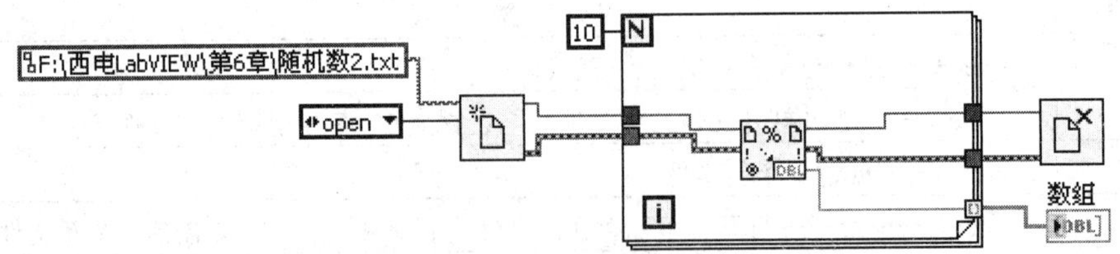

图 5.48　读取文本文件

说明： 【扫描文件】函数：扫描位于文件文本中的字符串、数值、路径及布尔数据，将文本转换为某个数据类型。

5. 写入二进制文件函数

写入二进制文件函数用于将二进制数据写入新文件，将数据添加到现有文件，或替换文件的内容。函数的数据输入端可连接任何类型的数据。写入二进制文件函数图标如图 5.49 所示。

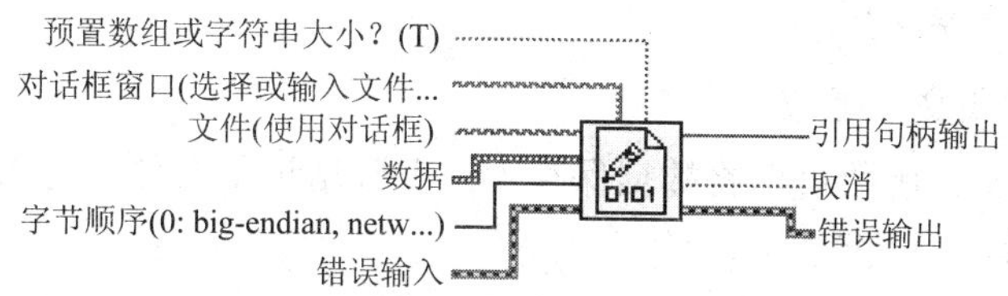

图 5.49　写入二进制文件函数

【例 5-15】 将数据写入二进制文件。

将双精度浮点型数据写入二进制文件，程序框图如图 5.50 所示。

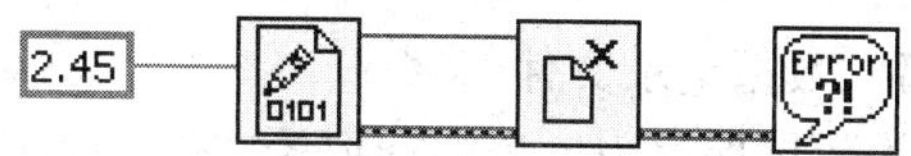

图 5.50　将双精度浮点型数据写入二进制文件

运行 VI，在出现的对话框中创建一个文件名，命名为浮点数.bin。LabVIEW 将在文件(使用对话框)输入端中指定的目录下创建文件，并将双精度浮点数存储在文件中。

说明： 【写入二进制文件】函数的文件(使用对话框)输入端默认状态下将显示文件对话框并提示用户选择文件。程序框图中的【关闭文件】函数和【简易错误处理器】函数可以不要。

也可以将数组写入二进制文件。如图 5.51 所示，将一个正弦波数据写入二进制文件。

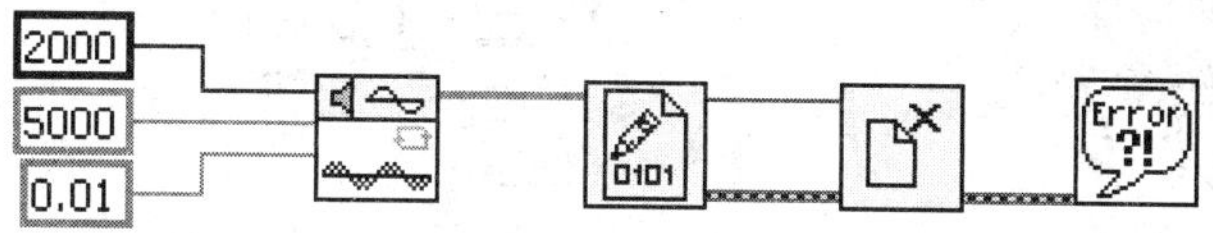

图 5.51　将数组写入二进制文件

6. 读取二进制文件函数

读取二进制文件函数用于从文件中读取二进制数据，在函数的数据输出端口返回。读取二进制文件函数图标如图 5.52 所示。

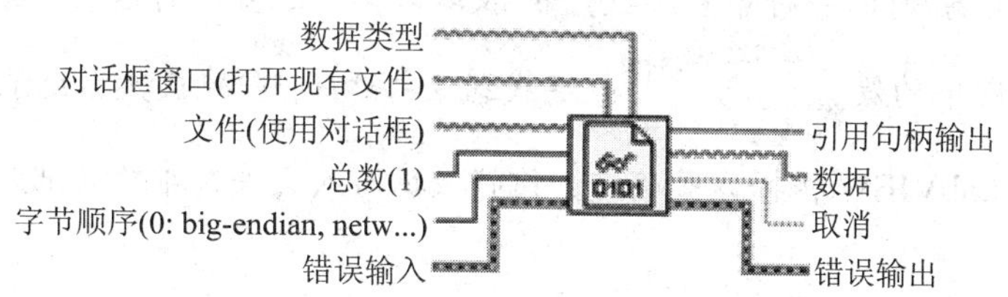

图 5.52　读取二进制文件函数

【例 5-16】 读取二进制文件。

读取【例 5-15】中保存的浮点数.bin 文件，程序框图如图 5.53 所示。

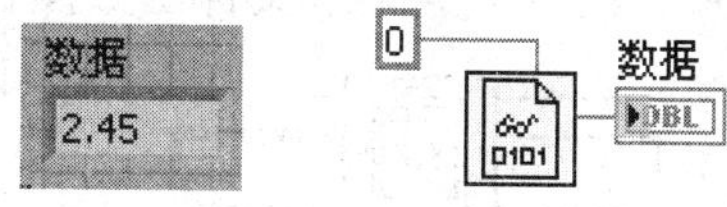

图 5.53　读取二进制文件

说明：【读取二进制文件】函数的数据类型端口输入 0.0，用于告诉 LabVIEW 要读取的数据类型是双精度浮点型。

7. 写入数据记录文件函数

写入数据记录文件函数可以将数据保存为一个数据记录文件。写入数据记录文件函数图标如图 5.54 所示。

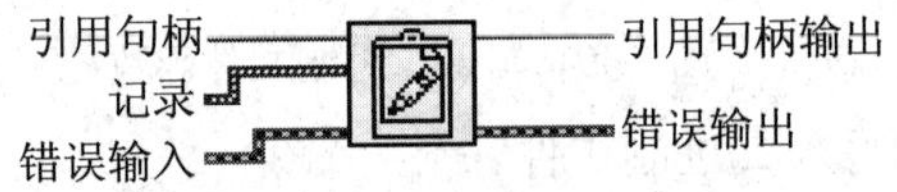

图 5.54　写入数据记录文件函数

【例 5-17】 将数据写入数据记录文件。

将图 5.55 所示程序中的数据保存为一个数据记录文件，程序框图如图 5.56 所示。此记录是日期、时间和一个正弦波形数组构成的簇。运行 VI，写入的文件名为 data.dat。

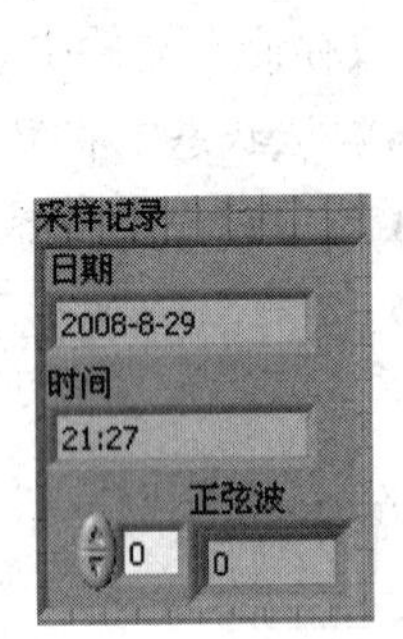

图 5.55　数据记录

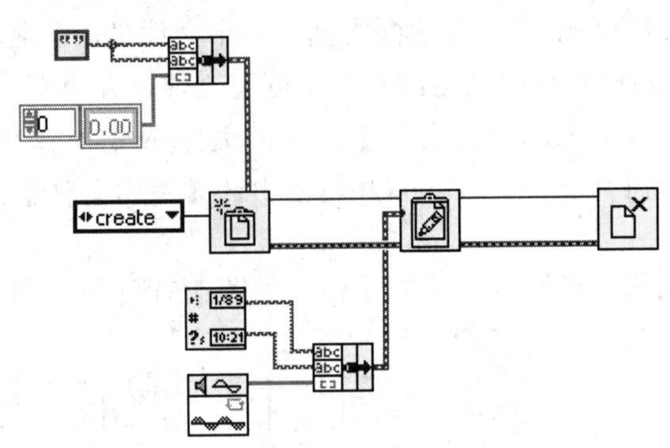

图 5.56　写入数据记录文件

说明：

(1) 【打开/创建/替换数据记录文件】函数：使用文件对话框，通过编程或交互的方式打开一个现有的数据记录文件或一个数据记录文件。

(2) 【获取日期/时间字符串】函数：获取计算机配置的时区的日期和时间字符串。

(3) 程序框图中的簇：连线到【打开/创建/替换数据记录文件】函数的记录类型输入端。LabVIEW 根据该簇确定如何将数据写入文件，即数据记录是由何种数据类型组合而成的。

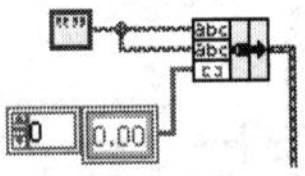

8. 读取数据记录文件函数

读取数据记录文件函数函数用于读取数据记录文件的记录并将记录在函数的记录输出端返回。要读取一个数据记录文件，必须清楚该文件写入时的数据记录格式。读取的格式必须与写入数据时所用格式一致。读取数据记录文件函数图标如图 5.57 所示。

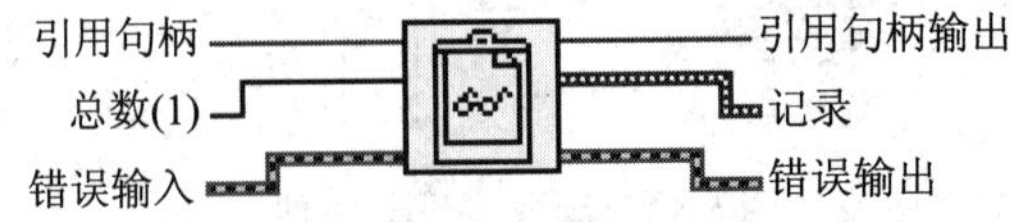

图 5.57　读取数据记录文件函数

【例 5-18】 读取数据记录文件。

读取【例 5-17】中保存的 data.dat 文件，程序框图如图 5.58 所示。

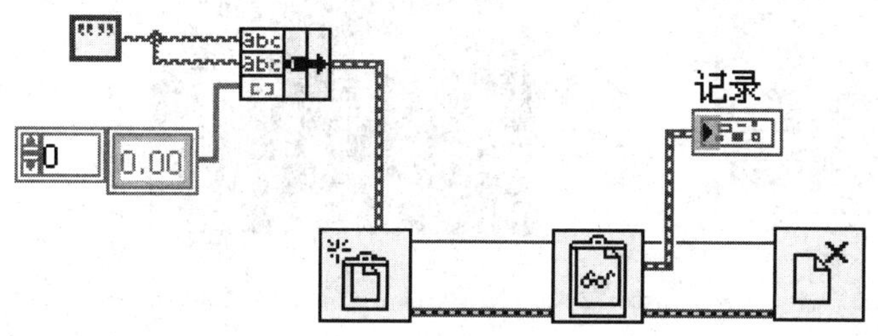

图 5.58　读取数据记录文件

9. 写入波形至文件函数

写入波形至文件函数用于创建一个新文件或添加至现有文件，将指定数量的记录写入文件，然后关闭文件，检查是否有错误发生。每条记录都是波形数组。写入波形至文件函数图标如图 5.59 所示。

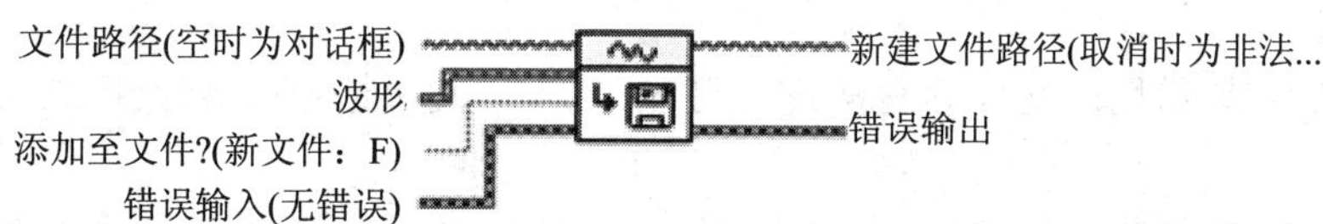

图 5.59　写入波形至文件函数

【例 5-19】 写入波形数据至文件。

本例将正弦波形数据直接写入波形文件，而后关闭文件，如图 5.60 所示。

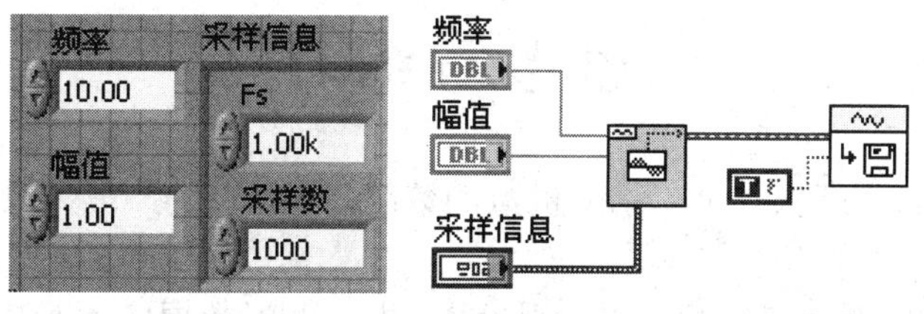

图 5.60　写入波形至文件

10. 从文件读取波形函数

从文件读取波形函数用于读取波形数据。从文件读取波形函数图标如图 5.61 所示。

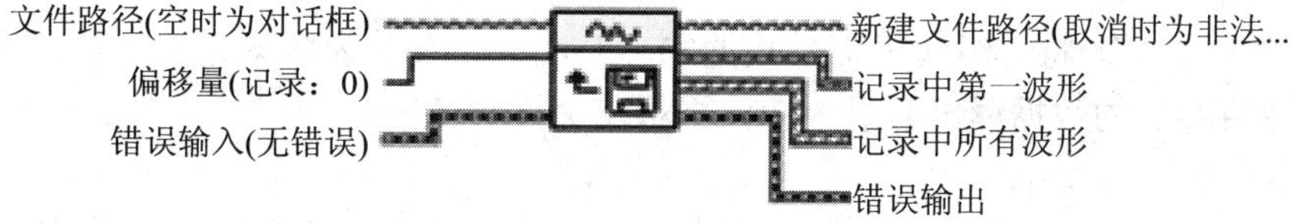

图 5.61　从文件读取波形函数

【例 5-20】 从文件中读取波形数据。

读取【例 5-19】中写入的正弦波形数据，前面板和程序框图如图 5.62 所示。

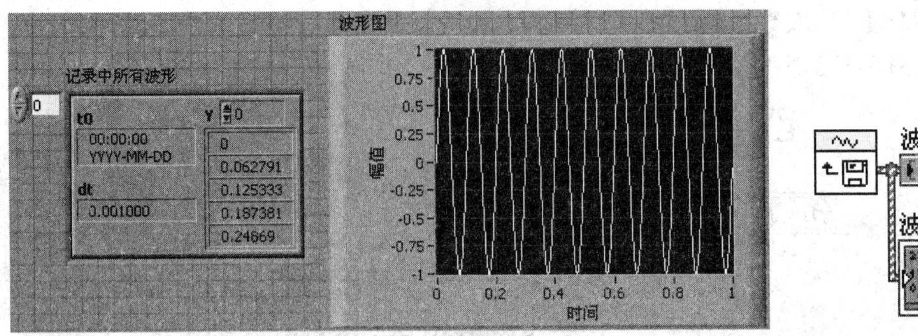

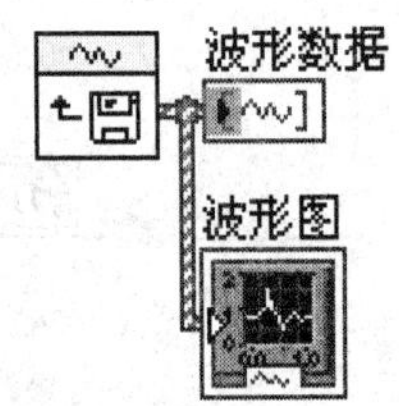

图 5.62　从文件中读取波形

本章小结

(1) 字符串是可显示的或不可显示的 ASCII 字符序列。

(2) LabVIEW 提供了许多对字符串进行处理的函数，这些函数位于函数选板的【编程】→【字符串】中。

(3) LabVIEW 常用的文件读写格式有文本文件、二进制文件、数据记录文件和波形数据文件。

(4) LabVIEW 提供了许多文件 I/O 函数，这些函数位于函数选板的【编程】→【文件 I/O】中。

(5) 读写文件操作之前，必须指定文件路径。若在 VI 中未连接路径端口，VI 将显示一个交互式的文件对话框，由用户来指定文件路径。

思考与练习

1. 创建一个 VI，产生一个二维随机数的数组(3 行 2 列)，把数组数据写入电子表格文件。

2. 创建一个 VI，使用 For 循环采集温度值，并将测温数据以 ASCII 格式存储到一个文件中。在每次循环期间，将数据转换成字符串，添加一个逗号作为分隔符，将字符串添加到文件中，并记录下每次采集的时间。

3. 创建一个 VI，将一个正弦波的波形信号存储为双精度浮点数的二进制文件，并读取文件数据用图形回放。

4. 创建一个 VI，将一组随机信号数据加上时间标记存储为数据记录文件，然后从数据记录文件中将存储的数据读出并显示在前面板上。

第6章 数据采集

数据采集在实际工程中有着十分广泛的应用。本章将通过学习以下知识，介绍利用 NI 的 USB-6009 数据采集卡和第三方的凌华 PCI-9118DG 数据采集卡来进行数据采集。

- 数据采集基本知识
- 信号生成、处理和分析
- 基于虚拟仪器的数据采集系统的组成
- 数据采集设备的类型、主要指标
- 数据采集设备的设置与测试
- 模拟输入、模拟输出以及数字输入/输出 VI 设计

6.1 数据采集系统的构成

数据采集(Data Acquisition，DAQ)是计算机与外部物理世界连接的桥梁。数据采集就是将电压、电流、温度、压力(模拟信号)等物理信号转换为数字量并传递到计算机中的过程。

数据采集系统包括传感器和变换器、信号调理设备、数据采集设备、计算机、系统软件、驱动程序和应用软件等部分。使用不同的传感器和变换器可以测量不同的物理量；信号调理设备可以对传感器和变换器输出的电信号进行调理，使其适合数据采集设备的要求；数据采集设备中 D/A 和 A/D 通过计算机中的软件控制将计算机中的数字信号转换为模拟信号输出和将外部模拟信号转换为数字信号传送到计算机中；计算机软件除了控制数据采集设备工作外，还实现对采集的数据进行分析、处理和存储等功能。

基于 LabVIEW 的数据采集系统的一般构成如图 6.1 所示。

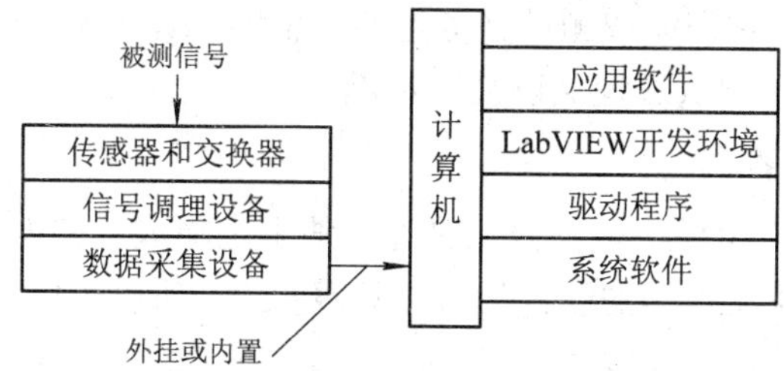

图 6.1 基于 LabVIEW 的数据采集系统的一般构成

6.2 数据采集设备

数据采集设备是虚拟仪器实现对各种物理量采集的基础，其类型的选择和参数的设置

都密切关系着数据采集的结果。本节将主要从数据采集设备的类型和主要参数指标两个方面介绍数据采集设备。

6.2.1　数据采集设备类型

数据采集设备是在传统仪表和计算机技术的基础之上得以发展的，目前常用的数据采集设备有以下几种类型。

1. 插卡式数据采集设备

插卡式数据采集设备一般是插入台式计算机 PCI 槽或笔记本电脑 PCMCIA 槽的数据采集卡，这是一种典型的虚拟仪器硬件结构，通常在计算机外面根据需要配备某种信号调理设备。这种硬件结构配置，可以满足一般测试的要求，价格能够为大多数用户所接受。

2. 分布式数据采集设备

分布式数据采集设备可以安装在工业现场的被测试对象附近，通过计算机网络或串口与计算机通信。NI 公司的 FieldPoint 和 Compact FieldPoint 模块为代表，后者尺寸更小，抗冲击和抗震动等性能更好。

3. VXI 与 PXI 设备

对于某些特殊的测试场合和测试要求非常高的场合还可以选择 VXI 或 PXI 虚拟仪器硬件结构。VXI 是 VME 总线的仪器扩展。它的结构形式是将信号采集、信号调理等各种模块插入 VXI 标准机箱的插槽，与计算机中的数据采集卡进行通信，或将微控制器嵌入机箱插槽。PXI 是 PCI 总线的仪器扩展。它的结构形式基本 VXI 相同，区别在于总线不同和价格更容易接受。

4. GPIB 或串口设备

为了有效利用现有的技术资源和发挥传统仪器的某些优势，还可以采用 GPIB 或串口形式的虚拟仪器结构。GPIB(HP-IB 或 IEEE488)——通用接口总线，是计算机与传统仪器的接口，将 GPIB 通信卡插入计算机，再通过 GPIB 电缆，实现计算机对传统仪器的控制和访问。串口也是计算机与传统仪器接口的普遍采用的方式，实现对满足一定协议(例如 RS232)的传统仪器与计算机的连接。这些与计算机连接的仪器功能是专一、固定的，它们的软件固化在仪器内部。它们完成测试任务也并不依赖于计算机，只是利用计算机的行储、显示、打印等功能，或对测试过程加以某些控制。

5. 基于计算机的仪器

基于计算机的仪器也叫模块化仪器，是在一块卡上集成了仪器的全部功能，再把这个卡插入计算机。由于模块化仪器的软件运行在计算机上，所以可以更容易对仪器进行控制。

6.2.2　数据采集设备主要指标

1. 采样率

采样率就是进行 A/D 转换的速率，不同的设备具有不同的采样率，进行测试系统设计时应该根据测试信号的类型选择适当的采样率，盲目提高采样率，会增加测试系统的成本。目前，常用的 NI 公司的数据采集卡，低价位的 USB6009 采样率为 48kS/s，即每秒采样 48k。

在实际测试系统中，一般情况下会有多个被测信号，这些信号通过独立的通道进入数据采集卡，但是大部分数据采集卡是多个通道共用一个 A/D 转换器。这就是多路复用。在这种情况下，数据采集卡性能指标给出的最高采样率，应该分配到各个通道。例如上述 USB6009 数据采集卡有 8 个通道，如果实际使用了 6 个，那么每个通道的最高采样率为 48/6=8 kS/s。但是有些数据采集卡给出的采样率指标是单通道的，例如 PCI-6115 数据采集卡采样率为 10 MS/s/channel，即每个通道每秒 10M 采样率。这类的数据采集卡往往是多通道同步采样，各自使用独立的 A/D 转换器，价格会数倍于普通的采集卡。目前，NI 公司的产品中最高采样率可达 2.7 GS/s。

2. 分辨率

分辨率是数据采集设备的精度指标，用模数转换器的数字位数来表示。如果把数据采集设备的分辨率看做尺子上的刻线，同样长度的尺子上刻线越多，测量就越精确。同样的，数据采集设备模数转换的位数越多，把模拟信号划分得就越细，可以检测到的信号变化量也就越小。在图 6.2 所示中，用一个 3 位的模数转换器检测一个振幅为 5 V 的正弦信号时，它把测试范围划分为 $2^3=8$ 段，每一次采样的模拟信号转换为其中一个数字分段，用一个 000～111 之间的数字码来表示。它得到的正弦波的数字图像是非常粗糙的。如果改用 16 位的模数转换器，数字分段增加到 $2^{16}=65\,536$ 位，则模数转换器可以相当精确地表达原始的模拟信号。

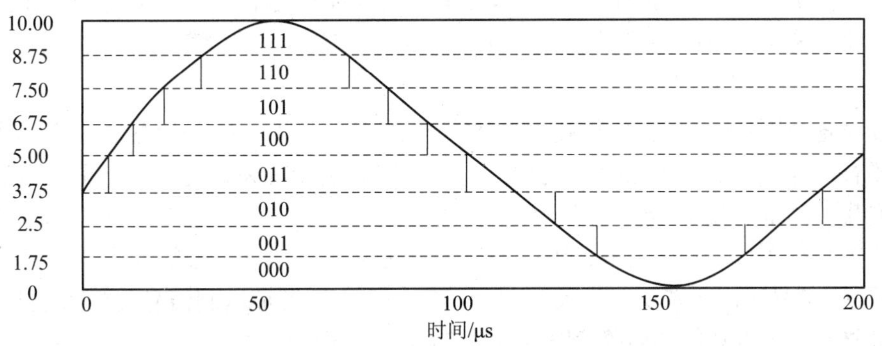

图 6.2　模拟输入设备分辨率对于表达原始信号的影响

目前工程上常用的数据采集卡分辨率最低为 12 位，可以满足一般应用的要求。对于有较高要求的场合，可以使用 16 位或 24 位的数据采集卡。

选择高分辨率的数据采集卡无疑会增加测试成本，但是通过对模数转换器数字位数的充分利用可以在不增加投资的情况下达到预期的目的。合理使用数据采集卡的途径有两个：

1) 合理设置设备量程范围

设备量程范围是模数转换器可以数字化的最大和最小模拟信号电压值。数据采集卡性能指标给出的分辨率是满量程时的参数。如果实际上被测信号电压幅值达不到满量程范围，可以通过设置使设备的实际量程范围与信号的电压范围相匹配，这样就充分利用了设备现有的分辨率。假设有一个 3 位数据采集卡，给出量程范围 0～10 V，输入一个 0～5 V 的正弦信号。这时如果设备范围设置为 0～10 V，则模数转换器 8 个数字分段分布到 10 V 电压的范围内，可以检测的最小电压为 1.25 V。但是当把设备范围设为 0～5 V 时，则它的 8 个分段分布于 5 V 的范围内，可以检测的最小电压为 0.625 V，相当于把设备的分辨率提高了一倍。图 6.3 所示说明了设备设置范围对表示信号的准确程度的影响。

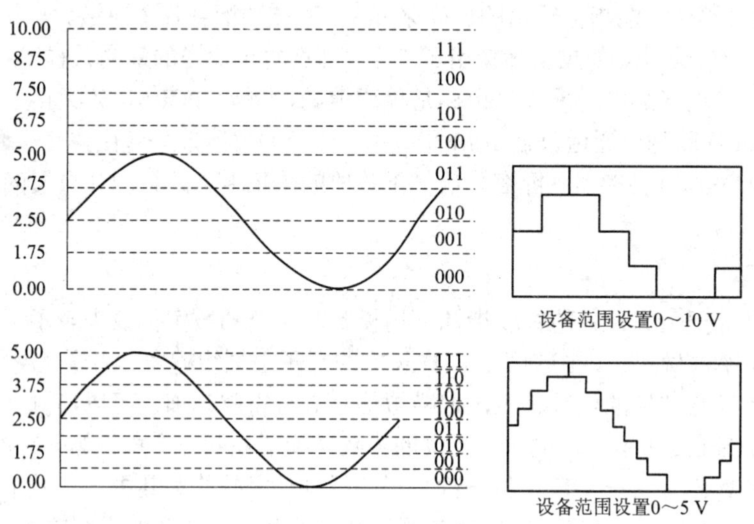

图 6.3　模拟输入设备范围设置对于分辨率的影响

也有些模拟输入设备允许用户设置被捡测信号的极性，双极性(Bipolar)信号的电压范同是从一个负值到一个正值(例如−5～5 V)，单极性信号的电压范围是从 0 到一个正值(例如 0～5 V)。为了得到较小的代码宽度，如果信号是单极的，就把设备范围设置为单极。

2) 合理进行信号极限设置

通过设备范围的设置来充分利用模拟输入设备的分辨率。有些设备的范围不允许用户设置，还有时同时监测几个信号，它们的电压范围差别非常大。例如用一个液压设备对一个物体加载，测量负载变形曲线时，压力变送器的电压信号范围是 0～5 V，而应变片的电压信号范围只有 ±0.05 。在设备范围的设置无能为力时，通过信号的极限设置却总能很好地解决问题。信号极限设置实际上就是单独确定每一个通道被检测信号的最大值和最小值。准确的极限设置可以让模数转换器使用更多的分段数表示信号。

设置了信号极限就等于设置了设备的增益。但是设备的增益不是无限的，例如 PCI-6035E 数据采集卡最大增益值是 100，那么可以设置的最小极限是 ±50 mV。所以设置过低的极限是没有意义的。

用一个统一的公式来计算数据采集设备可检测到的输入信号最小变化量。例如，16 位的 PCI-6035E 数据采集卡设置信号极限为 ±0.05 V 时，可以检测到的电压变化为

$$\text{代码宽度}=\frac{\text{被测试信号极限设定值}}{2^{\text{分辨率}}}$$

$$d_V=\frac{0.1}{2^{16}}=1.53(\mu V)$$

3. 其他主要指标

数据采集设备其他主要指标还有：

(1) 通道数：目前 NI 的数据采集卡一般有 16 通道和 64 通道，可以根据被测试信号的数量选择，如果有更多的信号需要测试可以采用多个数据采集卡，或使用多路复用板。

(2) 同步采样：如果要分析多个被测试信号的相位关系，则要求有多通道同步采样的功能。

(3) 模拟输出：需要产生模拟信号时，数据采集设备应有模拟输出功能。

(4) 数字输入/输出：需要对被测试系统进行控制或采集数字信号时，要求数据采集设备有数字量输入/输出功能。

(5) 触发：分模拟触发和数字触发，即在一定条件下采样的功能。

此外，对于高速采样的实时控制与数据存储等问题，需要硬件具有高速数据吞吐和同步数据处理的能力。在数据采集设备中设计 FIFO 电路，将 FIFO 电路作为 ADC 输入的缓存，以保证进行连续数据采集时不丢失数据。但 FIFO 容量较大的数据采集设备一般价格较高，FIFO 较小的数据采集设备需要在其上配置内存条来完成中高速的数据采集。

为了保证高速数据吞吐，多数数据采集设备具有 DMA(Direct Memory Access，直接内存访问)的能力，又称为“总线主控(bus mastering)”。DAQ 设备采集到的数据不通过 CPU，直接通过 PCI 总线传输到 RAM 中，这就解放了 CPU。PCI 总线以及其他各种总线(例如 PXI/Compact 等)的数据吞吐率可以高达 132 Mb/s，这样通过 DMA 就可以实现高速数据吞吐。

图 6.4 所示为通过 DMA 将数据传输到 RAM 区中。数据到 RAM 区后，CPU 从 RAM 中读出数据，并且将其应用到系统级的任务中，进行相关处理。

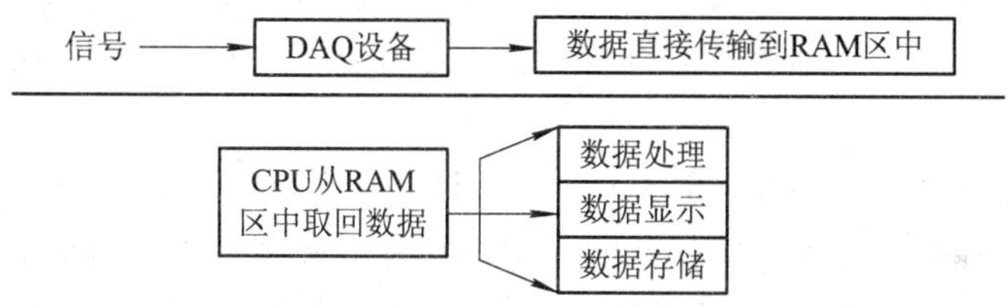

图 6.4　利用 DMA 实现并行操作

没有总线主控的数据采集设备不具备 DMA 的能力，只能依赖中断传输数据，因此在数据传输过程中需要 CPU 的参与，这就大大降低了系统的性能，其处理过程如图 6.5 所示。

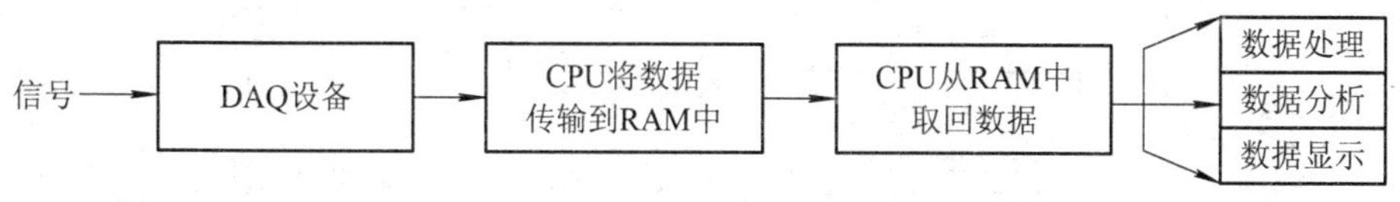

图 6.5　没有 DMA 的串行操作

6.3　数据采集系统的软件结构

在数据采集系统中硬件是基础，软件则是硬件的指导者。软件控制和管理整个数据采集系统，软件使计算机和数据采集硬件形成了一个完整的数据采集、分析和显示系统。

6.3.1　系统软件结构

数据采集系统软件主要由硬件驱动软件和应用软件构成，其中硬件驱动软件有着重要的作用，驱动软件可以直接对数据采集硬件的寄存器编程，管理数据采集硬件的操作并把它和处理器中断、DMA 和内存等计算机资源集合起来。驱动软件隐藏了复杂的硬件底层编程细节，为用户提供容易理解的接口。基于 LabVIEW 的数据采集系统软件的构成如图 6.6 所示。

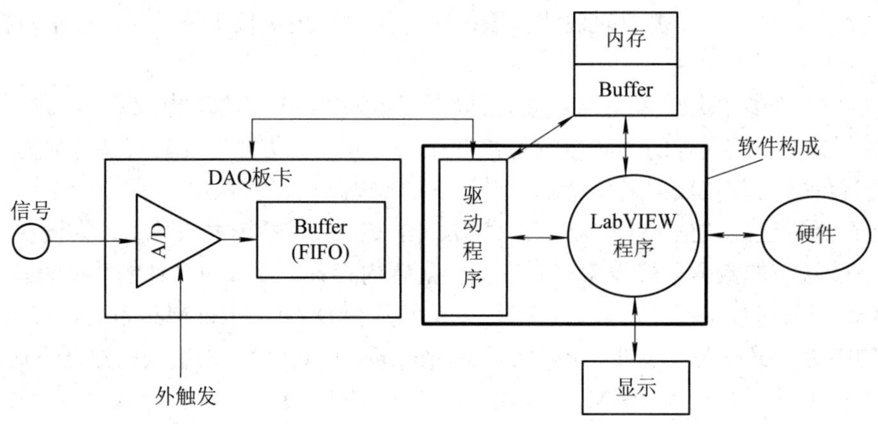

图 6.6　数据采集结构中的软件构成

硬件驱动程序可以大大简化 LabVIEW 编程工作，提高开发效率，降低开发成本。随着数据采集硬件、计算机和软件复杂程度的增加，好的驱动软件就显得尤为重要。合适的驱动软件可以最佳地结合灵活性和高性能，同时还能极大地降低开发数据采集程序所需要的时间。

对于 NI 公司的数据采集设备的驱动为 NI-DAQ，LabVIEW 6.1 之前都是使用传统的 NI-DAQ 驱动，由于传统的 NI-DAQ 在应用中存在一些问题，为了解决这些问题，NI 开发出了全新的 API 设计和体系结构的 DAQmx 驱动软件。现在 NI 的大多数采集设备采用的驱动软件是 DAQmx。基于 DAQmx 的数据采集系统组成如图 6.7 所示。

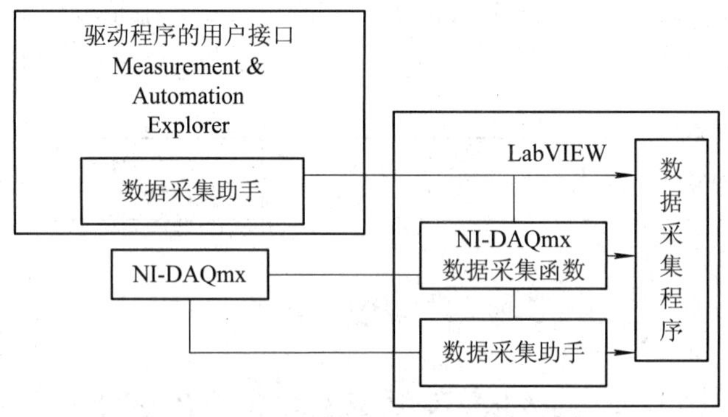

图 6.7　基于 DAQmx 的数据采集系统组成

6.3.2　驱动软件

NI 公司的数据采集驱动程序从 20 世纪 80 年代后期的第一代 DAQ 软件发展演化 2003 年以后的第三代 DAQ 软件(包括现在使用最多的 DAQmx)。数据采集驱动软件的演化过程如表 6-1 所示。

表 6-1 数据采集驱动软件的演化过程

<table>
<tr><th colspan="3">数据采集驱动软件的演化</th></tr>
<tr><th>第一代</th><th>第二代</th><th>第三代</th></tr>
<tr><td>20世纪80年代后期</td><td>20世纪90年代早期</td><td>2003年以后</td></tr>
<tr><td>• 寄存器级编程</td><td>• LabVIEW界面</td><td>• 更简单、更强大的编程接口</td></tr>
<tr><td>• 带头文件的静态库或DLL</td><td>• 支持信号调理硬件</td><td>• DAQ助手，交互式任务配置和自动生成代码</td></tr>
<tr><td>• 手动调整传感器数据的单位</td><td>• 多设备同步</td><td>• 并发的DAQ操作</td></tr>
<tr><td rowspan="3">• 基本的配置工具，包括：
—设备自检特性
—手动分配中断和资源</td><td rowspan="3">• 功能扩展了的配置工具：
—通道向导，简化了传感器的单位调整
—测试面板</td><td>• 更快的单点采集</td></tr>
<tr><td>• 支持即插即用传感器</td></tr>
<tr><td>• 自动化的多设备同步</td></tr>
<tr><td></td><td>• 支持网络应用</td><td></td></tr>
<tr><td></td><td>• DMA管理</td><td></td></tr>
</table>

NI 的数据采集驱动基本分为两大类：传统的 DAQ 软件和 DAQmx 软件。传统的 NI-DAQ 通过提供对各种设备的扩展功能对已有的 DAQ 库进行了许多改进，这些改进包括双缓冲采集、对特定传感器类型提供内置标度，例如热电偶和应变计、信号调理、以及一个单一的且可与多种设备和操作系统系统工作的函数库。20 世纪 90 年代后期，NI-DAQ 团队意识到保持 API 与以前版本的兼容性这个要求增加了向传统 NI-DAQ 添加新特性和设备的难度。此外，在长期的发展过程中，传统 NI-DAQ 的 API 产生了许多需要解决的问题。NI-DAQ 开发者难以直观地扩展 API 而且难以优化不断增长的客户应用范围。因此一个全新的 API 设计和体系结构——DAQmx 诞生了。

NI-DAQmx 的特性包括：

(1) 更轻松地往 DAQ API 中添加新特性。传统的 DAQ API 的许多函数都有大量的参数而且没有添加新参数的有效方式。

(2) 更轻松地添加新设备。传统的 NI-DAQ 难以添加更多的设备，NI-DAQmx 使用了作为组件的插入式设计，使得添加设备更加便利。

(3) 更有效的多线程数据采集。传统的 NI-DAQ 最初是为不具备多线程功能的旧版操作系统设计的，为了在多线程操作系统下安全运行，传统的 NI-DAQ 将存取操作限制在每次一个线程。NI-DAQmx 使用多线程设计，这样多线程就可以同时访问驱动器。

(4) 提高数据采集性能，尤其是单点性能。传统的 NI-DAQ 使用软件定时单点性能，它们不断地在主循环里执行代价高昂的操作，如验证配置、保留资源和对硬件编程。NI-DAQmx 利用一个基于已定义状态模型的设计提高了性能，NI-DAQmx 给用户提供了高级的 API 功能，因此，用户对于何时执行如验证配置这样的代价高昂的操作拥有更多的控制能力。

(5) 提高驱动性能和可靠性。用户每次添加一个新特性或者对驱动进行一次改变，一个严格且完备的功能和性能自检就会检测这个改变是否引入了漏洞。

(6) 更轻松地进行数据采集。传统的 NI-DAQ 通过添加简易 I/O 和中间 I/O 层，从而使得通常的任务更轻松，然而这种方法引入了一些问题，因为用户一旦需要向应用程序添加更多高级特性，就不得不使用更高级的 API 重写程序。

NI-DAQmx 通过以下方法使得开发应用程序更轻松：

(1) 配置工具，如 DAQ 助手。

(2) 高级 NI-DAQmx 路由特性，这些特性简化了 DAQ 设备的触发和同步。

(3) 在 NI-DAQmx 里报告并描述错误。

(4) 从LV7开始的易用特性。尤其是应用于NI-DAQmx之中的新特性，包含创建Express VI 和多态 VI 的能力。多态 VI 简化了 NI-DAQmx API，如图 6.8 所示。

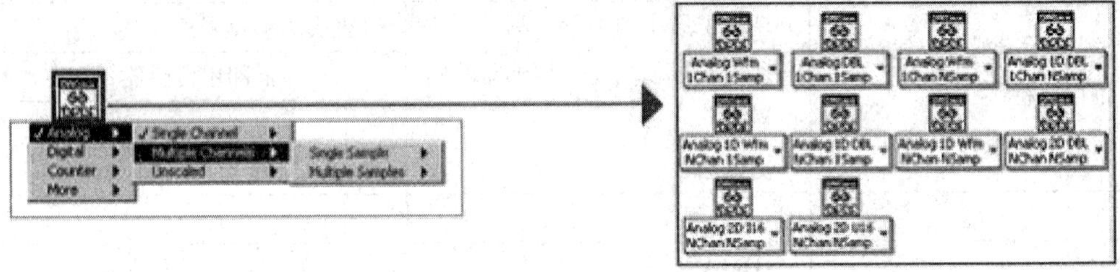

图 6.8　多态 VI 简化了 NI-DAQmx API

数据采集助手是一个设置测试任务、通道与标度的图形接口。在 MAX(NI 测量与自动化资源管理器)和 LabVIEW 中都可以通过多种途径启动数据采集助手。数据采集助手的基本任务是在基于 DAQmx 的数据采集系统中进行数据采集的硬件设置。

说明：由于 DAQmx 驱动对 LabVIEW 环境其只能向下兼容，因此 DAQmx 8.5 只能使用于 LabVIEW 8.5 以下的环境，本书中的数据采集是在 LabVIEW 8.2 环境下进行的。

对于非 NI 公司的采集卡目前也基本上提供基于 LabVIEW 的驱动软件，如果没有，用户也可以通过调用 CIN 节点或动态链接库在 LabVIEW 中使用厂商提供的非 LabVIEW 的驱动函数。

6.3.3　应用软件

数据采集系统的应用软件由用户在虚拟仪器开发环境下，主要通过调用硬件驱动的软件模块编程实现。下面主要介绍 LabVIEW 中的模拟输入和模拟输出。

1. 模拟输入

LabVIEW 中的模拟输入的 3 种形式及其具体描述见表 6-2 所示。

表 6-2　LabVIEW 中模拟输入的 3 种形式及其描述

形　式	描　述
单点采集	采集设备从一个或多个输入通道分别获取一个信号值，然后LabVIEW立即返回这个值，这是一个即时无缓冲的操作，效率和灵活性低
波形采集	在计算机内存中开辟一段缓冲区，设备将采集的数据存入其中，当指定的数据采集完成后，LabVIEW 再将缓冲区中的数据一次读出，此时输出的是一段有限长度的信号波形
连续采集	开辟一段循环缓冲区，设备连续采集数据并将数据向缓冲区存放同时，LabVIEW依据设置，将缓存中的数据一段一段地读取出来

LabVIEW 中连续模拟输入循环缓冲区连续数据传送工作方式如图 6.9 所示。

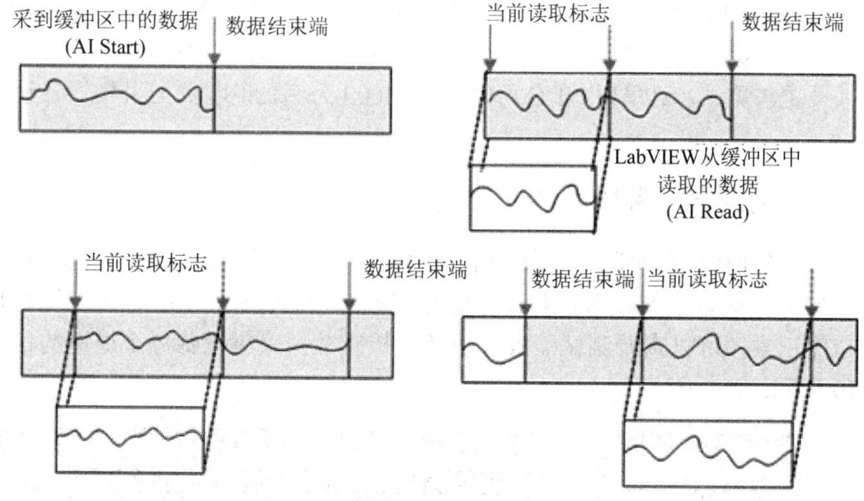

图 6.9　循环缓存区连续数据传送工作方式

在使用缓存技术进行数据采集时，可以根据程序返回的出错信息对缓存区的大小、扫描率和一次读取的扫描数这三个参数进行合理的调整来解决问题。对于一些复杂的采集任务，可以采用一些特殊的采集方式，例如采用外部时钟采集、触发采集等。

2．模拟输出

LabVIEW 中的模拟输出的 3 种形式及其具体描述见表 6-3。

表 6-3　LabVIEW 中的模拟输出的 3 种形式及其描述

形　　式	描　　述
单点模出	将一个数据直接写道模拟输出通道，产生一个模拟直流信号，是一个即时、无缓冲的操作
波形模出	在计算机内存中开辟一段缓冲区，LabVIEW将一段数字波形写入缓冲区中，然后设备将缓冲区中的数据通过DAC输出，就得到一段模拟波形
连续模出	开辟一段循环缓冲区，LabVIEW将数字波形写入缓冲区中，数据连续降缓冲区中的数据通过DAC输出

连续模拟输出有两种形式：

(1) 在模拟输出之前，将数字信号写入缓冲区中，然后设备连续不断地将缓冲区的数据通过 DAC 重复输出。这种连续模拟输出执行效率很高，但是需要写入的数字信号必须是整周期的，不然输出模拟信号将会不连续，在使用上不够灵活。

(2) 在设备将缓冲区中的数据输出的同时，不断地将数字信号写入缓冲区中，这种方式在编程上比较复杂，但是灵活性比较好，只要保证这一次写入缓冲区的信号和上次写入的是连续的就行，不需要每次写入的信号是整周期的。

6.4　数据采集设备的设置与测试

数据采集设备要根据测试条件与测试目的进行正确的设置才能正常工作。一个数据采集系统进行调试之前和运行中发生异常时，需要首先对数据采集设备进行测试，以排除硬件故障。NI 公司的采集设备的设置与测试在驱动程序的用户接口 Measurement＆Automation Explorer 中进行。第三方的数据采集卡，用户可以在厂方提供的用于设备的设置与测试的程序中进行设置与测试。这里以 NI 公司的 USB-6009 为例，说明数据采集设备设置与测试的方法。

6.4.1　测试与自动化资源管理器

NI 测试与自动化资源管理器(MAX)能自动检测在同一个系统中的数据采集、GPIB、FieldPoint、PXI 和 VXI 所有设备，并让你交互式地对它们进行配置。你可以运行自测试以保证设备功能正常，可以查看测试面板，快速地核查数据采集设备每个通道的信号。其界面如图 6.10 所示。

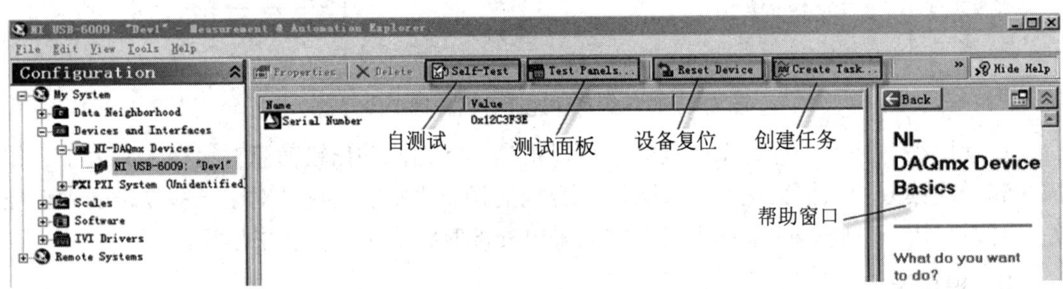

图 6.10　NI 测试与自动化资源管理器界面

6.4.2　数据采集设备的设置与测试

在 Measurement＆Automation Explorer 界面，展开 Devices and Interfaces，在设备名 NI-USB6009 上单击鼠标右键弹出快捷菜单，如图 6.11 所示。

在使用设备之前，单击 Self-Test，以确定该设备的硬件上连接通信没有问题。如果设备连接正确则会弹出如图 6.12 所示的对话框，点击“确定”按钮。说明 NI-USB6009 设备已通过测试。

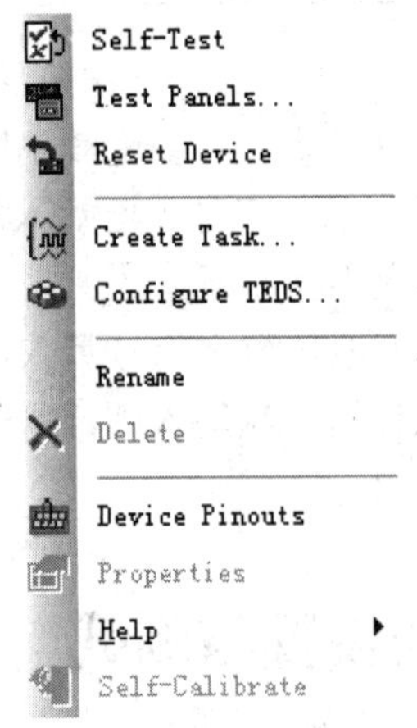

图 6.11　自动化资源管理器中 USB6009 的操作功能快捷菜单

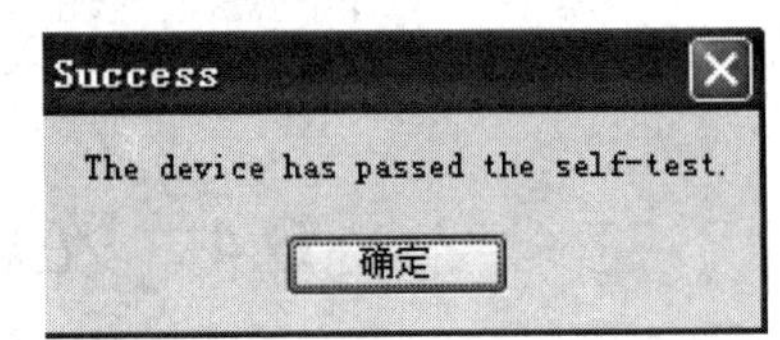

图 6.12　设备通过自测试

单击 Test Panels 按钮，则弹出测试选项卡，选项卡中有 Analog Input、Analog Output、Digital I/O、Counter I/O 4 项功能测试。在每一项的测试页面可以进行相应参数的设置。图 6.13 为模拟输入功能测试选项卡。

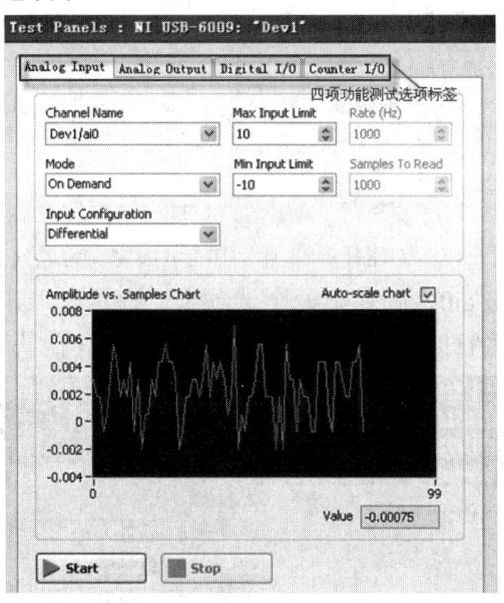

图 6.13　设备模拟输入功能测试选项卡

单击“Create Task...”弹出如图 6.14 所示的选项卡，在此选项卡中可以创建产生信号或采集信号的任务的虚拟通道。

图 6.14　创建任务选项卡

单击采集信号，如图 6.15 所示可以创建模拟输入、时钟输入、数字输入传感器信号的测试任务的虚拟通道。单击产生信号，如图 6.16 所示可以创建模拟输出、时钟输出和数字输出的测试任务虚拟通道。

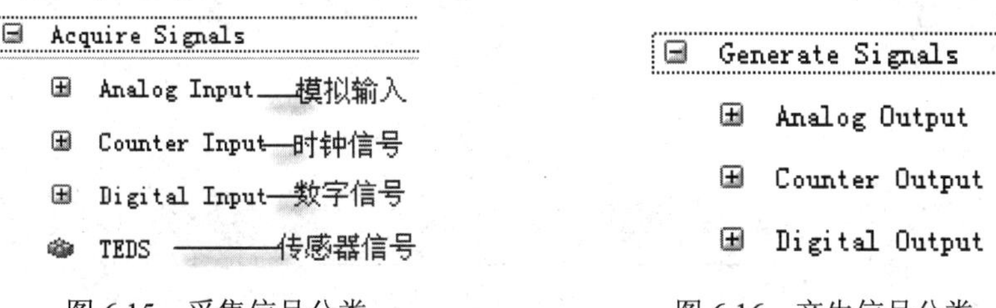

图 6.15　采集信号分类　　　　图 6.16　产生信号分类

现以创建采集模拟输入电压信号为例说明在 MAX 窗口创建测试任务的方法：单击模拟输入，模拟输入的信号类型有电压、电流、温度等。单击电压，创建任务选项卡中出现可选的物理通道列表，如图 6.17 所示。

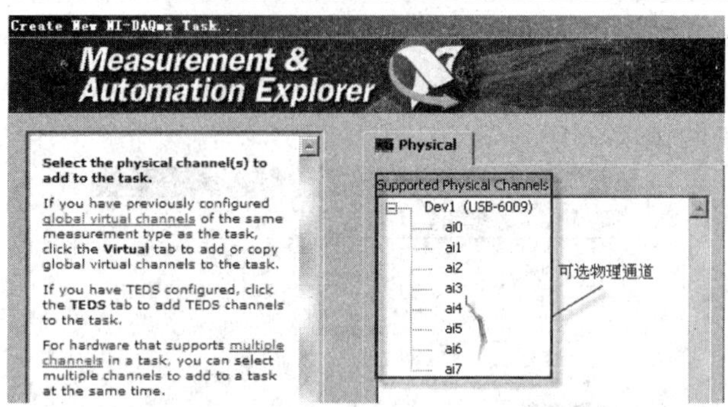

图 6.17　创建任务选项卡中的可选物理通道列表

假设选择通道 0，单击 ai0，则弹出一个选项卡，提示输入该测试任务的名称。可以根据需要改变其测试任务名称(即虚拟通道名称)，或者使用其默认名，如图 6.18 所示。

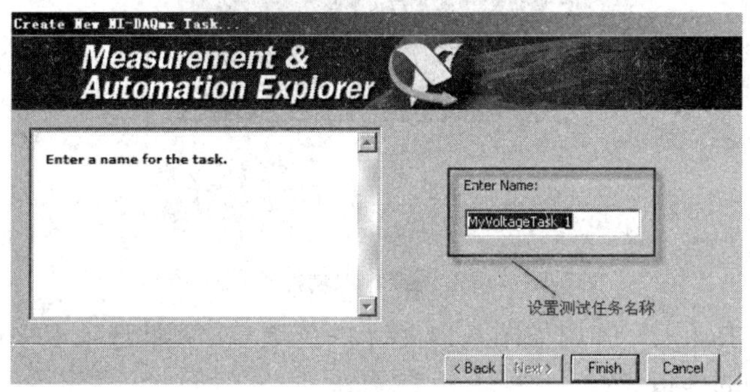

图 6.18　设置测试任务名

单击“结束”按钮，则会自动生成采集模拟电压的测试任务面板，如图 6.19 所示。

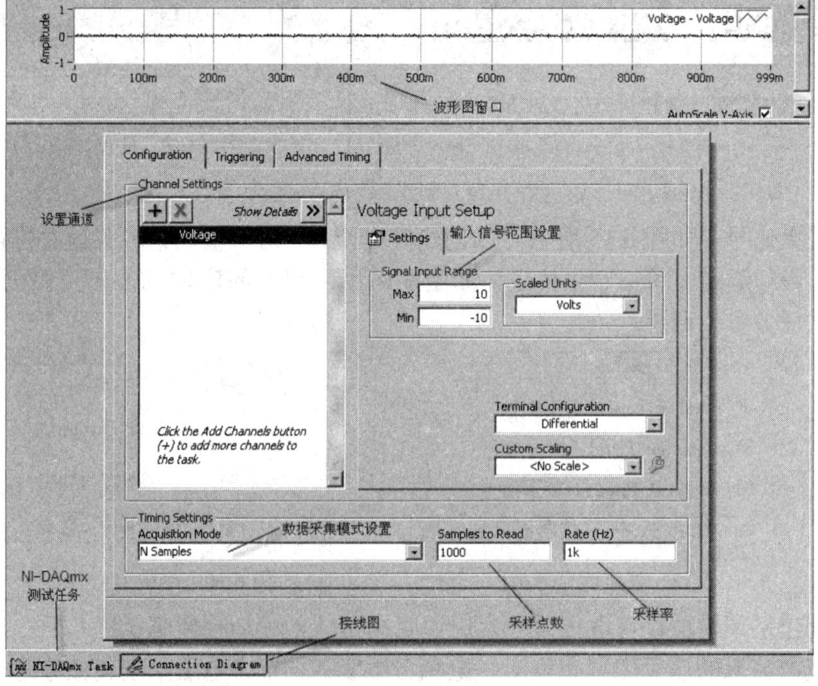

图 6.19　采集模拟电压的测试任务面板

单击接线图按钮可以看到此测试任务的信号接线方式提示，如图 6.20 所示。

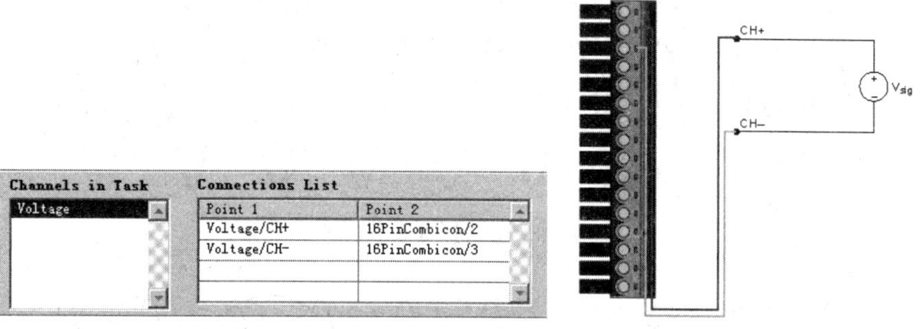

图 6.20　创建 0 通道数据采集的接线图

6.5　数据采集基础知识

6.5.1　采样

假设现在对一个模拟信号 x(t)每隔 Δt 时间采样一次。时间间隔 Δt 被称为采样间隔或者采样周期。它的倒数 1/Δt 被称为采样频率，单位是采样数/秒。t = 0，Δt，2Δt，3Δt…等等，x(t)的数值就被称为采样值。所有 x(0)，x(Δt)，x(2Δt)都是采样值。这样信号 x(t)可以用一组分散的采样值来表示：{x(0), x(Δt), x(2Δt), x(3Δt), …, x(kΔt)}

图 6.21 显示了一个模拟信号和它采样后的采样值。采样间隔是 Δt。

注意，采样点在时域上是分散的。

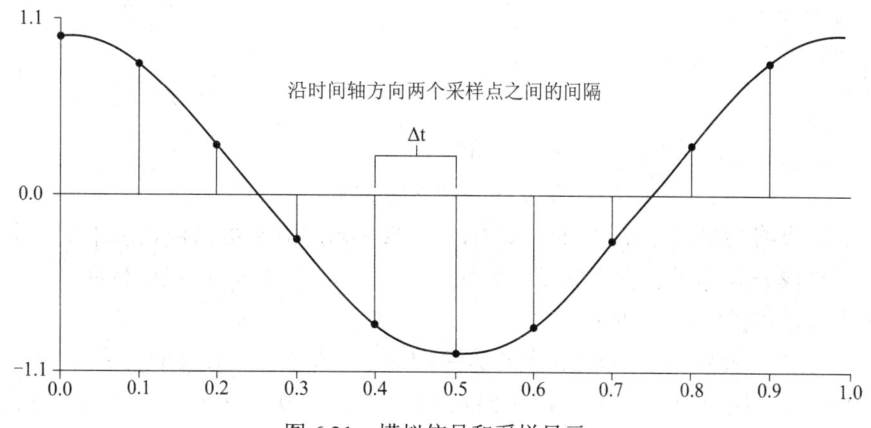

图 6.21　模拟信号和采样显示

如果对信号 x(t)采集 N 个采样点，那么 x(t)就可以用下面这个数列表示：

$$x=\{x[0], x[1], x[2], x[3], ..., x[N-1]\}$$

这个数列被称为信号 x(t)的数字化显示或者采样显示。注意这个数列中仅仅用下标变量编制索引，而不含有任何关于采样率(或 Δt)的信息。所以如果只知道该信号的采样值，并不能知道它的采样率，缺少了时间尺度，也不可能知道信号 x(t)的频率。

根据采样定理，最低采样频率必须是信号频率的两倍。反过来说，如果给定了采样频率，那么能够正确显示信号而不发生畸变的最大频率叫做恩奎斯特频率，它是采样频率的一半。如果信号中包含频率高于奈奎斯特频率的成分，信号将在直流和恩奎斯特频率之间畸变。图 6.22 显示了一个信号分别用合适的采样率和过低的采样率进行采样的结果。

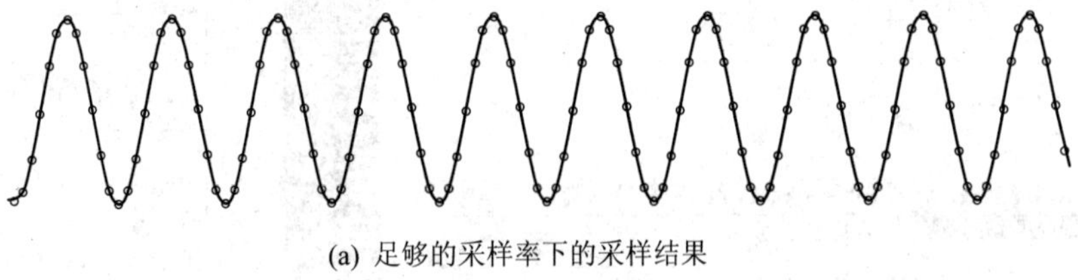

(a) 足够的采样率下的采样结果

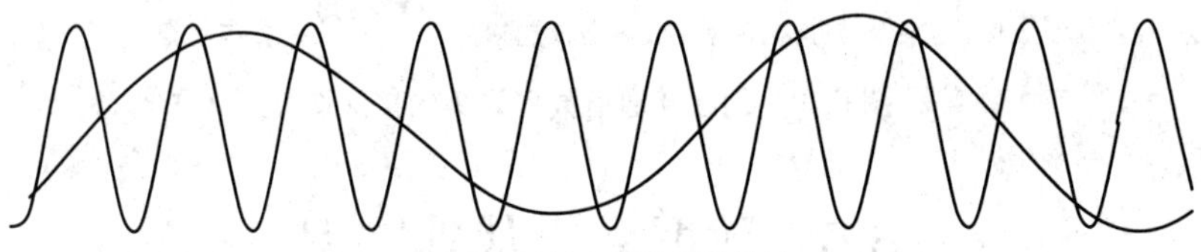

(b) 过低采样率下的采样结果

图 6.22　不同采样率的采样结果

采样率过低的结果是还原的信号的频率看上去与原始信号不同。这种信号畸变叫做混叠。出现的混频偏差是输入信号的频率和最靠近的采样率整数倍的差的绝对值。

假设采样频率 f_s 是 100 Hz，信号中含有 25、70、160、和 510 Hz 的成分，如图 6.23 所示。

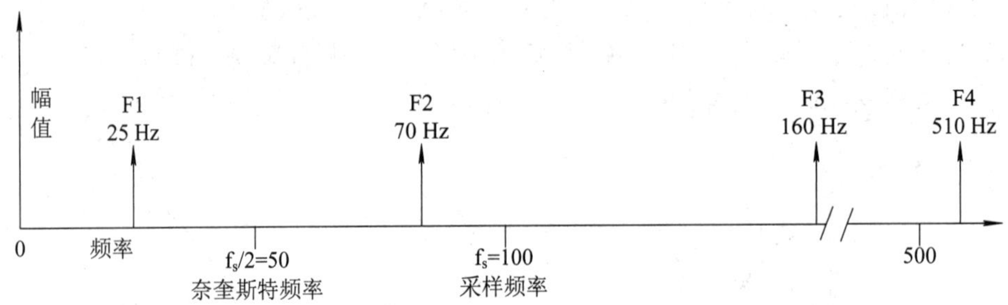

图 6.23　说明混叠的例子

采样的结果将会是低于奈奎斯特频率($f_s/2 = 50$ Hz)的信号可以被正确采样。而频率高于 50 Hz 的信号成分采样时会发生畸变。分别产生了 70、160 和 510 Hz 的畸变频率 F2、F3 和 F4。计算混频偏差的公式是：

混频偏差 = ABS(采样频率的最近整数倍 − 输入频率)

其中，ABS 表示“绝对值”，例如：混频偏差 F2 = |100 − 70| = 30 Hz，混频偏差 F3 = |(2)100 − 160| = 40 Hz，混频偏差 F4 = |(5)100 − 510| = 10 Hz。

为了避免这种情况的发生，通常在信号被采集之前，经过一个低通滤波器，将信号中高于奈奎斯特频率的信号成分滤去。在图 6.23 所示的例子中，这个滤波器的截止频率是 25 Hz。这个滤波器称为抗混叠滤波器。

采样频率应当怎样设置呢？也许你可能会首先考虑用采集卡支持的最大频率。但是，较长时间使用很高的采样率可能会导致没有足够的内存或者硬盘存储数据太慢。理论上设置采样频率为被采集信号最高频率成分的 2 倍就够了，实际上工程中选用 5～10 倍，有时为了较好地还原波形，甚至更高一些。

通常，信号采集后都要去做适当的信号处理，例如 FFT 等。因此，样本数一般不能只提供一个信号周期的数据样本，希望有 5～10 个周期，甚至更多的样本，并且希望所提供的样本总数是整周期个数的。但是有时并不知道或不确切知道被采集信号的频率，因此不但采样率不一定是信号频率的整倍数，也不能保证提供整周期数的样本。这时时间序列的离散函数 x(n)和采样频率是测量与分析的唯一依据。

6.5.2 输入信号的类型

数据采集前，必须对所采集的信号的特性有所了解，因为不同信号的测量方式和对采集系统的要求是不同的，只有了解被测信号，才能选择合适的测量方式和采集系统配置。

任意一个信号都是随时间而改变的物理量。一般情况下，信号所运载信息是很广泛的，比如：状态、速率、电平、形状、频率成分。根据信号运载信息方式的不同，可以将信号分为模拟信号和数字信号；数字信号分为开关信号和脉冲信号；模拟信号可分为直流、时域、频域信号。

1. 数字信号

第一类数字信号是开关信号。一个开关信号运载的信息与信号的瞬间状态有关。TTL 信号就是一个开关信号，一个 TTL 信号如果在 2.0～5.0 V 之间，就定义它为逻辑高电平，如果在 0～0.8 V 之间，就定义为逻辑低电平。

第二类数字信号是脉冲信号。这种信号包括一系列的状态转换，信息就包含在状态转化发生的数目、转换速率、一个转换间隔或多个转换间隔的时间里。安装在马达轴上的光学编码器的输出就是脉冲信号。有些装置需要数字输入，比如一个步进式马达就需要一系列的数字脉冲作为输入来控制位置和速度。

2. 模拟直流信号

模拟直流信号是静止的或变化非常缓慢的模拟信号。直流信号最重要的信息是它在给定区间内运载的信息的幅度。常见的直流信号有温度、流速、压力、应变等。采集系统在采集模拟直流信号时，需要有足够的精度以正确测量信号电平，由于直流信号变化缓慢，用软件计时就够了，不需要使用硬件计时。

3. 模拟时域信号

模拟时域信号与其他信号不同在于，它在运载信息时不仅有信号的电平，还有电平随时间的变化。在测量一个时域信号时，也可以说是一个波形，需要关注一些有关波形形状的特性，比如斜度、峰值等。为了测量一个时域信号，必须有一个精确的时间序列，序列的时间间隔也应该合适，以保证信号的有用部分被采集到。要以一定的速率进行测量，这个测量速率要能跟上波形的变化。用于测量时域信号的采集系统包括一个 A/D、一个采样时钟和一个触发器。A/D 的分辨率要足够高，保证采集数据的精度，带宽要足够高，用于高速率采样；精确的采样时钟，用于以精确的时间间隔采样；触发器使测量在恰当的时间开始。存在许多不同的时域信号，比如心脏跳动信号、视频信号等，测量它们通常是因为对波形的某些方面特性感兴趣。

4. 模拟频域信号

模拟频域信号与时域信号类似，然而，从频域信号中提取的信息是基于信号的频域内容，而不是波形的形状，也不是随时间变化的特性。用于测量一个频域信号的系统必须有一个 A/D、一个简单时钟和一个用于精确捕捉波形的触发器。系统必须有必要的分析功能，用于从信号中提取频域信息。为了实现这样的数字信号处理，可以使用应用软件或特殊的 DSP 硬件来迅速而有效地分析信号。模拟频域信号也很多，比如声音信号、地球物理信号、传输信号等。

上述信号分类不是互相排斥的。一个特定的信号可能运载有不只一种信息，可以用几种方式来定义信号并测量它，用不同类型的系统来测量同一个信号，从信号中取出需要的各种信息。

6.5.3 输入信号的连接方式

一个电压信号可以分为接地和浮动两种类型。测量系统可以分为差分(Differential)、参考地单端(RSE)、无参考地单端(NRSE)3 种类型。

1. 接地信号和浮动信号

接地信号是将信号的一端与系统地连接起来，如大地或建筑物的地。因为信号用的是系统地，所以与数据采集卡是共地的。接地最常见的例子是通过墙上的接地引出线，如信号发生器和电源。

浮动信号是一个不与任何地(如大地或建筑物的地)连接的电压信号。浮动信号的每个端口都与系统地独立。一些常见的浮动信号的例子有电池、热电偶、变压器和隔离放大器。

2. 测量系统分类

(1) 差分测量系统：差分测量系统中，信号输入端分别与一个模入通道相连接。具有放大器的数据采集卡可配置成差分测量系统

一个理想的差分测量系统仅能测出高电平(＋)和低电平(－)输入端口之间的电位差，完全不会测量到共模电压。然而，实际应用的板卡却限制了差分测量系统抵抗共模电压的能力，数据采集卡的共模电压的范围限制了相对与测量系统地的输入电压的波动范围。共模电压的范围关系到一个数据采集卡的性能，可以用不同的方式来消除共模电压的影响。如果系统共模电压超过允许范围，需要限制信号地与数据采集卡的地之间的浮地电压，以避免测量数据错误。

(2) 参考地单端测量系统(RSE)：一个 RSE 测量系统，也叫做接地测量系统，被测信号一端接模拟输入通道，另一端接系统地 AIGND。

(3) 无参考地单端测量系统(NRSE)：在 NRSE 测量系统中，信号的一端接模拟输入通道，另一端接一个公用参考端，但这个参考端电压相对于测量系统的地来说是不断变化的。

3. 选择合适的测量系统

两种信号源和 3 种测量系统一共可以组成 6 种连接方式，如表 6-4 所示。其中，不带＊号的方式不推荐使用。一般说来，浮动信号和差动连接方式可能较好。但实际测量时还要看情况而定。

表 6-4　连接方式

	接地信号	浮动信号
DEF	*	*
RSE		**
NRSE	*	*

1) 测量接地信号

测量接地信号最好采用差分或NRSE测量系统。如果采用RSE测量系统，将会给测量结果带来较大的误差。图6.24展示了用一个RSE测量系统去测量一个接地信号源的弊端。在本例中，测量电压是测量信号电压和电位差之和，其中电位差是信号地和测量地之间的电位差，这个电位差来自于接地回路电阻，可能会造成数据错误。一个接地回路通常会在测量数据中引入频率为电源频率的交流和偏置直流干扰。一种避免接地回路形成的办法就是在测量信号前使用隔离方法，测量隔离之后的信号。

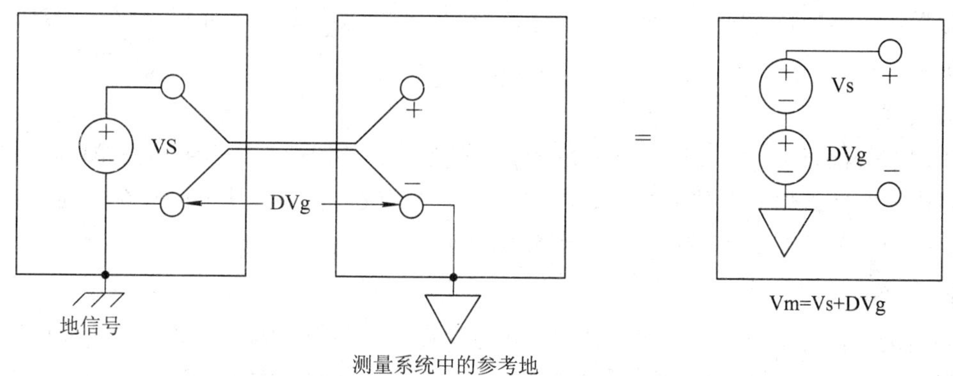

图6.24 RSE测量系统引入接地回路电压

如果信号电压很高并且信号源和数据采集卡之间的连接阻抗很小，也可以采用RSE系统，因为此时接地回路电压相对于信号电压来说很小，信号源电压的测量值受接地回路的影响可以忽略。

2) 测量浮动信号

可以用差分、RSE、NRSE方式测量浮动信号。在差分测量系统中，应该保证相对于测量地的信号的共模电压在测量系统设备允许的范围之内。如果采用差分或NRSE测量系统，放大器输入偏置电流会导致浮动信号电压偏离数据采集卡的有效范围。为了稳住信号电压，需要在每个测量端与测量地之间连接偏置电阻，这样就为放大器输入到放大器的地提供了一个直流通路。这些偏置电阻的阻值应该足够大，这样使得信号源可以相对于测量地浮动。对低阻抗信号源来说，10 kΩ到100 kΩ的电阻比较合适。

如果输入信号是直流，就只需要用一个电阻将低电平(–)端与测量系统的地连接起来。然而如果信号源的阻抗相对较高，从免除干扰的角度而言，这种连接方式会导致系统不平衡。在信号源的阻抗足够高的时候，应该选取两个等值电阻，一个连接信号高电平(+)到地，一个连接信号低电平(–)到地。如果输入信号是交流，就需要两个偏置电阻，以达到放大器的直流偏置通路的要求。

总的来说，不论测接地还是浮动信号，差分测量系统是很好的选择，因为它不但避免了接地回路干扰，还避免了环境干扰。相反地，RSE系统却允许两种干扰的存在，在所有输入信号都满足以下指标时，可以采用RSE测量方式：输入信号是高电平(一般要超过1 V)；连线比较短(一般小于5 m)并且环境干扰很小或屏蔽良好；所有输入信号都与信号源共地。当有一项不满足要求时，就要考虑使用差分测量方式。

另外需要明确信号源的阻抗。电池、RTD、应变片、热电偶等信号源的阻抗很小，可以将这些信号源直接连接到数据采集卡上或信号调理硬件上。直接将高阻抗的信号源接到插入式板卡上会导致出错。为了更好的测量，输入信号源的阻抗与插入式数据采集卡的阻抗相匹配。

6.5.4 信号调理

从传感器得到的信号大多要经过调理才能进入数据采集设备，信号调理功能包括放大、隔离、滤波、激励、线性化等。由于不同传感器有不同的特性，因此，除了这些通用功能，还要根据传感器的特性和要求来具体设计特殊的信号调理功能。下面仅介绍信号调理的通用功能。

1. 放大

微弱信号都要进行放大以提高分辨率和降低噪声，使调理后信号的电压范围和 A/D 的电压范围相匹配。信号调理模块应尽可能靠近信号源或传感器，使得信号在受到传输信号的环境噪声影响之前已被放大，使信噪比得到改善。

2. 隔离

隔离是指使用变压器、光或电容耦合等方法在被测系统和测试系统之间传递信号，避免直接的电连接。使用隔离的原因由两个：一是从安全的角度考虑；另一个原因是隔离可使从数据采集卡读出来的数据不受地电位和输入模式的影响。

3. 滤波

滤波的目的是从所测量的信号中除去不需要的成分。大多数信号调理模块有低通滤波器，用来滤除噪声。通常还需要抗混叠滤波器，滤除信号中感兴趣的最高频率以上的所有频率的信号。某些高性能的数据采集卡自身带有抗混叠滤波器。

4. 激励

信号调理也能够为某些传感器提供所需的激励信号，比如应变传感器、热敏电阻等需要外界电源或电流激励的信号。很多信号调理模块都提供电流源和电压源以便给传感器提供激励。

5. 线性化

许多传感器对被测量的响应是非线性的，因而需要对其输出信号进行线性化，以补偿传感器带来的误差。但目前的趋势是，数据采集系统可以利用软件来解决这一问题。

6. 数字信号调理

即使传感器直接输出数字信号，有时也有进行调理的必要。其作用是将传感器输出的数字信号进行必要的整形或电平调整。大多数数字信号调理模块还提供其他一些电路模块，使得用户可以通过数据采集卡的数字 I/O 直接控制电磁阀、电灯、电动机等外部设备。

6.6 信号生成、处理和分析

数字信号在现在的日常生活中无处不在。因为数字信号具有高保真、低噪声和处理灵活等优点，所以得到了广泛的应用。例如，电话公司使用数字信号传输语音，无线电广播、电视等也都在逐渐数字化。遥远星球和外部空间拍摄的照片也采用数字方法处理，去除干扰，获得有用的信息。通过分析和处理数字信号，可以从噪声中分离出有用的信息。本节将重点介绍 LabVIEW 中信号处理与分析功能的应用。

6.6.1　信号生成

当日常生活中无法获得实际信号时(例如没有数据采集板卡来获得实际信号或者受限制无法访问实际信号)，用户可以考虑使用 LabVIEW 生成信号用于测试或者其他目的。在测量应用中常用的测试信号包括正弦波、方波、三角波等。本节将介绍怎么使用 LabVIEW 产生各种类型的信号。

LabVIEW 中许多信号生成 VI 通常使用数字频率，或称为归一化频率(Normalized Frequency)。它定义为：数字频率=模拟频率/采样频率，单位是周期数/每采样。归一化频率的倒数就是每周期采样信号的次数。模拟频率通常用 Hz 或者每秒周期数为单位。采样频率的单位是每秒采样数。

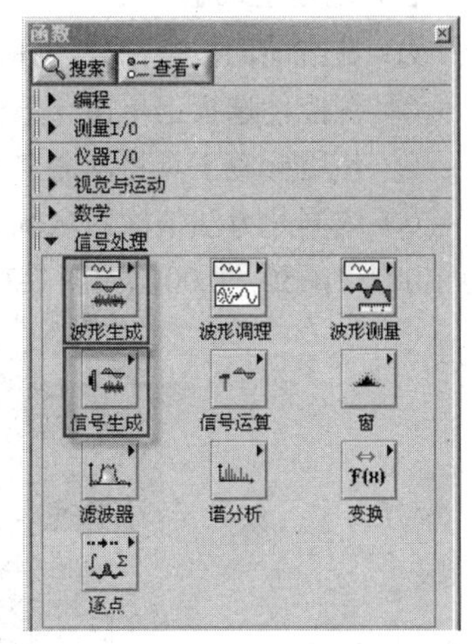

图 6.25　信号生成和波形生成选板

LabVIEW 中有两个信号发生函数的选板。右击程序框图空白处，单击【信号处理】，此时出现【信号生成】选板和【波形生成】两个选板，如图 6.25 所示。

上面两个选板都可以用来生成波形信号。【信号生成】选板中的 VI 用于产生一维数组表示的波形信号，而【波形生成】选板中的 VI 用于产生波形数据类型的波形信号。实际上波形数据的 Y 分量就是一维数组，所以两个选板生成信号的方式在本质上是一样的。

下面以正弦波信号为例，介绍信号的生成方法。

右击 LabVIEW 程序框图空白处，弹出函数选板，单击【信号处理】→【信号生成】→【正弦波】。【正弦波】函数图标如图 6.26 所示。

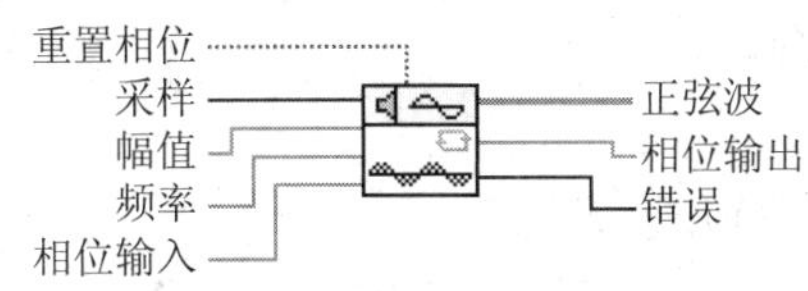

图 6.26　正弦波函数

正弦波函数的功能是生成含有正弦波的数组。它的输入参数有采样、频率、幅值等，说明如下：

采样：正弦波的采样数。默认值为 128。

幅值：正弦波的幅值。默认值为 1.0。

频率：正弦波的频率，单位为周期/采样的归一化单位。默认值为 1 周期/128 采样或 7.8125E–3 周期/采样。

相位输入：重置相位的值为 TRUE 时正弦波的初始相位，以度为单位。

正弦波：输出的正弦波。

相位输出：正弦波下一个采样的相位，以度为单位。

说明：*使用归一化频率的 VI 有：正弦波、方波、锯齿波、三角波、任意波形发生器和 Chirp 信号。使用这些 VI 时，需要将给定问题中的频率单位转换为归一化频率单位。*

【练习 6-1】 创建一个指定频率的正弦波。

目标：创建一个 VI，该 VI 生成正弦波信号。

设计：Sine Wave VI

(1) 打开一个新的 VI。

(2) 创建前面板。

① 右击前面板空白处，弹出控件选板。

② 在控件选板上单击【数值输入控件】→【数值输入控件】，将其拖放在前面板上。

③ 使用标签工具将其命名为采样，并设置数值为 51。

④ 依据此方法依次命名幅值、信号频率、采样频率和相位输入四个控件，数值分别设置为 1.00，2，50，0.00，如图 6.27 所示。

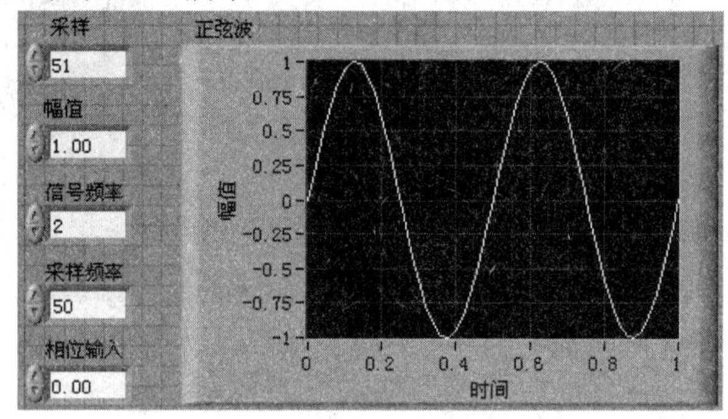

图 6.27 Sine Wave 前面板

注意：*以上各参数数值读者可以根据需要自行设定。*

⑤ 在控件选板上单击【图形显示控件】→【波形图】，将其拖放在前面板上。

⑥ 使用标签工具将其命名为正弦波。

(3) 切换到 VI 的程序框图。

(4) 创建程序框图。

① 右击程序框图空白处，弹出函数选板。

② 在函数选板上单击【信号处理】→【信号生成】→【正弦波】，将其拖放在程序框图中。

③ 在函数选板上单击【编程】→【数值】→【除】，将其拖放在程序框图中。

同上，将倒数节点放置在程序框图中。

④ 在函数选板上单击【编程】→【簇、类与变体】→【捆绑】，将其拖放在程序框图中。捆绑节点左侧只有两个输入端口，可以使用定位工具向下拖动节点或在节点左侧输入端处右击弹出快捷菜单选择【添加输入】来增加输入接线端的数量。本练习中输入接线端有 3 个。

使用连线工具，连线各个节点，如图 6.28 所示。

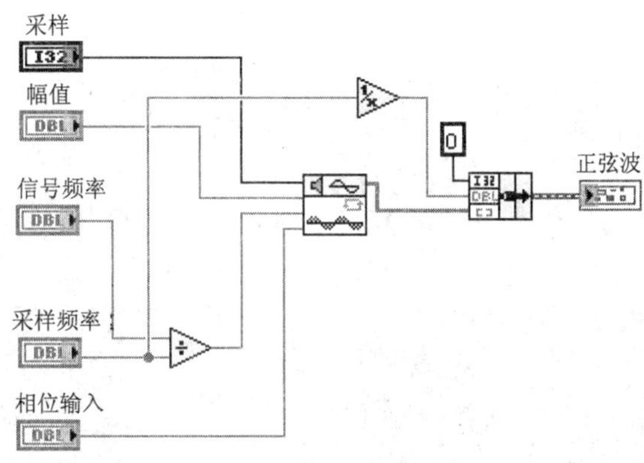

图 6.28　Sine Wave 程序框图

注意：查看程序框图，可以看到在连接到【正弦波】VI 之前，信号频率已经被采样频率相除。也就是说，正弦波函数需要输入信号的数字频率。读者需仔细体会数字频率的概念。

(5) 保存 VI 并命名为 Sine Wave。

(6) 返回前面板，运行 VI，此时生成 2 Hz 的正弦波信号。数字频率为 2/50(=1/25)，即表示在一个信号周期采样 25 点，由于采样点数设置为 51，所以显示两个完整周期的正弦波形。

(7) 改变相位输入的值，分别为 45，90，180，360，反复运行 VI，观察每次显示波形初始状态的变化。

6.6.2　时域分析

由测试所得的信号一般都是时域信号，直接对其进行在时域内的分析，称为信号的时域分析。信号的时域描述是以时间 t 为横坐标变量来描述信号随时间的变化规律。时域分析具有直观感强、物理概念明确等特点。

LabVIEW 中用于时域分析的函数，位于函数选板上的【信号处理】→【信号运算】中，如图 6.29 所示。【信号运算】提供的分析函数有卷积、反卷积、相关分析、微分和积分等。

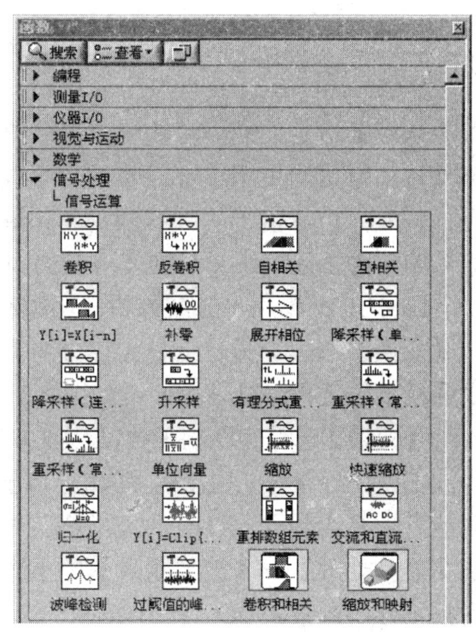

图 6.29　信号运算选板

【例 6-1】　周期信号检测。

自相关函数常被用来检测信号中有无周期成分。如果信号中含有周期成分，则其自相关函数衰减很慢而且具有明显的周期性，如图 6.30 所示，设信号由一个正弦波和噪声叠加而成，当噪声幅值与正弦波幅值一样时，可以看到自相关函数衰减很慢而且具有明显的周期性，如图 6.30(a)所示。

如果增大噪声幅值，使其远大于正弦波幅值时，从自相关函数图中就很难看到周期成分了，因为正弦周期信号已经被噪声淹没了，如图 6.30(b)所示。

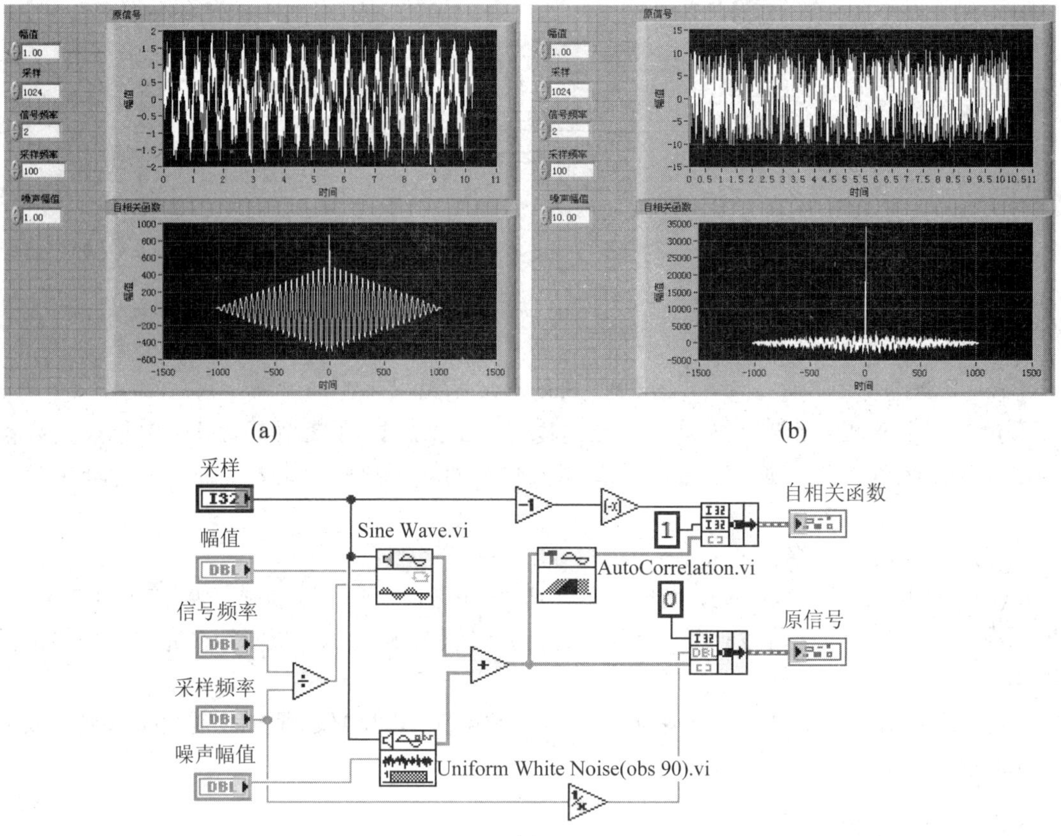

(a)　　(b)

(c)

图 6.30　自相关函数举例

6.6.3　频域分析

频域分析是数字信号处理中最常用、最重要的方法。由测试所得的信号一般都是时域信号，如果用户更想了解信号的频率成分，就要对信号进行频域分析。信号的时域分析和频域分析是对同一个信号的两种描述，两者是唯一对应的。

LabVIEW 中用于频域分析的函数有两个选板，一个是【变换】选板，另一个是【谱分析】选板，都位于函数选板下的【信号处理】中，如图 6.31 所示。

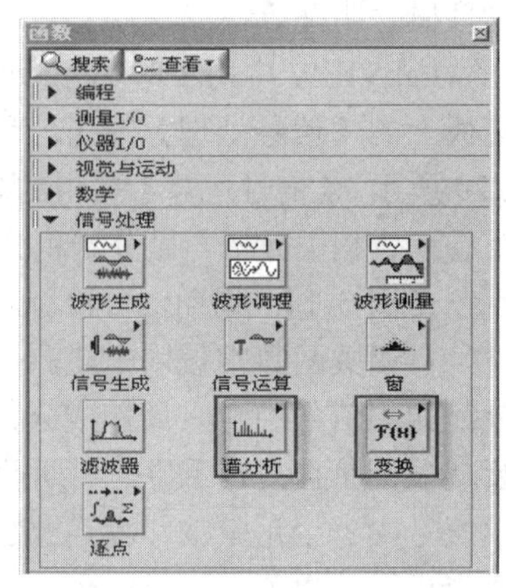

图 6.31　频域分析函数选板

【变换】选板实现的函数功能有 FFT、Hilbert 变换、小波变换、拉普拉斯变换等。【谱分析】选板实现的函数功能有功率谱分析、STFT 时频图等。此外，函数选板上的【信号处理】→【波形测量】中提供了波形数据类型的频域分析函数。

傅立叶变换是数字信号处理中的一个重要的分析工

具，其意义在于将时域与频域信号联系了起来。频域分析将复杂的信号分解为各个单一频率成分，因此一些在时域中难以分析的信号，在频域中它的特点就一目了然。例如我们要检测吵闹的机器声中轴承损伤时早期的影响，这时利用示波器观察波形就很难看出来，如果使用频域分析，就可以把淹没在大信号中的很小的谐波分量显现出来。频域分析提供了分析微弱而又有重要作用信号的工具。

将信号由时域变换到频域的一种通用算法是离散傅立叶变换(DFT)。DFT 建立了时域中的信号采样与其频域表示法之间的联系。但由于 DFT 运算量太大，耗时长，在许多应用场合，普遍采用快速傅立叶变换(FFT)。FFT 是 DFT 的一种有效简化的快速算法。

【例 6-2】 双边傅立叶变换。

通过正弦信号生成函数生成一个正弦信号，并将其进行双边傅立叶变换，如图 6.32 所示。图(a)中前面板的上方显示的是信号的时域波形，其横轴显示的是时间；下方为信号的频域显示，横轴为频率轴。

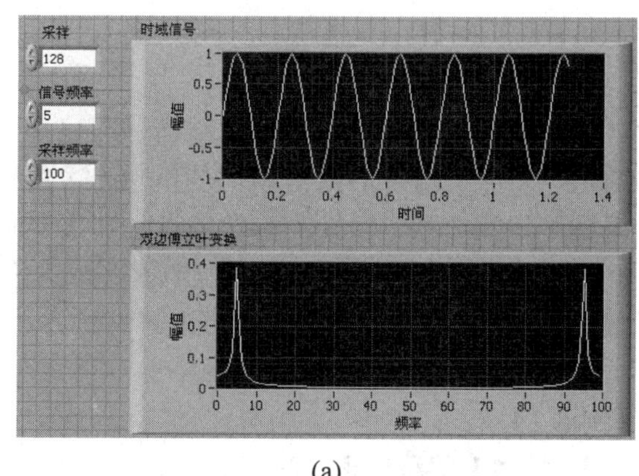

(a)

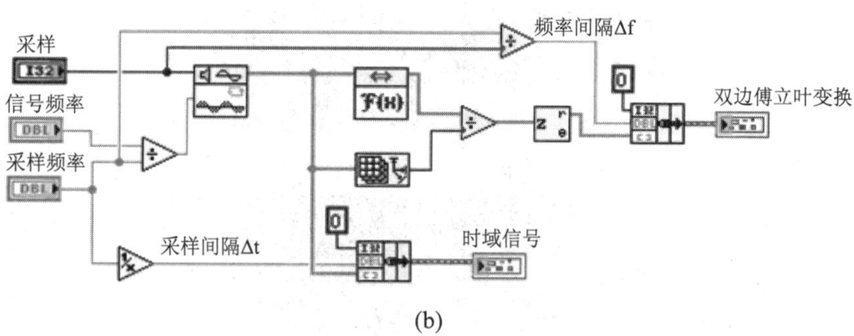

(b)

图 6.32 双边傅立叶变换举例

程序框图说明：

(1) 【数组大小】函数：用于根据采样点数对 FFT 输出结果进行处理。将 FFT 输出除以采样点数，可以获得正确的频率成分幅度。

(2) 【复数至极坐标转换】函数：将输入数据从复数坐标系转换到极坐标系。此例将 FFT 输出分解为幅值和相位，这里只显示了 FFT 的幅值。

(3) 频率间隔 Δf 与采样频率 f_s 和采样点数 N 有关，他们的关系可表达为 $\Delta f/f_s/N$，Δf 称为频率分辨率，增加采样点数或减小采样频率均能提高频率分辨率。采样频率的倒数是采样间隔 Δt。

(1) 设置采样点数为 128，信号频率为 5 Hz，采样频率为 100 Hz，运行 VI，观察信号频谱。图中显示的是频率为 5 Hz 时的信号频谱。从图上可以看出，频谱在 5 Hz 和 95 Hz 处各有一个峰，这是因为计算得到的结果是采样信号频谱在 0～100 Hz(采样频率)上，它不仅含有正频率成分，而且含有与之对称的负频率成分。信号频率等于 5 Hz 时，在 95 Hz 处出现的谱峰实际上对应的频率是 −5 Hz。这种既有正频率又有负频率的图形，称为双边 FFT。

(2) 改变信号频率为 20 Hz 和 40 Hz，运行 VI，观察谱峰情况。这时就会发现，随着信号频率的不断增大，正负频率对应的频谱逐渐靠近。

(3) 改变信号频率为 52 Hz，观察此时的频谱与(2)的结果有何不同。

由于采样频率 f_s 为 100 Hz，所以奈奎斯特频率为 $f_s/2 = 50$ Hz，所以只能对频率小于 50 Hz 的信号进行正确采样。由于 52 Hz > 50 Hz，因此出现频谱混叠现象，52 Hz 对应的混叠频率为 $|100-52| = 48$ Hz，因此 52 Hz 信号频率的谱峰在 48 Hz 处看到。这就是采样定理所限制的结果，因此为了能够获得正确的频谱，采样时必须满足采样定理。

(4) 改变信号频率为 36 Hz 和 64 Hz，运行 VI，观察两种频谱显示结果是否相同，解释为什么。

通过对此例的分析可知，FFT 的输出结果是双边频谱，即包含正、负频率成分。实际上，频谱中绝对值相同的正、负频率对应的信号频率是相同的，负频率只是由于数学变换才出现的。因此，通过编程可将双边频谱转换为单边频谱，即去掉负频率对应的频谱，只显示 FFT 的一半信息(即只有正频率成分)，但必须将正频率对应幅值加倍，才能获得正确的幅值信息，零频率(直流成分)对应的频谱无需进行扩展。这种方法称为单边 FFT。

【例 6-3】 单边傅立叶变换。

(1) 前面板对象同【例 6-2】。

(2) 按图 6.33 所示对【例 6-2】的程序框图进行修改。

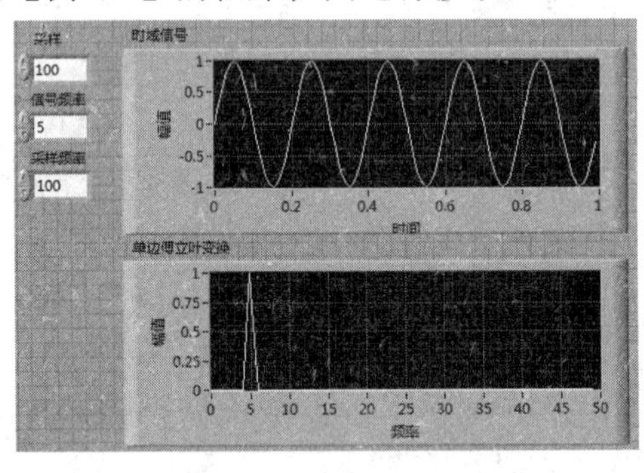

(a)

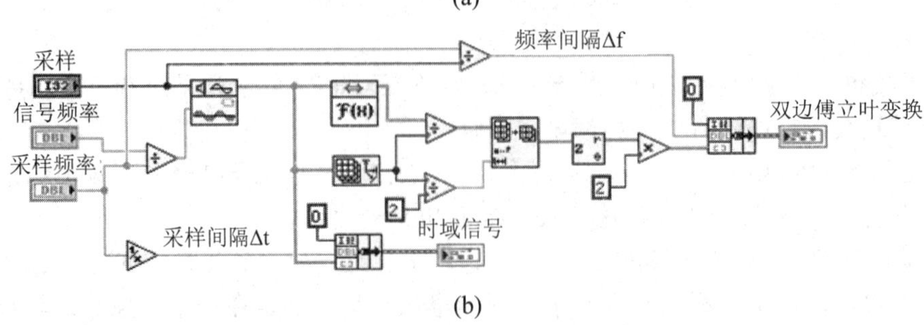

(b)

图 6.33　单边傅立叶变换举例

程序框图说明：

【数组子集】函数：实现从 FFT 计算结果中提取正频率成分信息。程序中将数组长度除以 2 的值送入此函数的长度端口，实现只提取正频率成分的目的。

(3) 设置采样点数为 100，信号频率为 5 Hz，采样频率为 100 Hz，运行 VI，显示结果如图 6.33 所示，仅在信号频率 5 Hz 处显示谱线。

(4) 改变信号频率为 35 Hz，运行 VI，观察其结果。

(5) 改变信号频率为 70 Hz，运行 VI，观察其结果并与【例 6-2】比较有什么不同，为什么？

6.6.4　数字滤波器

滤波是信号处理中的一项基本而重要的技术。利用滤波技术可以从各种信号中提取出所需要的信号，滤除不需要的干扰信号。按处理信号不同，滤波器分为模拟滤波器与数字滤波器两大类。模拟滤波器用来处理模拟信号或连续时间信号，数字滤波器用来处理离散的数字信号。本节将重点介绍数字滤波器。

数字滤波器与模拟滤波器相比，具有以下优点：

(1) 数字滤波器是软件编程的。

(2) 精度高。

(3) 具有较高的性能价格比。

(4) 可靠性高，不会随外界环境条件的变化而漂移。

在计算机系统中采用数字滤波器，数字滤波器是离散系统中应用最广泛的信号处理工具之一。数字滤波以数值计算的方法来实现对离散化信号的处理，以减少干扰信号在有用信号中所占的比例，从而改变信号的质量，达到滤波的目的。

滤波器理论在此不做深入探讨，本节只讨论数字滤波器在 LabVIEW 中的实现。

右击程序框图空白处，弹出函数选板，单击【信号处理】→【滤波器】，如图 6.34 所示。LabVIEW 提供了 14 种常用的数字滤波器，使用起来非常方便，只需要输入相应的参数即可。此外，LabVIEW 还提供了高级 IIR 和 FIR 滤波器子选板。

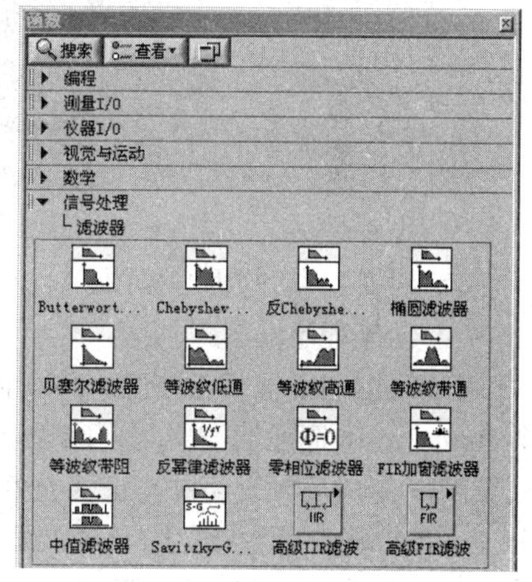

图 6.34　滤波器函数选板

【练习 6-2】学习使用低通滤波器。

目标：创建一个低通滤波器 VI，该 VI 从含有高频噪声的信号中提取出正弦波信号。

设计：Digital Filter VI。本练习中，输入信号为一正弦波，并加入一个白噪声，以模拟信号传输中的随机干扰信号，设计一个低通 Butterworth 滤波器，滤除信号中的噪声分量。

(1) 打开一个新的 VI。

(2) 创建前面板。

右击前面板空白处，弹出控件选板。

在控件选板上单击【Express】→【数值输入控件】→【数值输入控件】，将其拖放在前面板上。使用标签工具将其命名为信号频率，并设置数值为 10 Hz。

依据此方法创建并命名采样、采样频率两个数值输入控件，数值分别设置为 1024、1024。在控件选板上单击【Express】→【图形显示控件】→【波形图】，将其拖放在前面板上。使用标签工具将其命名为输入信号。

依据此方法创建并命名滤波后的信号、输入信号频谱和滤波后的信号频谱三个波形图控件。在控件选板上单击【Express】→【数值输入控件】→【垂直指针滑动杆】，将其拖放在前面板上。使用标签工具将其命名为截止频率。

依据此方法创建并命名滤波器阶灵敏的垂直指针滑动杆控件。在控件选板上单击【Express】→【按钮与开关】→【停止按钮】，将其拖放在前面板上。

前面板如图 6.35 所示。

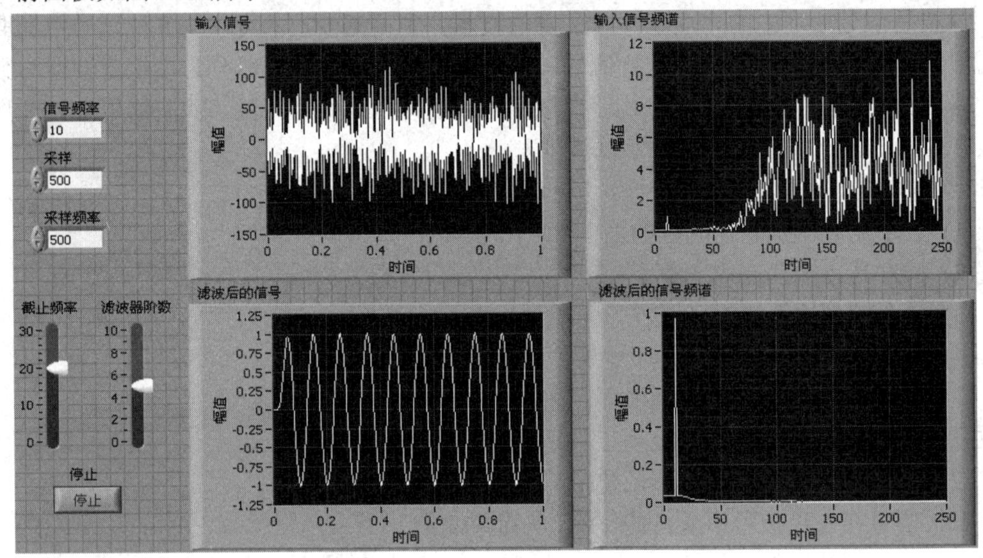

图 6.35　Digital Filter 前面板

(3) 切换到 VI 的程序框图。

(4) 创建程序框图。

首先程序生成一个正弦波信号，同时由均匀白噪声 VI 生成一个噪声信号，使其通过一个 Butterworth 高通滤波器(该滤波器的截止频率设为 100 Hz，即滤掉频率小于 100 Hz 的低频噪声)，生成高频噪声并与正弦波叠加，用以模拟含有高频噪声的信号。将该信号通过一个 Butterworth 低通滤波器(该滤波器截止频率的值由前面板截止频率控件设置，本练习中设为 20 Hz，即滤掉频率大于 20 Hz 的噪声)后输出显示。本练习中还设计了信号在滤波前后的频域显示。

右击程序框图空白处，弹出函数选板。

在函数选板上单击【信号处理】→【信号生成】→【正弦波】，将其拖放在程序框图中。

在函数选板上单击【编程】→【结构】→【While 循环】，将其拖放在程序框图中。

在函数选板上单击【编程】→【数值】→【除】，将其拖放在程序框图中。

在函数选板上单击【信号处理】→【信号生成】→【均匀白噪声】，将其拖放在程序框图中。

在函数选板上单击【信号处理】→【滤波器】→【Butterworth 滤波器】，将其拖放在程序框图中。滤波器阶数设置为 5。

在函数选板上单击【编程】→【数值】→【加】，将其拖放在程序框图中。

在函数选板上单击【编程】→【簇、类与变体】→【捆绑】，将其拖放在程序框图中。

在函数选板上单击【编程】→【数值】→【倒数】，将其拖放在程序框图中。

在函数选板上单击【信号处理】→【变换】→【FFT】，将其拖放在程序框图中。

在函数选板上单击【编程】→【数组】→【数组大小】，将其拖放在程序框图中。

在函数选板上单击【编程】→【数组】→【数组子集】，将其拖放在程序框图中。

在函数选板上单击【编程】→【数值】→【复数】→【复数至极坐标转换】，将其拖放在程序框图中。

在函数选板上单击【编程】→【定时】→【等待】，将其拖放在程序框图中。

使用连线工具，连线各个节点。程序框图如图 6.36 所示。

(5) 保存 VI 并命名为 Digital Filter。

(6) 返回前面板，运行 VI。

(7) 改变前面板上滤波器阶数，观察滤波后的信号波形的变化。

(8) 改变截止频率，观察程序运行的结果。

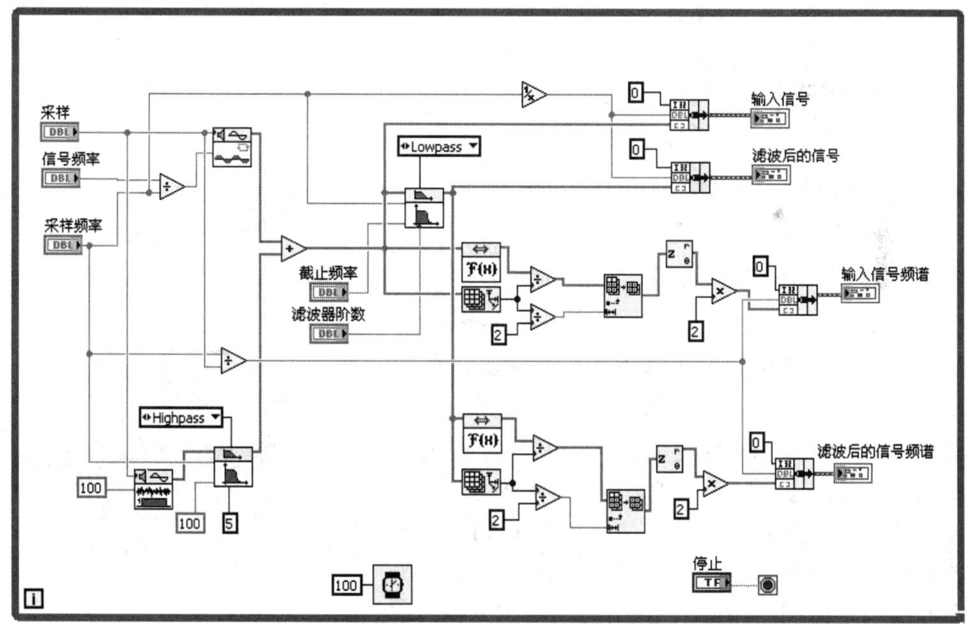

图 6.36　Digital Filter 程序框图

6.7　基于 NI USB-6009 采集卡的数据采集应用

NI USB-6009 是 NI 公司的一款基于 USB 的多功能数据采集卡，其主要性能指标为：8 路模拟输入通道、14 位分辨率、12 条数字 I/O 线、2 路模拟输出、1 个计数器，可用于 Windows、Mac OS X 和 LINUX OS 软件，即插即用的 USB 安装便于快速设置。

6.7.1　模拟输入

模拟输入是虚拟仪器设计中经常要涉及到的基本任务。任何测试设备都离不开采集，只有将实际信号转变为数字信号后才能进行其他的分析运算等操作。基于 DAQmx 测试系统的虚拟仪器其模拟输入任务的实现有如下两种方案。

(1) 在 MAX 中创建测试任务实现模拟输入，具体见 6.4 节的介绍。

(2) 在 LabVIEW 中使用数据采集助手创建测试任务实现模拟输入。数据采集助手(DAQ Assistant)在函数选板上的位置如图 6.37 所示。单击函数选板上【测量 I/O】→【DAQmx】→【DAQ Assistant】，将其拖放到程序框图，其图标如图 6.38 所示。

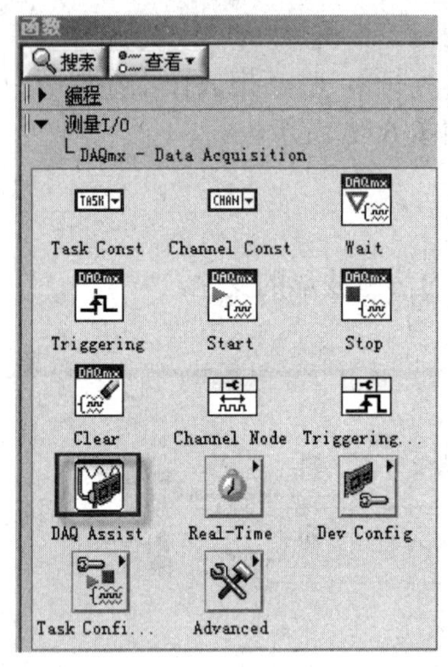

图 6.37　数据采集助手在函数选板中的位置

图 6.38　未配置参数的 DAQ Assistant VI

双击 DAQ Assist 图标，可以为测试任务选择通道、设置信号类型等。其步骤与在 MAX 中创建测试任务基本相同。这里就不再重复。所有参数设置完毕后关闭窗口，则助手函数图标变为如图 6.39 所示。右击数据输出端口，单击【创建】→【数值显示控件】，则完成了使用数据采集助手创建的测试任务快速 VI。如果需要改变数据采集参数的设置，双击数据采集助手图标，在弹出的窗口修改相应的参数，修改完后关闭该窗口。

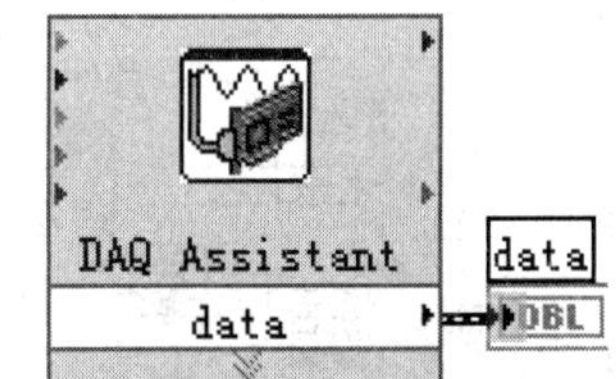

图 6.39　完成设置的数据采集助手 VI

在上述两种创建模拟输入任务的方法中都没有产生程序代码，但是有时我们需要对测试数据进行更多的控制，这就需要产生程序代码。生成代码的方法如下：

1. 由 MAX 创建的任务生成程序代码

在 LabVIEW 的前面板和程序框图都可以访问在 MAX 中建立的任务。右击前面板空白处，在控制选板上单击【I/O】→【DAQmx 名称控件】→【DAQmx 任务名】，将其拖放到前面板。单击 DAQmx 任务名控件上的箭头，弹出下拉菜单，在该菜单中显示已在 MAX 中创建的任务名。如图 6.40 所示。

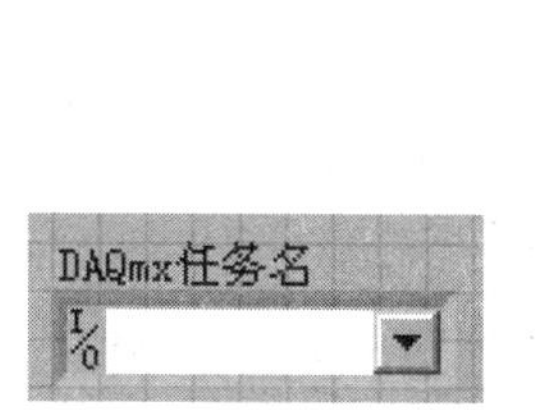

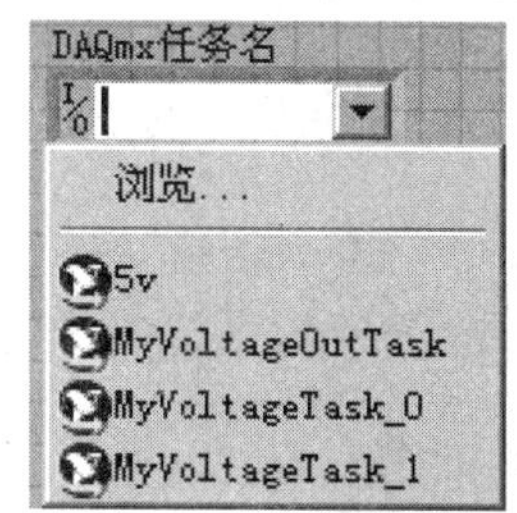

图 6.40 DAQmx 任务名控件

选择一个任务名，在前面板右击 DAQmx 任务名控件或在程序框图右击 DAQmx 任务名接线端子，单击其快捷菜单中【生成代码】→【范例】，则生成如图 6.41 所示的程序框图代码。

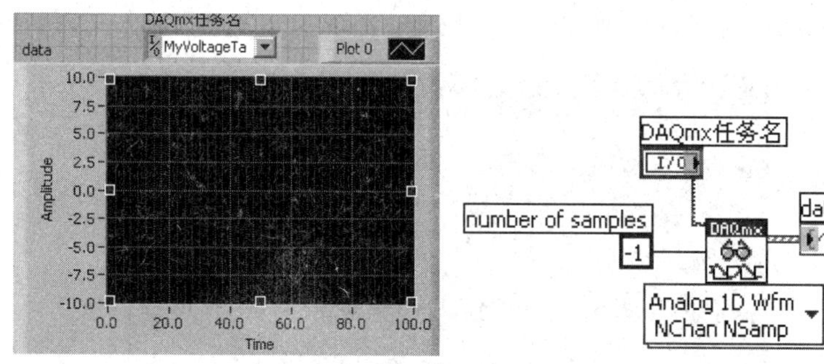

图 6.41 范例前面板及程序框图

右击 DAQmx 任务名，单击其快捷菜单中【生成代码】→【配置】，则生成如图 6.42 所示的程序框图代码。

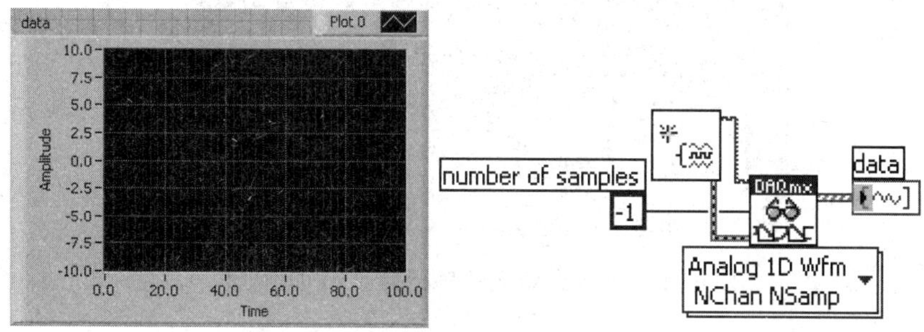

图 6.42 配置前面板及程序框图

右击 DAQmx 任务名，单击其快捷菜单中【生成代码】→【配置和范例】，则先生成范例程序框图代码。再生成配置程序框图代码。

右击 DAQmx 任务名，单击其快捷菜单中【生成代码】→【转换为 Express VI】，则转变为数据采集助手 VI。

2. 将数据采集助手 VI 转换为程序代码

在程序框图中，右击数据采集助手函数，在快捷菜单中单击【打开前面板】，如图 6.43 所示，弹出如图 6.44 所示的对话框(提示用户将 Express VI 转换为标准子 VI 将无法查看在 Express VI 的配置对话框)，单击转换按钮则生成如图 6.45 所示的前面板，切换到程序框图，其程序框图代码如图 6.46 所示。

图 6.43　打开数据采集助手函数的前面板

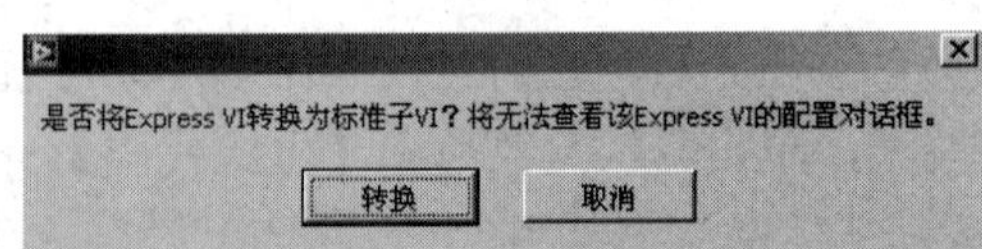

图 6.44　Express VI 转换为标准子 VI 的提示对话框

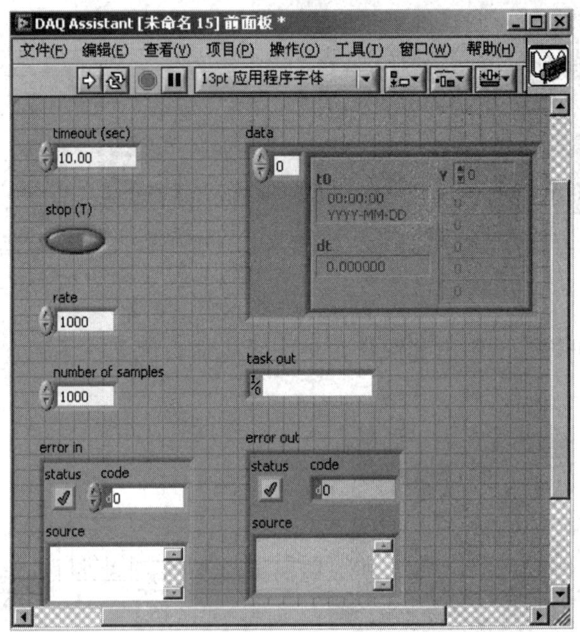

图 6.45　Express VI 转换为标准子 VI 的前面板

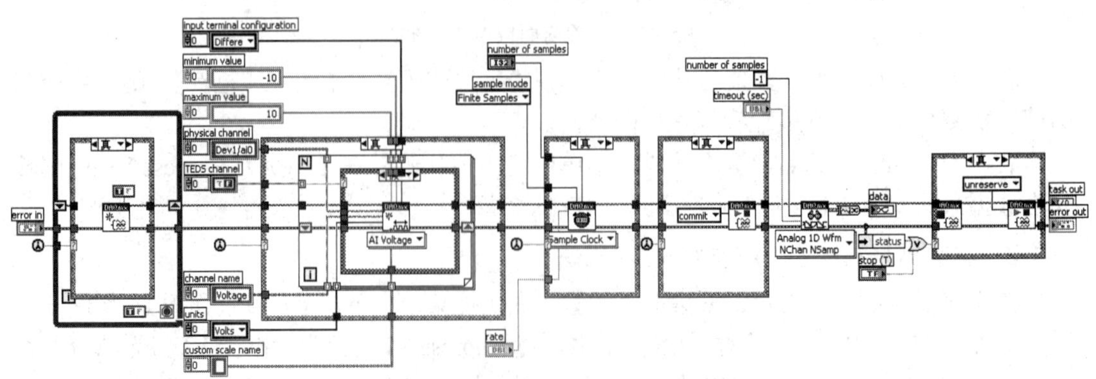

图 6.46　Express VI 转换为标准子 VI 的程序框图

3. 由 DAQmx 函数编程

右击程序框图空白处，单击函数选板上【测量 I/O】→【DAQmx】，DAQmx 函数子选板如图 6.47 所示。

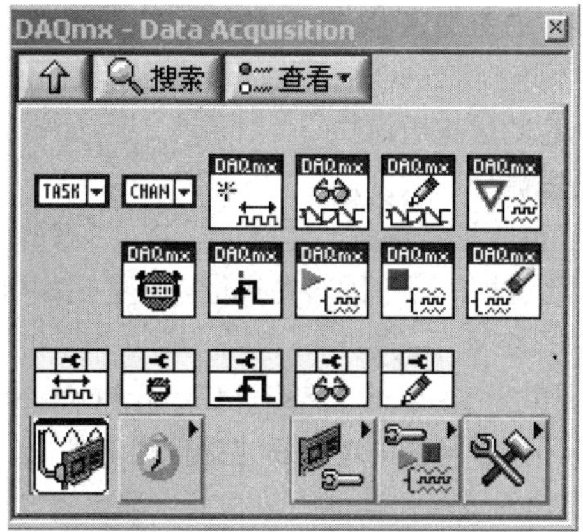

图 6.47　DAQmx 函数子选板

下面介绍一些在 DAQmx 数据采集系统中常用的函数：

(1) DAQmx StartTask 函数。

该函数启动 DAQmx 任务。若不使用此函数，当执行 DAQmx Read 时，数据采集任务自动执行，其图标如图 6.48 所示。

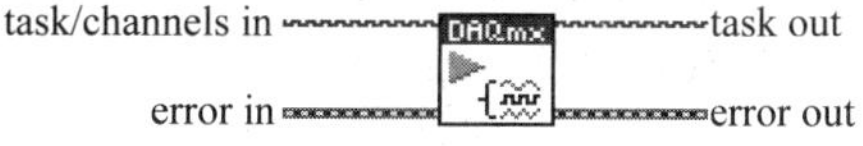

图 6.48　DAQmx StartTask 函数

其端口说明如下：

Task/channels in：输入任务名或虚拟通道名列表，如果输入虚拟通道名，其自动创建一个任务。

Task out：函数执行完后产生的任务参考号。

(2) DAQmx Stop Task 函数。

该函数用于停止任务执行，并恢复到执行前的状态，其图标如图 6.49 所示。

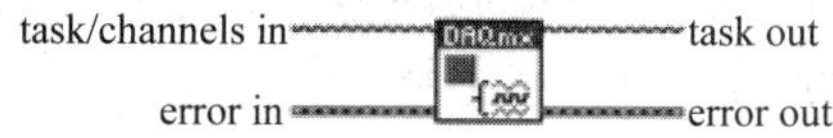

图 6.49　DAQmx Stop Task 函数

(3) DAQmx Clear Task 函数。

该函数用于清除任务，其图标如图 6.50 所示。

图 6.50　DAQmx Clear Task 函数

(4) DAQmx Create Virtual Channel 函数。

该函数用于创建一个虚拟输入通道，其图标如图 6.51 所示。

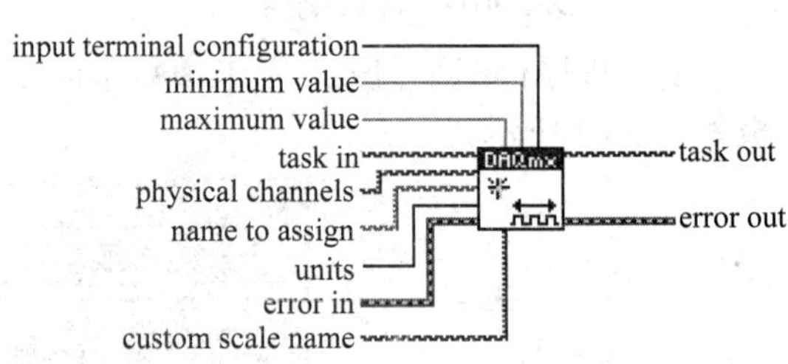

图 6.51　DAQmx Create Virtual Channel 函数

其端口说明如下：

Task in：指定创建的虚拟通道加入哪一个任务中去，如果这个参数不连接，DAQmx 就创建一个新任务，并将创建的虚拟通道加入其中。但是在循环时就会每循环一次创建一个新任务，直到程序终止才清除这些任务，极大地消耗系统的资源。因此这种情况下因该在执行完任务后，用 DAQmx Clear Task 函数清除任务。

Physical channel：物理通道，DAQmx Physical Channel constant 常数，列出了系统中安装的设备上所有的物理通道名，可以从其中选择新建虚拟通道使用的物理通道。

Name to assign：指定虚拟通道名，其他函数和节点都要通过名称访问特定的虚拟通道。默认的名称是使用的物理通道名称。如果一次调用此函数产生多个虚拟通道，通道名之间用逗号隔开。

Units：测量电压值所用的单位，这个参数有两个选择，伏特 volts，或来自定制标度 From Custom Scale。

maximum value 和 minim value：最大值和最小值，指定测量电压范围。

input terminal configuration：输入端口设置，设置被测信号连接方式。

custom scale name：输入在 MAX 中设置过的标度名。

task out：函数执行完后产生的任务的参考号。

(5) DAQmx Read 函数。

该函数用于由指定的通道或任务读取采集数据，其图标如图 6.52 所示。

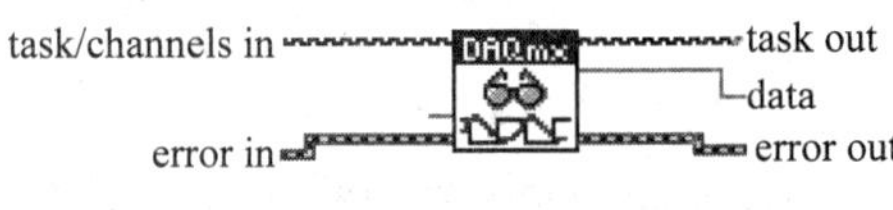

图 6.52　DAQmx Read 函数

其端口说明如下：

Task/channels in：输入任务名或虚拟通道名列表，如果输入虚拟通道名，其自动创建一个任务。

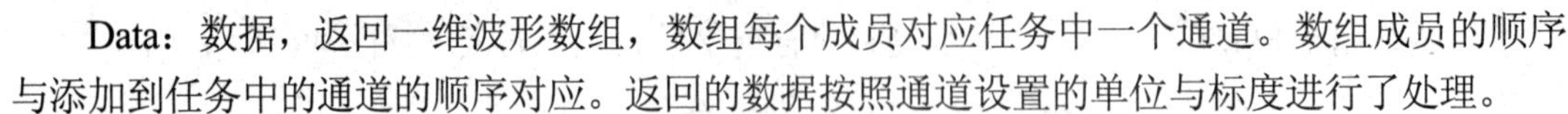

Data：数据，返回一维波形数组，数组每个成员对应任务中一个通道。数组成员的顺序与添加到任务中的通道的顺序对应。返回的数据按照通道设置的单位与标度进行了处理。

Task out：函数执行完后产生的任务参考号。

(6) DAQmx Write 函数。

该函数用于向指定的通道或任务写采集数据，其图标如图 6.53 所示。

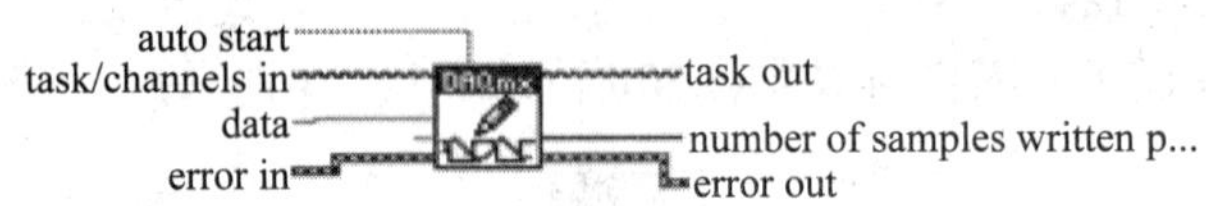

图 6.53　DAQmx Write 函数

【例 6-3】 使用 USB6009 实现单值数据采集。

前面板和程序框图如图 6.54 所示。

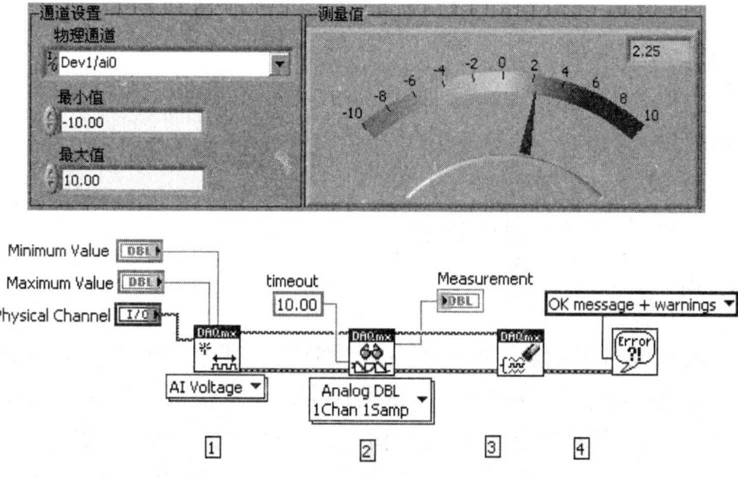

图 6.54　单值数据采集的前面板和程序框图

设计步骤：

(1) 创建一个模拟输入电压通道。

(2) 使用读取数据.VI 从数据采集卡的一个通道采集一个数据。设置数据采集等待时间时间为 10 ms，当 10 ms 后还没有采集到数据时，读取数据.VI 返回一个错误信息。

(3) 调用结束任务.VI 结束任务。

(4) 使用弹出窗口的方法显示任何错误。

【例 6-4】 用波形图实时显示连续采集的数据。

连续数据采集的前面板和程序框图如图 6.55 所示。

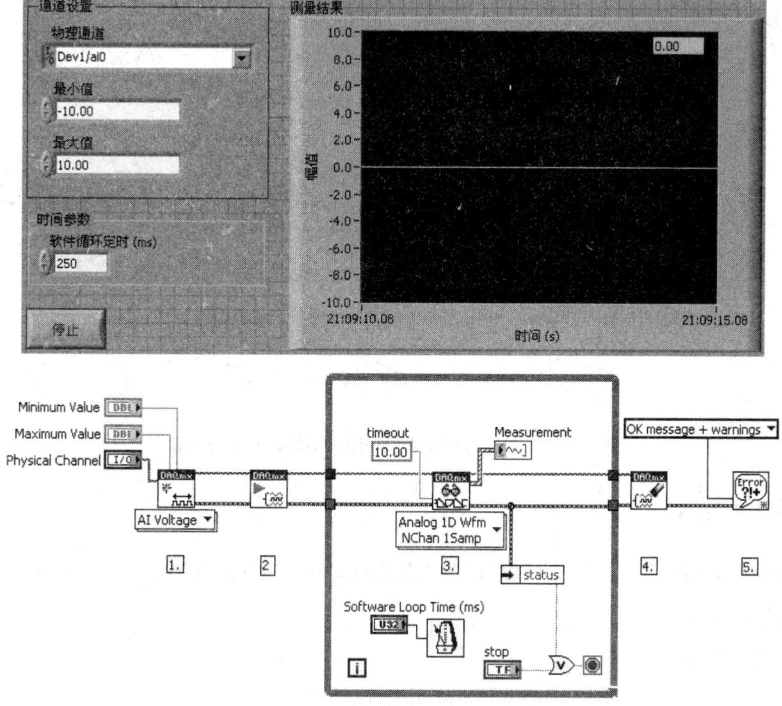

图 6.55　连续数据采集的前面板和程序框图

设计步骤：

(1) 创建模拟输入电压通道。

(2) 调用开始任务函数开始采集任务。

(3) 在循环内读取波形数据，直到用户按下停止按钮或出现错误。

(4) 调用清除任务函数结束任务。

(5) 使用弹出窗口显示任何错误信息。

6.7.2 模拟输出

模拟输出在虚拟仪器中就是用数据采集卡上模拟输出功能输出信号。该输出信号经常作为被测设备的激励信号。在 DAQmx 测试系统中，实现模拟输出的方法如下：

(1) 在 MAX 中创建测试任务实现模拟输出，具体见 6.4 中的介绍。

(2) 在 LabVIEW 中使用数据采集助手创建测试任务实现模拟输出。

方法(1)和方法(2)的程序代码生成方法参见 6.5 中的介绍。

(3) 由 DAQmx 函数编程实现模拟输入。

【例 6-5】 模拟输出单值。

其前面和程序框图如图 6.56 所示。

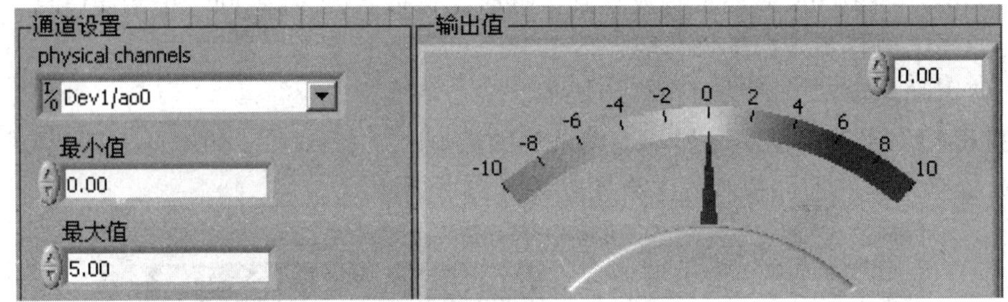

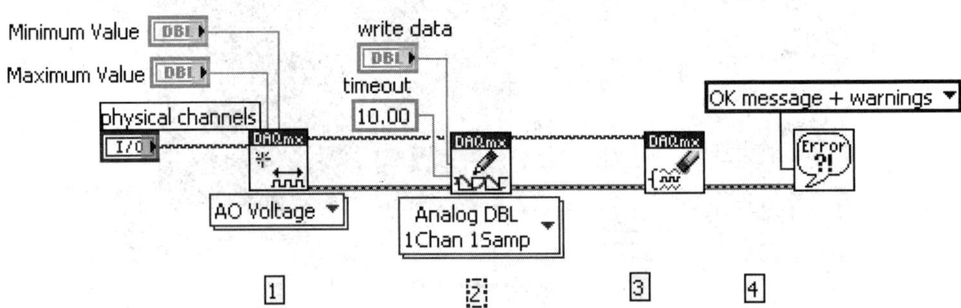

图 6.56 模拟输出单值的前面板和程序框图

6.7.3 数字输入/输出

数字输入在虚拟仪器中主要是采集被测试设备的一些数字输出状态，数字输出则是给被测设备提供数字激励信号。

【例 6-6】 读取数字信号。

读取数字信号的前面板和程序框图如图 6.57 所示。

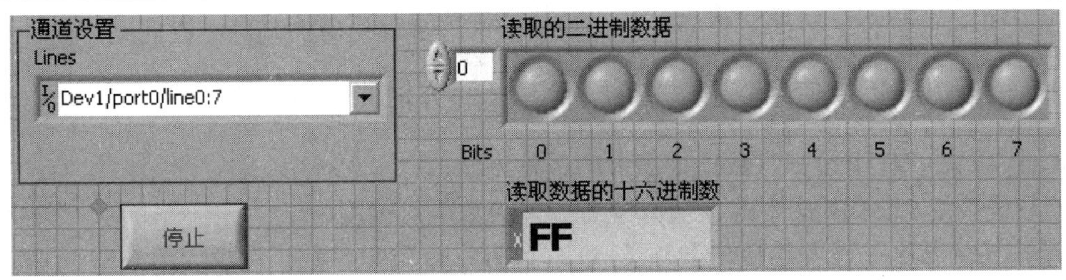

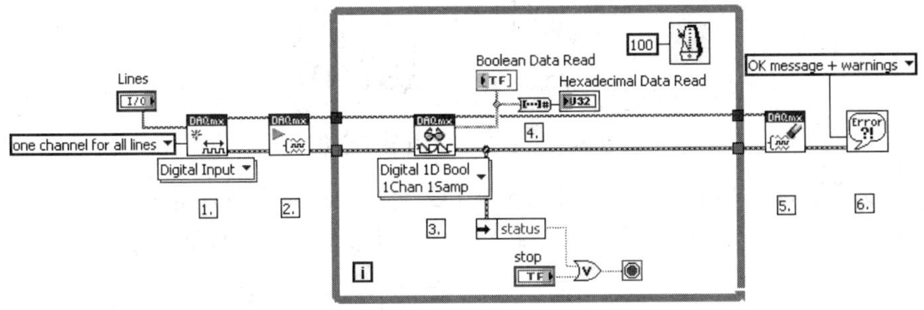

图 6.57　读取数字信号的前面板和程序框图

【例 6-7】 输出数字信号。

输出数字信号的前面板和程序框图如图 6.58 所示。

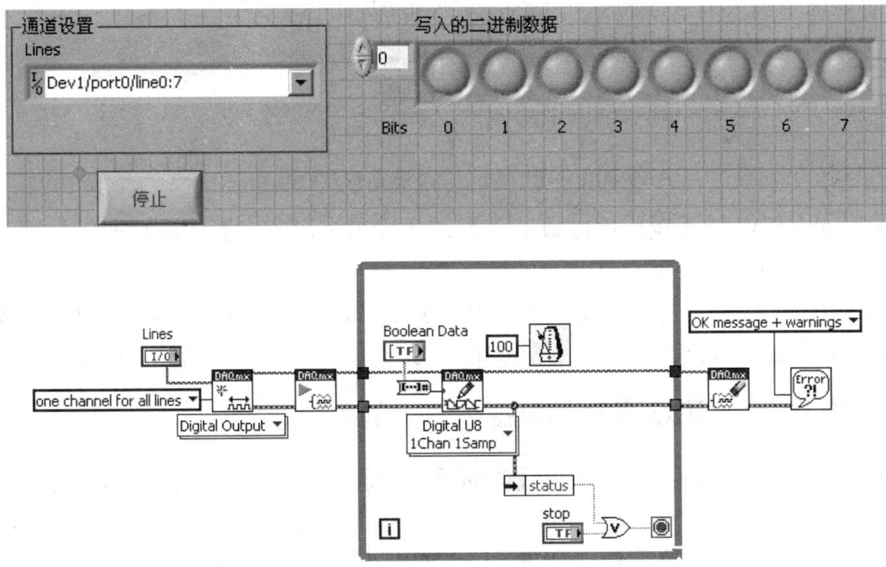

图 6.58　输出数字信号的前面板和程序框图

6.8　基于第三方采集卡的数据采集应用

虚拟仪器的典型形式是在台式微机系统主板扩展槽中插入各类数据采集插卡，与微机外被测信号或仪器相连，组成测试与控制系统。但 NI 公司出售的直接支持 LabVIEW 的插卡价格十分昂贵，严重限制着人们用 LabVIEW 来开发各种虚拟仪器系统。在 LabVIEW 中如何驱动其他低价位的数据采集插卡，成为了国内许多使用者面临的关键问题。

6.8.1 LabVIEW 中使用第三方数据采集卡的方法

LabVIEW 中使用第三方数据采集卡的 3 种方法：

(1) 直接用 LabVIEW 中的读端口和写端口函数节点编程。

单击【函数】→【互连接口】→【I/O 端口】，I/O 端口函数子选板如图 6.59 所示。

图 6.59　I/O 端口函数子选板

【读端口】函数的功能是从指定的 16 位 I/O 端口地址读取一个带符号的整数，VI 仅接受 16 位的地址，必须手动选择所需多态输入端口。函数节点的图标和接线端如图 6.60 所示。

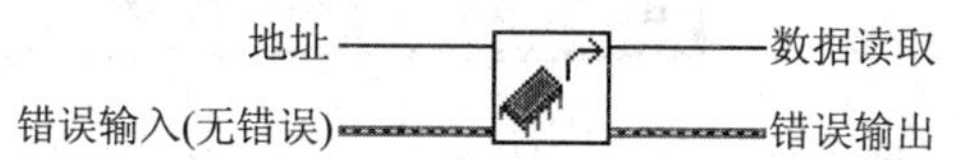

图 6.60　【读端口】函数图标及接线端

【写端口】函数的功能是在指定的 16 位 I/O 端口地址写入一个带符号的整数，VI 仅接受 16 位的地址。函数节点的图标和接线端如图 6.61 所示。

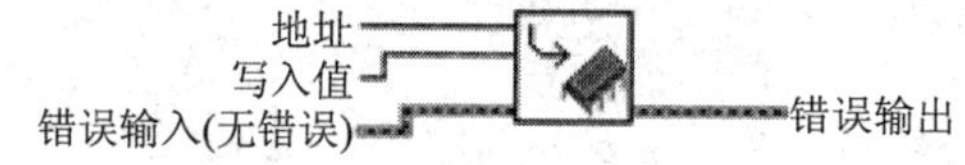

图 6.61　【写端口】函数图标及接线端

(2) 用 LabVIEW 的【调用库函数节点】或【代码接口节点】生成数据采集驱动程序。

(3) 使用基于 LV 的驱动程序，现在大多数第三方数据采集卡都带有支持 LabVIEW 的驱动程序，用户在使用时先安装硬件驱动中基于 LV 的驱动软件，这里以凌华 PCI9118DG 多功能数据采集卡为例介绍第三方数据采集卡的应用。

6.8.2 凌华 PCI9118DG 多功能数据采集卡的应用

PCI9118DG 卡是一块基于 PCI 总线的即插即用的多功能数据采集卡，其模拟输入支持 16 位的分辨率，板卡上装有 1K 的 FIFO 内存。支持单极性和双极性信号模拟输入，最高采样频率可达 330 kHz；16 路单边或 8 路差分方式的模拟输入通道；可编程修改增益方式。4 通道的数字输入/输出通道。模拟输入支持三种触发方式：软件触发、程序触发、外部触发。

PCI9118DG 是一块即插即用的数据采集卡，用户将其安装到计算机的 PCI 插槽内，开启计算机后，会被自动分配 IRQ\PORT\BIOS 地址。但是模拟输入/模拟输出通道必须由用户手动设置，这些通道一旦被设置，在系统运行过程中就不能再修改。

硬件软件安装正确后，在计算机的开始菜单的程序下拉菜单中会出现 ADLINK PCIS-LVIEW，运行 DLINK PCIS-LVIEW 下 Win2000 NuDAQ Config Utility，如图 6.62 所示。

程序(P)
文档(D)
设置(S)
搜索(C)
帮助和支持(H)
运行(R)...
注销 Owner(L)...
关闭计算机(U)...
附件
启动
游戏
ADLINK PCIS-LVIEW
PCI-9118 DLL for Win-95 V1.22
PCIS DDE Server
National Instruments LabVIEW 8.2
Data File Converter
Win2000 NuDAQ Config Utility

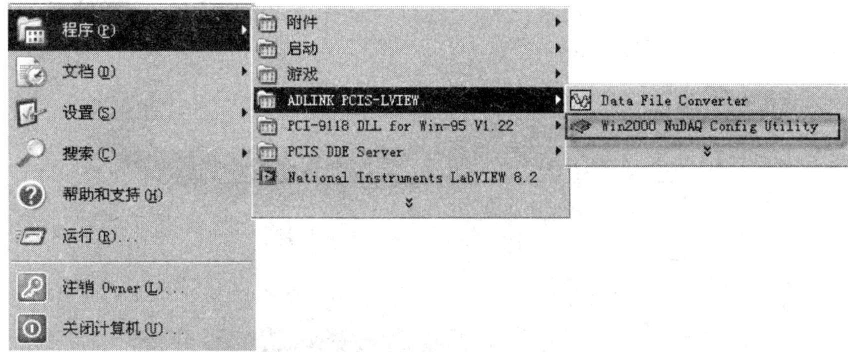

图 6.62　凌华数据采集卡的内存配置程序

运行后会弹出如图 6.63 所示的对话框，在对话框 Card Type 中选择 Pci9118，然后再为 AI 设置 Buffer Allocated。

DASK2000 Device Driver Configuration
This utility is used for the cards that will perform
continuous AI, DI or DO operation
Card Type:
Pci9118
Buffer Allocated (KB):
AI:
4098
AO:
0
DI:
0
DO:
0
OK
Apply
Cancel

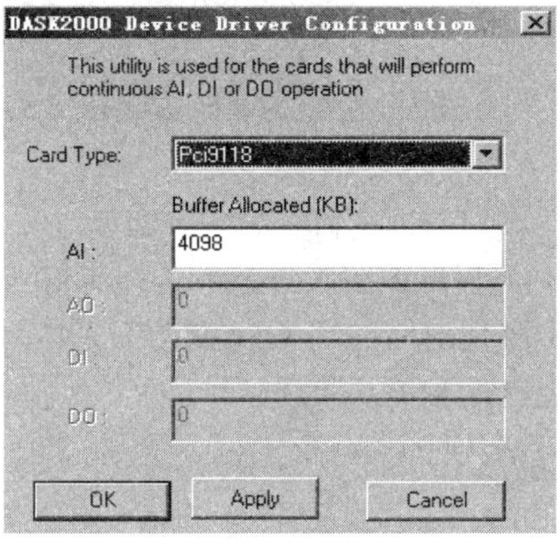

图 6.63　卡的配置窗口

配置正确后会弹出如图 6.64 所示对话框，单击确定按钮，则弹出如图 6.65 所示对话框，单击确定按钮完成卡上缓存大小的配置。

Driver Registry
Driver configuration SUCCESSFUL.
确定

图 6.64　卡上缓存配置成功提示窗口

Driver Configuration
To make the driver registry effective, RESTART YOUR MACHINE ...
确定

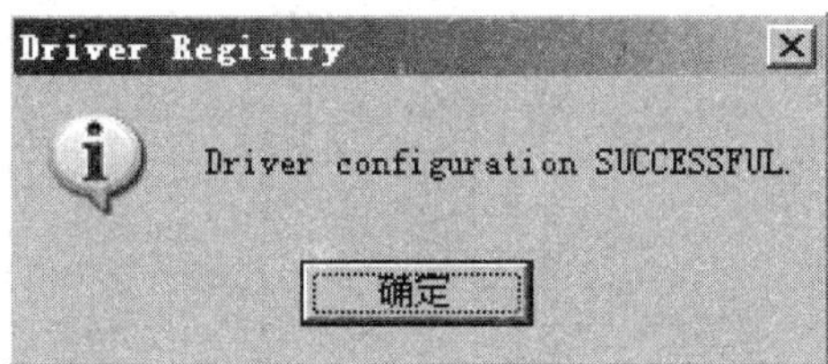

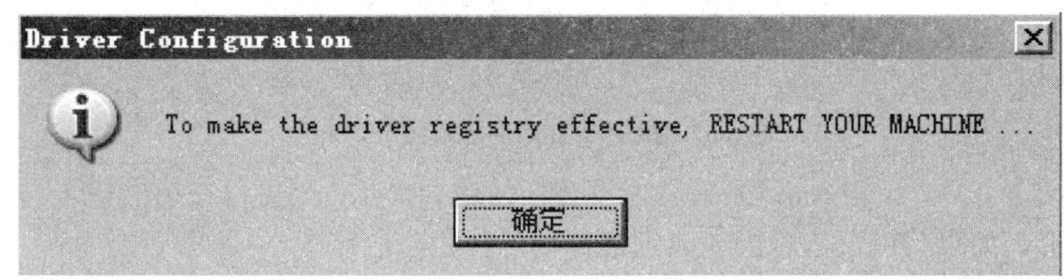

图 6.65　配置完成重启计算机提示窗口

配置完成后，可以选择板卡自带的例子运行，选择 Adlink/PCIS-LVIEW/Examples/9118 中例程 single waveform，如图 6.66 所示。

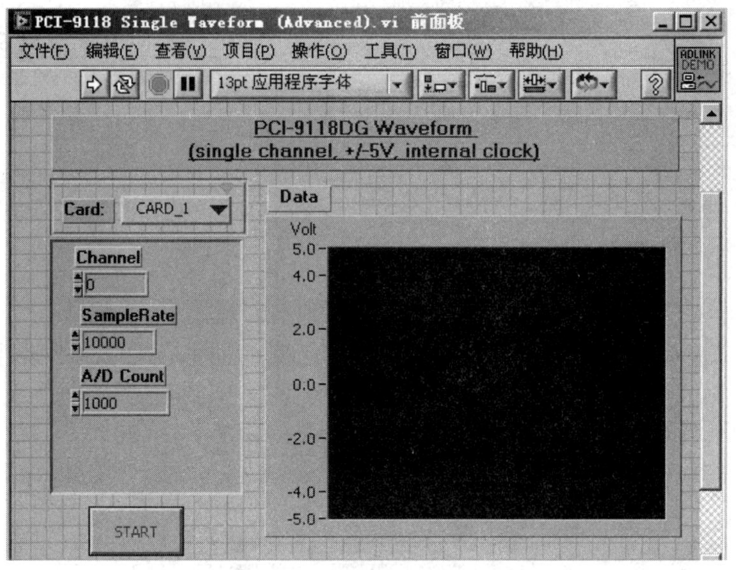

图 6.66　简单波形采集例子

在运行该程序之前，必须先根据如图 6.67 所示的端子信号分布图连接信号，假设用零通道进行采集，则需要将零通道所对应的端子 26 脚与需采集的信号进行连接。同时在程序的前面板上将 channel 参数值设置为 0。

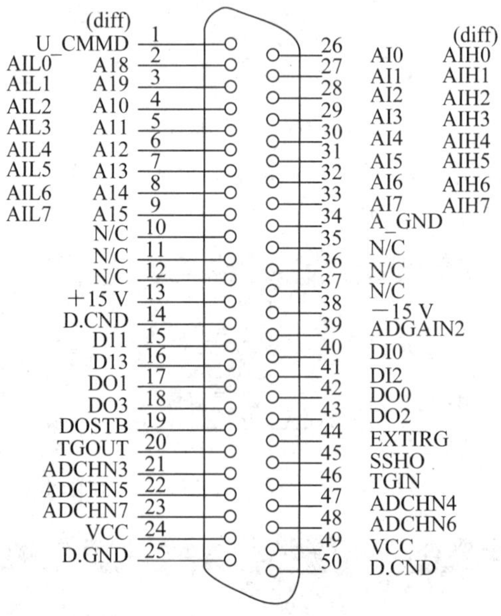

图 6.67　PCI9118DG 的 I/O 端口分布

参数设置好后，单击 run，如果运行没有任何错误提示，则可以在前面板上看到被采集信号的波形。如果有错误信息出现，则根据提示作相应的修改。

在示例程序运行正确后，用户可以根据实际需要利用仪器厂商提供的驱动程序

Adlink/PCIS-LVIEW/plv 进行编程，用户也可以在 Adlink/PCIS-LVIEW/Examples 的基础上根据需要将程序进行修改。

【例 6-8】 产生两个直流电压。

分析：输出电压，需要利用采集卡的模拟输出通道。

设计步骤：

(1) 调用 initial_9118 函数，设置通道号，实现初初始化 PCI9118DG 卡的功能。

(2) 放置循环结构，设置条件判断端子的工作方式为“真时继续”，并在前面板上放置停止控件，在程序框图中将其与条件判断端子连接起来。实现控制程序停止运行的功能。

(3) 在循环结构内放置选择结构，设定选择结构有两个分支，在两个分支内均放置函数 AO Write Channel Volt，并且分别在两个分支内设置 0 和 1 通道；在前面板上放置两个数值控件，并将其分别与两个分支中 AO Write Channel Volt 函数的电压输入端相连接。同时初始化函数所获得的卡号送给 AO Write Channel Volt 函数。实现参数设置并产生指定的直流电压。如图 6.68 所示。

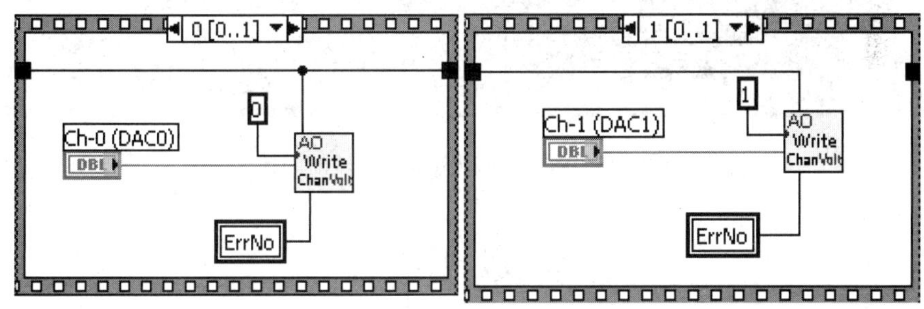

图 6.68　两个模拟输出通道的直流电压产生

(4) 在循环外部放置 Release Card 函数，并将其卡号输入端与前面函数的卡号输出端连接起来，实现释放 9118 卡的功能。如图 6.69 所示。

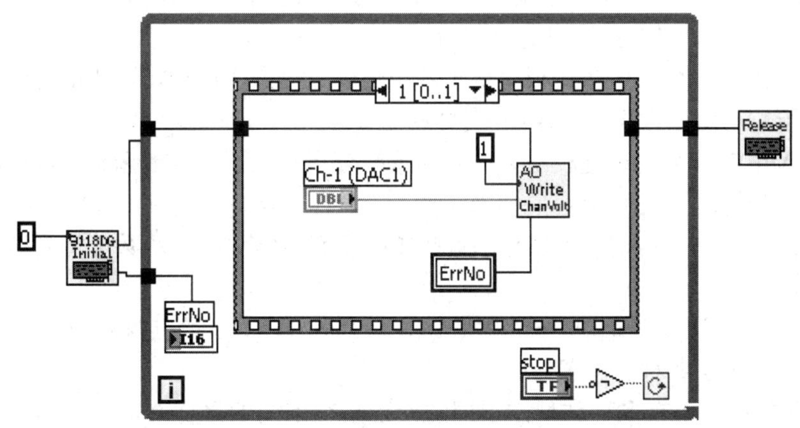

图 6.69　产生两路直流电压的程序框图

【例 6-9】 一阶 RC 串联电路的动态测试。

分析：一阶 RC 串联电路需要加正弦交流电压，可以由 PCI9118DG 的模拟输出产生，也可以由其他设备提供，此处由函数发生器提供正弦交流电压。需要测试充放电过程中电容上的电压和电流的变化过程，此处使用两路模拟输入监测电阻和电容上的电压变化过程，由动态电路的特性可以分析获得电容上的电压电流在充放电的过程中的变化。RC 一阶动态电路测试前面板如图 6.70 所示。

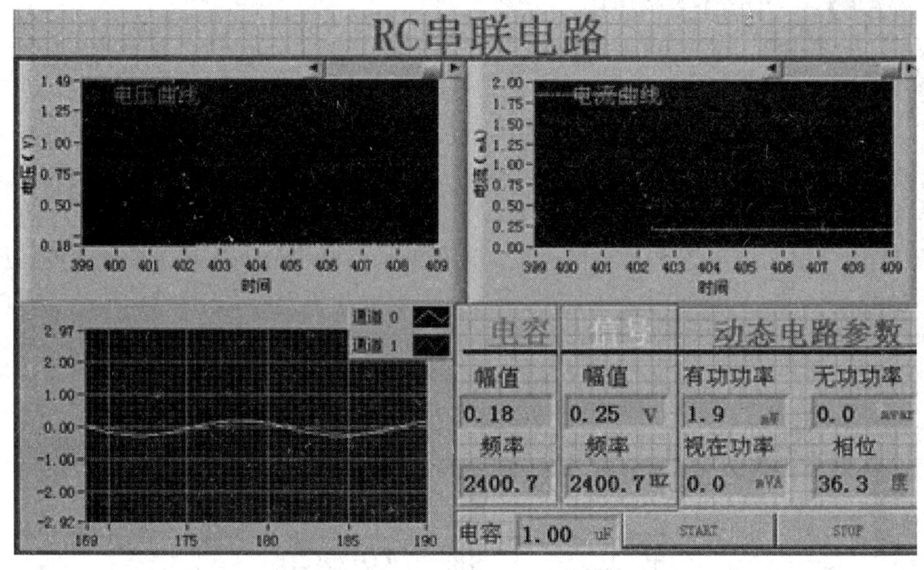

图 6.70　RC 一阶动态电路测试前面板

本 章 小 结

(1) 数据采集是计算机与外部物理世界连接的桥梁。数据采集就是将电压、电流、温度、压力(模拟信号)等物理信号转换为数字量并传递到计算机中的过程。

(2) 理论上设置采样频率为被采集信号最高频率成分的 2 倍就够了，实际上工程中选用 5～10 倍，有时为了较好地还原波形，甚至更高一些。

(3) LabVIEW 在信号产生选板提供了各种仿真信号产生函数，这些仿真信号可用于信号与系统分析。有些函数需要使用归一化频率。

(4) LabVIEW 信号处理选板中为信号与系统分析提供了丰富的函数，可对信号进行各种时域和频域分析。

(5) FFT 是一种快速离散傅立叶变换(DFT)的算法，利用 FFT 函数可将采样信号由时域变换到频域。

(6) 数字滤波器的一个重要作用就是滤除无用信号，只让特定频段的信号通过。滤波器函数选板上提供了各种滤波器。

(7) 数据采集设备有多种类型，不同的设备具有不同的采样率，进行测试系统设计时应该根据测试信号的类型选择适当的采样率，盲目提高采样率，会增加测试系统的成本。

(8) 在使用数据采集设备之前，一定要对设备进行测试。测试程序一般由仪器厂商提供。NI 数据采集设备的测试管理程序为测量与自动化资源管理器(MAX)。

(9) DAQmx 数据采集系统中实现数据采集任务的方法有三种：在测量与自动化资源管理器创建测试任务、通过采集助手创建快速 VI、由 DAQmx 函数编辑 VI。其中前两种方法不能产生程序框图，所以对测试数据要求分析处理时，一般采用由 DAQmx 函数编辑 VI 来实现。

思考与练习

1．DAQ 一定要使用虚拟通道吗？

2．有哪些方法可以生成 DAQmx 程序代码？

3．编写一个使用 DAQmx 函数进行单通道波形数据连续采集，并显示波形频谱的程序。

4．编一个 DAQmx 单通道单点输出的程序。

5．编一个使用 DAQmx 单通道输出幅值可调的正弦波程序。

6．创建一个 DAQmx 读数字线的程序。

7．创建一个 DAQmx 写数字端口的程序。

第 7 章　仪器控制

在自动化测试领域，仪器控制是每一个自动化程序开发工程师的基本功，而 LabVIEW 又是最适合开发自动化测试软件的平台。本章将简要介绍仪器控制系统的主要构成，重点讨论用 LabVIEW 来进行仪器控制的各种方法。

- GPIB
- 串口通信
- VISA
- 仪器驱动程序

7.1　仪器控制系统的构成

仪器控制是指通过 PC 机上的软件远程控制仪器控制总线上的一台或多台仪器。一个完整的仪器控制系统都是由应用开发环境、程序开发 I/O 软件、仪器通信 I/O 总线硬件和测量仪器组成的，如图 7.1 所示。

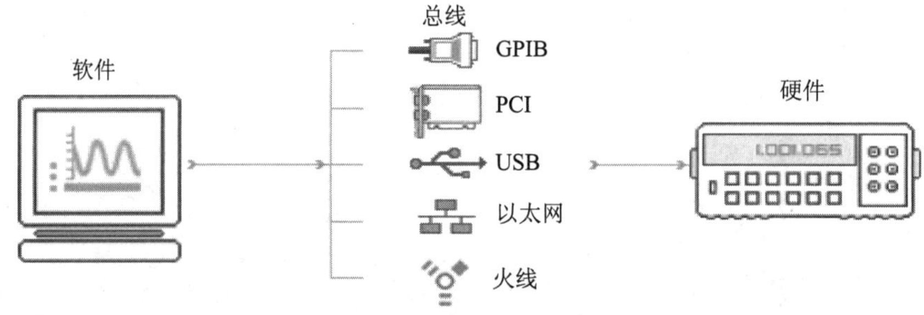

图 7.1　仪器控制系统

下面对图 7.1 作一个简要的说明：

软件：用于控制仪器的 I/O 软件和应用程序开发环境。例如，LabVIEW、LabWindows/CVI、Measurement Studio 等。

总线：总线硬件选择面广，与仪器连接简单方便。用于仪器控制的总线有很多种，例如，USB、以太网、GPIB、串口、PCI/PXI 和 PCI Express 等。仪器自身通常支持其中的一种或多种，通过这些总线控制该仪器。PC 通常也提供多种用于仪器控制的总线选择。如果 PC 本身不支持仪器可用的总线，我们可以增加一个插卡或一个外部转换器。

硬件：一般是两种测量仪器，独立式仪器和模块化仪器。用户可以根据不同的测量需要进行选择。

7.2 GPIB

7.2.1 概述

通用接口总线(General Purpose Interface Bus，GPIB)是由 IEEE 协会(Institute of Electrical and Electronic Engineers)规定的一种 ANSI/IEEE488 标准。GPIB 为 PC 机与可编程仪器之间的连接系统定义了电气、机械、功能和软件特性。

GPIB 是专为仪器控制应用而设计的，最初由 HP 公司提出。在 20 世纪 70 年代，IEEE 488 标准的诞生致使 1975 年产生了 GPIB 在电气、机械与功能规格方面的标准；在 1987 年 ANSI/IEEE 标准 488.2 更明确地定义了控制器与仪器通过 GPIB 通讯的方法，使先前的规格更加完备。GPIB 是一种数字的 8 位并行通信接口，传输速率达 8 Mb/s。总线提供的一个控制器在 20 m 的排线长度内最多可连结 14 个仪器。由于 GPIB 拥有强大功能与广大的使用者基础，GPIB 在未来的许多年仍会继续存在。

7.2.2 GPIB 系统组成

图 7.2 显示了一个典型的 GPIB 系统。虽然 GPIB 是将数据导入计算机的一种方法，但这与使用插入计算机中的板卡进行数据采集还是不同的。通过一个特殊的协议，GPIB 可以与另外的计算机或仪器实现对话，而数据采集则将信号直接连接到计算机中的数据采集卡上。

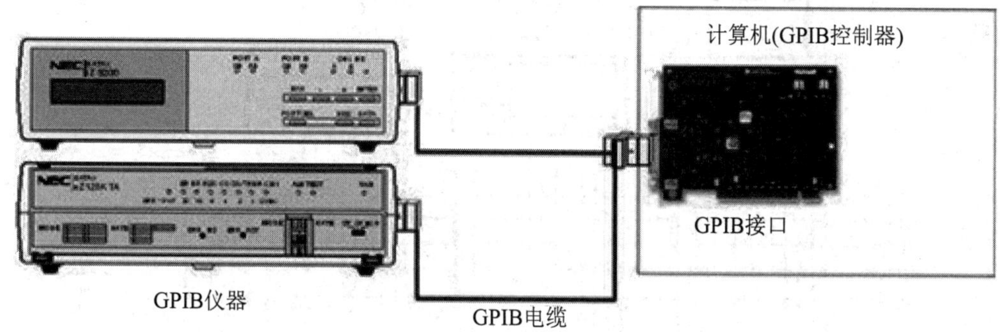

图 7.2 一个典型的 GPIB 系统

当系统工作时，在测试过程的不同阶段，同一台仪器可行使不同的职能，按仪器所起的作用将 GPIB 设备分为以下 3 类：

(1) 讲者：向一个或多个听者发送数据消息。

(2) 控制器：由计算机担任，通过向所有的设备发送命令来管理 GPIB 上的信息流。

(3) 听者：接收讲者发来的数据消息。

一个 GPIB 设备可以属于多个分类。例如，数字电压万用表既可以作为讲者，也可以作为听者。控制器的作用与计算机中央处理器的作用类似。在一个 GPIB 系统中允许有多个控制器，但在任意时刻仅能有一个控制器起作用，在总线上发送接口消息和命令。

7.2.3　GPIB 消息

测试系统的核心是信息传递，仪器间通过接口总线传输的各种信息在 GPIB 系统中称之为消息，因此仪器之间的通信就是发送和接收消息的过程。GPIB 传送两类消息：接口消息和器件消息。

1. 接口消息

接口消息是指用于管理接口本身的消息，可以实现诸如总线初始化、设备寻址或地址释放以及为远程或本地编程设置设备模式的任务，通常也称为命令消息。

2. 器件消息

器件消息是指与器件功能相关的消息，通常称为数据消息，例如程序指令、测量结果、机器状态和数据文件。器件消息是指由讲者发送听者接收的消息。

7.2.4　总线构成

GPIB 是一个数字式的 24 线并行总线，包括 16 条信号线和 8 条接地线。16 条信号线可以分为 3 组：8 条双向数据线，5 条接口管理线和 3 条数据传送控制线(握手线)，如图 7.3 所示。GPIB 使用 8 位并行、字节串行的双向异步通信方式进行数据传递。由于 GPIB 的数据单位是字节(8 位)，数据一般以 ASCII 码字符串方式传送。信号线采用 TTL 负逻辑电平，最高数据传输速率可达 1 MB/s。

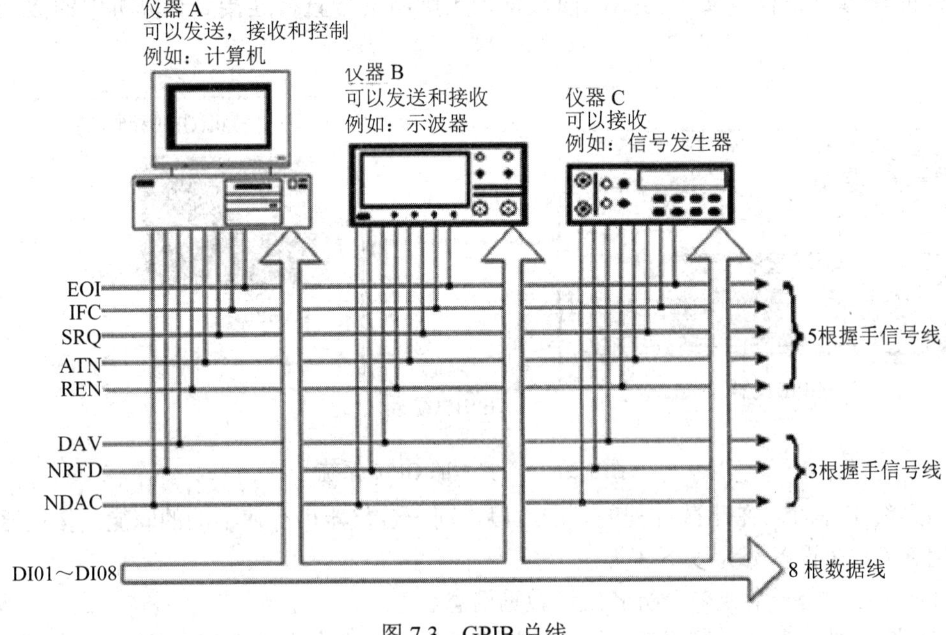

图 7.3　GPIB 总线

1. 8 条数据线(DIO1～DIO8)

该数据线既可以传送数据消息也可以传送命令消息。

2. 5 条接口管理线

管理通过接口从设备进入计算机中的信息流。

(1) ATN(Attention)：注意线。

(2) SRQ(Service)：服务请求线。

(3) EOI(End or Identify)：结束或识别线。

(4) REN(Remote Enable)：远程使能线。

(5) IFC(Interface Clear)：接口清除线。

3. 3 条握手线

为保证系统能准确无误地进行双向异步通信，在 GPIB 系统中采用三线挂钩技术，通过 3 条握手线进行彼此联络。三线挂钩参与每个消息字节的传递过程，用以保证速率不同的设备之间进行可靠通信，系统的数据传送速度由速度最慢的设备决定。

3 条握手线的含义如下：

(1) DAV(Data Valid)：数据有效信号线。当 DAV = 1(低电平)时，DIO 线上的数据有效。

(2) NRFD(Not Ready for Data)：未准备好接收数据线。当 NRFD = 1 时，表示至少有一个设备未准备好接收数据。当各接收设备都准备好接收数据时，NRFD = 0(高电平)。

(3) NDAC(Not Data Accepted)：未接收到数据线。当 NDAC = 1 时，表示至少有一个设备还未接收到数据。当所有接收设备都接收到数据时，NDAC = 0(高电平)。

7.2.5　GPIB 函数

GPIB 函数位于函数选板【仪器 I/O】→【GPIB】中，包含 10 个函数和 488.2 子选板，如图 7.4 所示。LabVIEW 的 GPIB 程序可以自动处理寻址和大多数其他总线管理功能。大多数的 GPIB 应用程序只需要从仪器读、写数据。下面介绍 GPIB 的读取和写入函数。其他 GPIB 函数的具体应用实例可参照 LabVIEW 自带的范例。

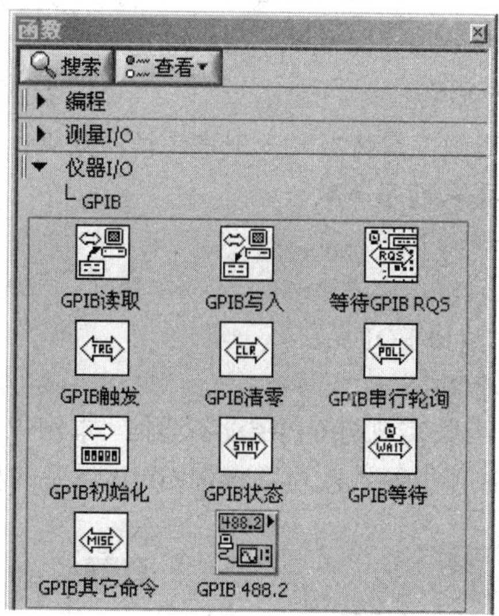

图 7.4　GPIB 函数选板

1. GPIB 写入函数

GPIB 写入函数将数据输入端的数据写入地址字符串指定的设备中。模式指定如何结束 GPIB 的写入过程，如果在超时毫秒输入端指定的时间内操作未能完成，则放弃此次操作。

GPIB 写入函数的图标如图 7.5 所示。

图 7.6 中 GPIB 写入函数负责把“VDC；MEAS1？；”字符串写入地址等于 2 的 GPIB 设备中，采用默认值模式为 0，超时毫秒为 25000。

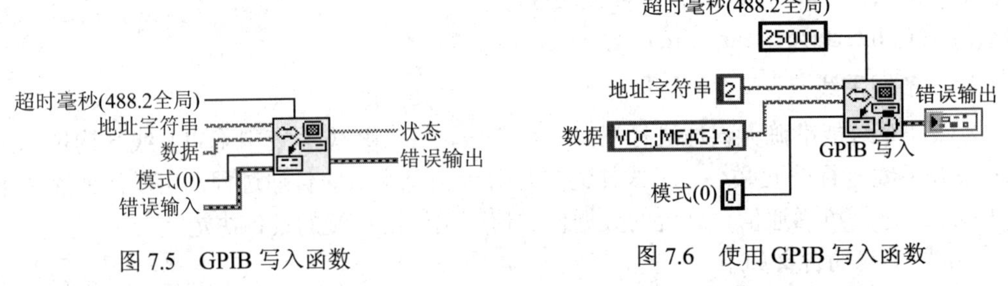

图 7.5　GPIB 写入函数　　　　图 7.6　使用 GPIB 写入函数

2. GPIB 读取函数

GPIB 读取函数从地址字符串中的 GPIB 设备中读取数量为字节总数的字节，读取的数据由数据端输出。用户必须把读取的字符串转换成数值数据，才能进行数据处理，例如进行曲线显示。GPIB 读取函数图标如图 7.7 所示。

图 7.8 中 GPIB 读取函数从地址等于 2 的设备中读取 20 个字节的数据。该程序使用了默认值模式为 0，超时毫秒为 25000。如果读够了 20 个字节，或者检测到 EOI，或者时间超出 25000 ms，读取过程将结束。

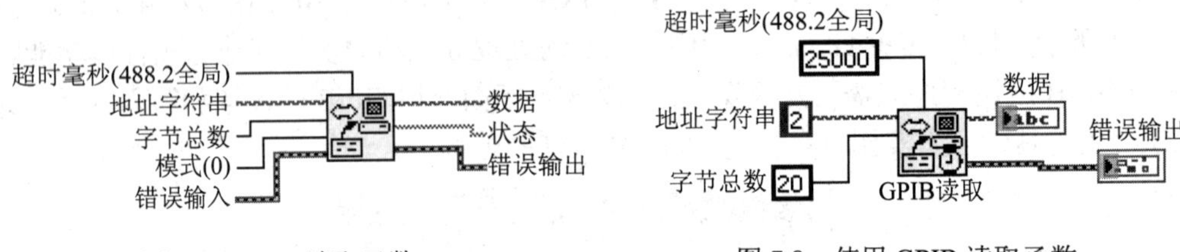

图 7.7　GPIB 读取函数　　　　图 7.8　使用 GPIB 读取函数

说明：GPIB 读取函数遇到下列情况之一则中止读取数据：

(1) 程序已经读取了所要求的字节数。

(2) 程序检测到一个错误。

(3) 程序操作超出时限。

(4) 程序检测到结束信息(由 EOI 发出)。

(5) 程序检测到结束字符 EOS。

【例 7-1】 使用 GPIB 函数实现与 GPIB 设备通信。本例中使用 GPIB 写入函数写入字符串“*idn?”，再使用 GPIB 读取函数就可以查询 GPIB 设备的相关信息。如图 7.9 所示。

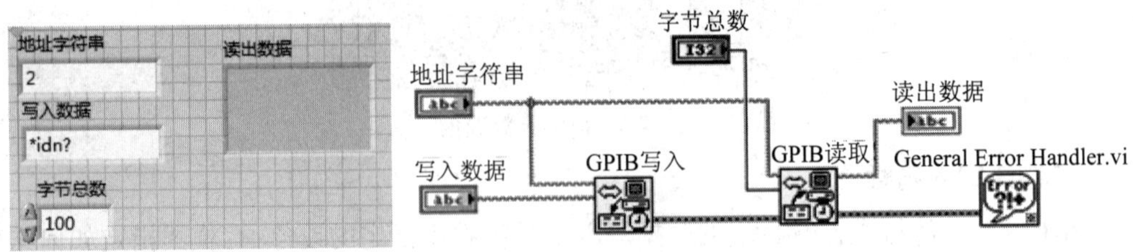

图 7.9　GPIB 设备通信示例

7.3　串口通信

7.3.1　概述

串口通信是一种常用的数据传输方法，用于计算机与外设(如图 7.10 所示)，或者计算机与计算机之间的通信。由于大多数计算机和 GPIB 仪器都有内置的 RS-232C 串行通信接口，因此串口通信非常流行。然而，与 GPIB 不同，一个串口只能与一个设备进行通信，这对某些应用来说是一个限制。串口通信中发送方将要传送的数据通过一条通信线路，一位一位地传送到接收方，数据传输速度很慢，所以串口通信只适用于速度较低的测试系统。

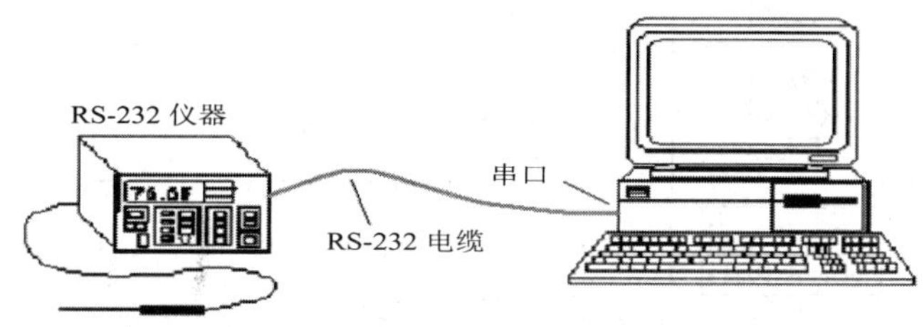

图 7.10　计算机与外设的串口通信

串口通信的关键是如何保证通信双方准确无误地进行数据传输。为了确保通信成功，除硬件连接必须保证正确外，通信双方必须在软件上有一系列的约定，通常称为软件协议。软件协议包括数据传输速率、数据格式、校验方法、握手方式等内容。作为发送方，必须知道什么时候发送信息，发什么，对方是否接收到，接收的内容有无错误，若有错误要不要重发，怎么通知对方发送结束等；作为接收方，必须知道对方是否发送了信息，发的是什么，收到的信息是否有错，如果有错怎么通知对方重发，怎么判断结束等。以上约定必须在编程之前确定下来。一些外设需要用特定字符来结束传送给它们的数据串，常用的结束字符是回车符、换行符或者分号等。

7.3.2　串口通信函数

串口通信函数位于函数选板【仪器 I/O】→【串口】中，如图 7.11 所示。函数列表如表 7-1 所示。

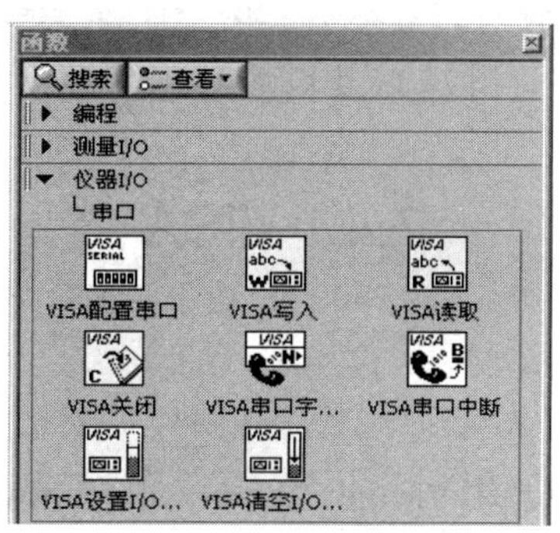

图 7.11　串口通信函数选板

表 7-1　串口通信函数

名　称	图 标	说　　明
VISA配置串口		将串口按特定设置初始化
VISA写入		将数据写入指定的设备或接口中
VISA读取		从所指定的设备或接口中读取指定数量的字节，并返回数据
VISA关闭		关闭指定的设备会话句柄或事件对象
VISA串口中断		发送指定端口上的中断
VISA串口字节数	Instr Bytes at Port	返回指定串口的输入缓冲区的字节数
VISA设置I/O缓冲区大小		设置I/O缓冲区大小
VISA清空I/O缓冲区		清空指定的I/O缓冲区

图 7.12 所示为串口通信的操作流程。串口的应用实例可参照 LabVIEW 自带的范例 Basic Serial Write and Read.vi。

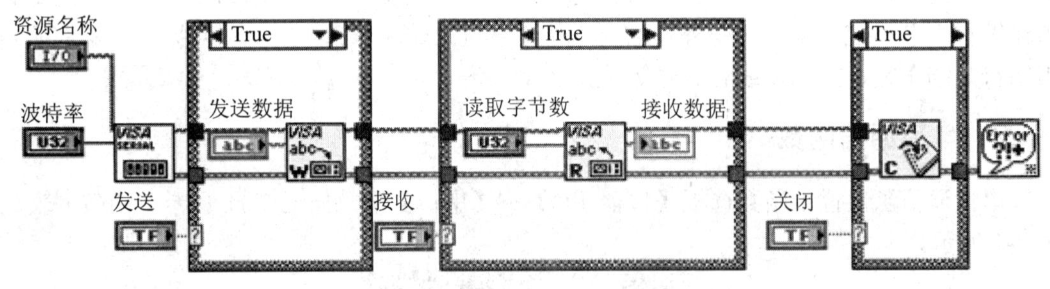

图 7.12　串口通信操作流程

7.4　VISA

7.4.1　概述

VISA 是虚拟仪器软件架构(Virtual Instrument Software Architecture)的简称，是 VXIplug&Play 系统联盟的 35 家仪器仪表公司所统一制定的 I/O 接口软件标准及其相关规范的总称。它的目的是通过减少系统的建立时间来提高效率。随着仪器类型的不断增加和测试系统复杂化的提高，人们不希望为每一种硬件接口都编写不同的程序，因此 I/O 接口无关性对于 I/O 控制软件来说变得至关重要。当用户编写完一套仪器控制程序后，总是希望该程序在各种硬件接口上都能工作，尤其是对于使用 VXI 仪器的用户。VISA 的出现使用户的这种希望成为可能，通过调用相同的 VISA 库函数并配置不同的设备参数，就可以编写控制各种 I/O 接口仪器的通用程序。

用户通过 VISA 能与大多数仪器总线连接，包括 GPIB、USB、串口、PXI、VXI 和以太网。而无论底层是何种硬件接口，用户只需要面对统一的编程接口——VISA。VISA 本身并不能提供仪器编程能力，它是一个调用底层代码来控制硬件的高层应用编程接口(API)，根据所使用的仪器类型调用相应的驱动程序。

由于 VISA 是开发仪器驱动程序的工业标准，所以 NI 公司开发的大多数仪器驱动程序都是用 VISA 编写的。

7.4.2 为什么使用 VISA

使用 VISA 有很多优点，它方便用户在不同的平台对不同类型的仪器进行开发移植及升级测控系统。

1. VISA 是工业标准

VISA 是整个仪器行业用于仪器驱动程序的标准 API，用户可以用一个 API 控制包括 GPIB、VXI、串口、USB 等不同类型的仪器。

2. VISA 提供了接口独立性

无论仪器使用什么样的接口类型，VISA 都用同样的操作方式与其通信。例如，无论仪器使用的是串口、GPIB 接口还是 VXI 接口，对于一个基于消息的仪器，写入 ASCII 字符串的 VISA 指令都是相同的，因此 VISA 具有与接口类型无关的特性。这使得 VISA 更易于在不同的总线接口之间切换，也意味着那些需要为不同接口的仪器编程的用户只需学习一种 API 就行了。

3. VISA 提供了平台独立性

VISA 可以使用 VISA 函数调用，因此很容易把一个平台上的 VISA 移植到另一个平台上。为了保证与平台无关，VISA 严格定义了它的数据类型，如一个整型变量的字节数，在任何一个平台都是相同的，它的字节数大小不会对 VISA 程序产生影响。VISA 函数调用以及它们的关联参数都可以在任何平台上通用。用它编写的软件可以移植到其他的平台上并重新编译。一个 LabVIEW 程序可以移植到任何一个支持 LabVIEW 的平台上。

4. 适应未来发展

VISA 适应未来发展，在未来的仪器控制应用中很可能被采用。

7.4.3 VISA 函数

VISA 函数位于函数选板【仪器 I/O】→【VISA】中，如图 7.13 所示。

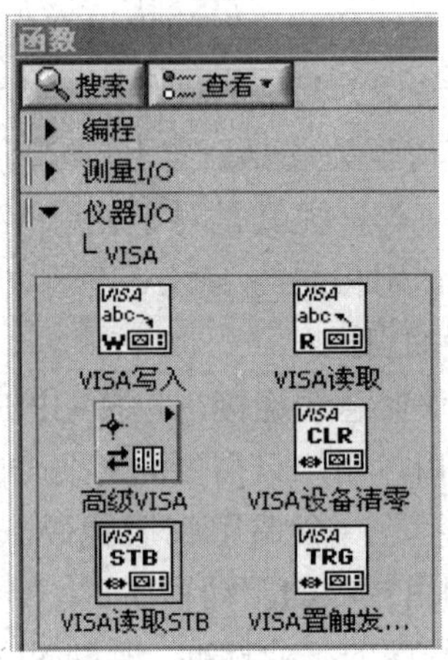

图 7.13　VISA 函数选板

可以使用 VISA 函数与 GPIB 设备通信，程序框图如图 7.14 所示。

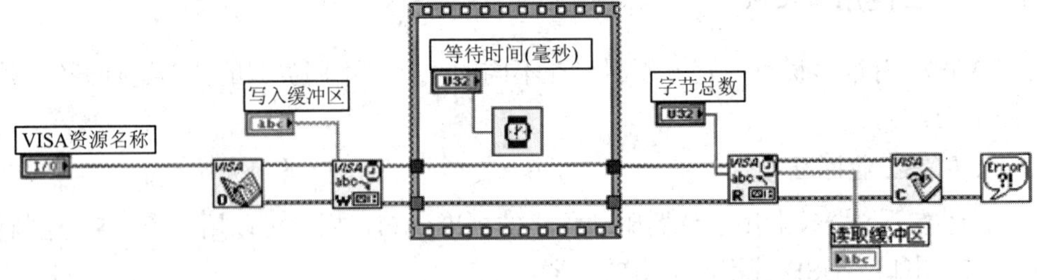

图 7.14　VISA 通信程序框图

7.5　仪器驱动程序

1. 概述

仪器驱动程序是一个用于控制特定仪器的软件。使用仪器驱动程序避免了学习每个仪器复杂而低级的编程命令。LabVIEW 仪器驱动程序是一组 LabVIEW VI，用于与使用了 VISA I/O 功能函数的仪器进行通信。每个 VI 都对应一个操作步骤，如设置属性、读取数据、写入数据和启动仪器等，这样用户就无需学习复杂的、底层的、针对每个仪器的编程指令。

图 7.15 所示为典型标准仪器驱动程序结构模型图。

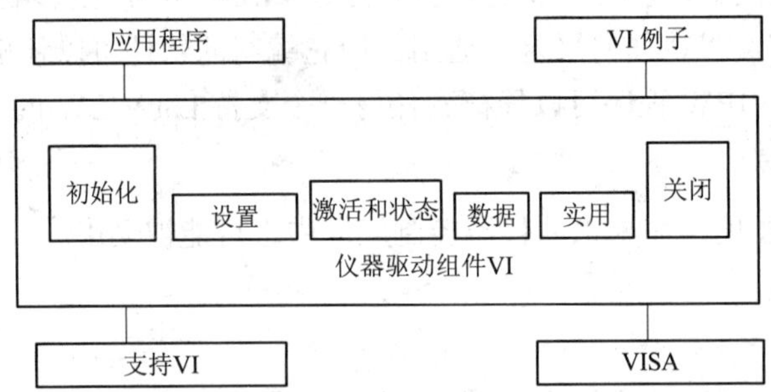

图 7.15　典型标准仪器驱动程序结构模型

2. 查找和安装仪器驱动程序

LabVIEW 仪器驱动程序库提供了多种使用了 GPIB、串口等接口编程仪器的仪器驱动程序。仪器驱动程序可以从仪器驱动程序光盘上安装获得，也可以直接从 NI 的网站下载(ni.com/idnet)，或使用图 7.16 所示的方法查找仪器驱动程序。

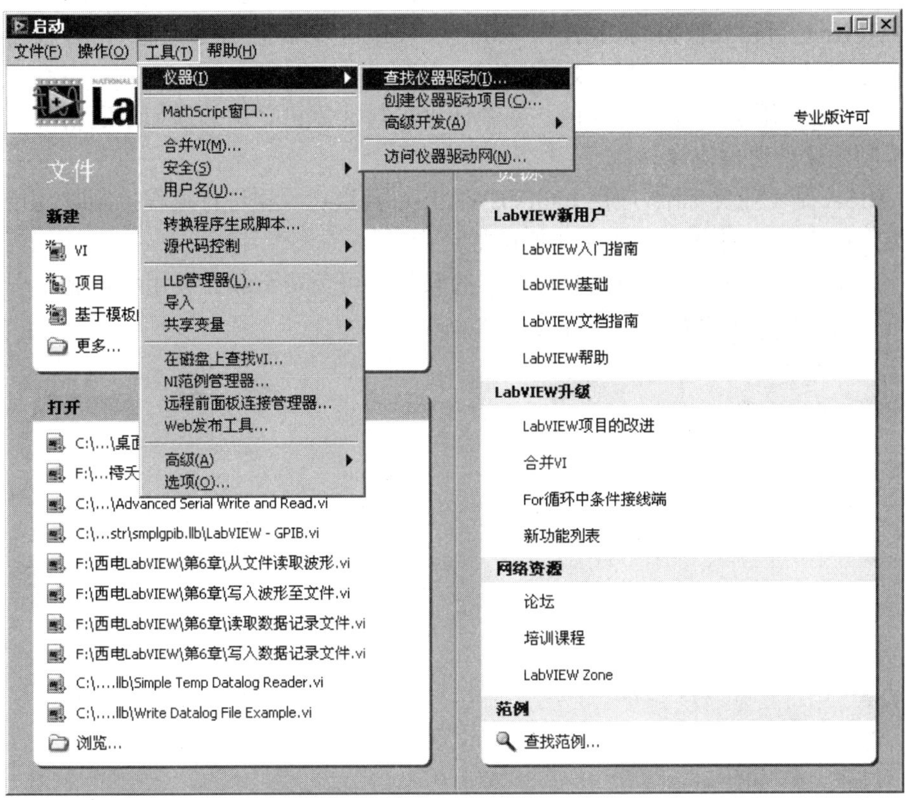

图 7.16　查找仪器驱动程序

3. 使用仪器驱动程序

在 LabVIEW 安装了仪器驱动程序后，用户可以在函数选板下的【仪器 I/O】中找到这些驱动程序。例如，Agilent 34401 驱动程序是内置在 LabVIEW 中的，如图 7.17 所示。此时用户就可编写自己的仪器应用程序了。

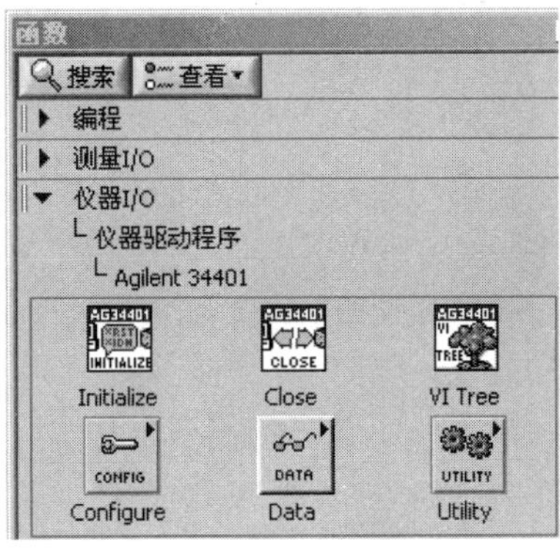

图 7.17　HP34401 仪器驱动程序

可以在 NI 的【硬件输入与输出】→【仪器驱动程序】中查找关于仪器驱动方面的范例。

本 章 小 结

(1) GPIB 是可程控仪器的通用国际标准接口，LabIVEW 内置了控制 GPIB 仪器的库存函数。通过 GPIB 选板可以 GPIB 仪器进行读写操作。

(2) 串口通信用于计算机与外设，或者计算机与计算机之间的通信。通信的关键是通信双方要制定软件通信协议。

(3) VISA 是工业界标准，应用 LabIVEW VISA 函数对仪器进行编程控制时，由于 VISA 与接口类型独立性，用户无需对接口细节进行了解。

(4) 仪器驱动程序是专门控制某种仪器的软件，可免费下载。使用仪器驱动程序避免了学习每个仪器复杂而低级的编程命令。

第 8 章　实用编程技术

本章通过学习以下主要知识来设计实现越限报警的程序。

- 局部变量
- 全局变量
- 属性节点

8.1　局部变量和全局变量

在 LabVIEW 中，通过前面板对象的程序框图接线端进行数据访问。每个前面板对象只有一个对应的程序框图接线端，但有时应用程序可能需要从多个不同位置访问该接线端中的数据，这时就需要用到局部变量和全局变量。局部变量和全局变量用于应用程序中无法连线的位置间的信息传递。

局部变量和全局变量位于函数选板上的【编程】→【结构】(或【数据通信】)中，如图 8.1 所示。

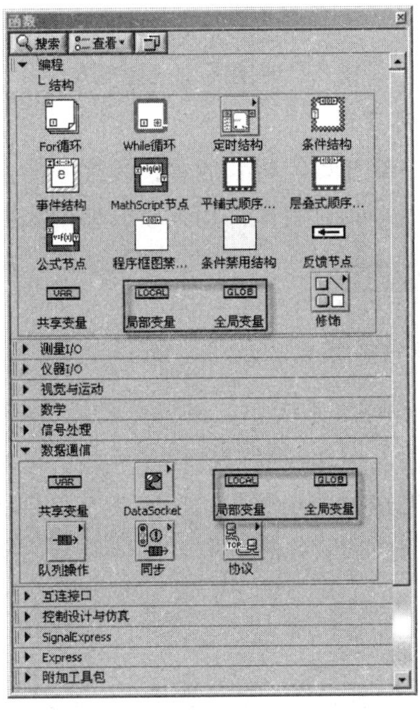

图 8.1　局部变量和全局变量节点

8.1.1　局部变量

局部变量可从一个 VI 的不同位置访问前面板对象，在单个 VI 中传输数据。局部变量可对前面板上的输入控件或显示控件进行数据读写。写入一个局部变量相当于将数据传递给其他接线端。但是，局部变量还可向输入控件写入数据和从显示控件读取数据。事实上，通过局部变量，前面板对象既可作为输入访问也可作为输出访问。

1. 创建局部变量

创建局部变量有两种方法：

1) 直接为前面板对象创建局部变量

右击前面板对象或程序框图接线端，从弹出的快捷菜单中选择【创建】→【局部变量】来创建一个局部变量。该对象的局部变量的图标将出现在程序框图上。如图 8.2 所示，图(a)为一个数值输入控件创建局部变量，图(b)是控件对应在程序框图中的局部变量图标。

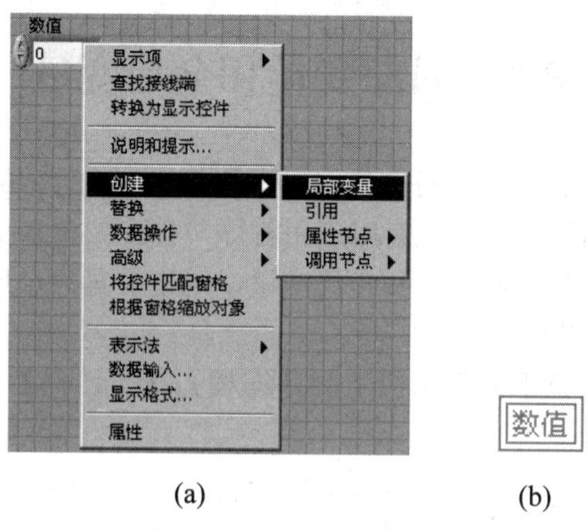

数值

(a)　　　　(b)

图 8.2　创建局部变量方法一

2) 通过函数选板创建局部变量

从函数选板上选择一个局部变量，将其放置在程序框图上，如图 8.3 所示。此时，局部变量节点尚未与一个输入控件或显示控件相关联，如图 8.4 所示。

图 8.3　创建局部变量方法二

图 8.4　局部变量节点

如果需要使局部变量与输入控件或显示控件相关联，可右击该局部变量节点，从快捷菜单中选择【选择项】。展开的快捷菜单将列出所有带有自带标签的前面板对象。LabVIEW 通过自带标签将局部变量和前面板对象相关联，因此必须用描述性的自带标签对前面板控件和显示控件进行标注。

2. 局部变量的属性

局部变量具有读取、写入两种属性。默认状态下，局部变量为写入变量，其边框较细。可以通过右击局部变量，从快捷菜单中选择【转换为读取】，将该局部变量配置为输入控件。

局部变量变为读取变量，边框较粗。写入变量意味着要改变局部变量的值，类似于显示控件。读取变量意味着要改变局部变量的值，类似于输入控件。

【例 8-1】 使用局部变量访问同一个控件。

对前面板名为温度的输入控件创建两个局部变量，设置其中一个变量的属性为写入(默认状态)，另一个变量的属性为读取，将温度输入控件的值写入温度局部变量，然后再从温度局部变量读取温度值，如图 8.5 所示。

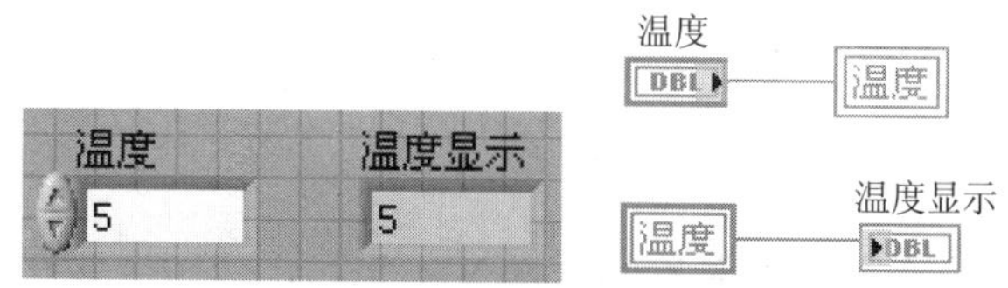

图 8.5　局部变量使用举例

【例 8-2】 使用布尔开关控制两个并行的 While 循环同时停止运行，并使开关复位。

如图 8.6 所示，在前面板上放置一个停止布尔开关，该开关的机械动作为释放时转换。在程序框图中使用了两个 While 循环分别产生正弦波和三角波，同时为布尔开关创建了两个局部变量，一个变量的属性为写入，一个变量的属性为读取。程序中将布尔开关的端口连接到 While 循环的条件接线端，将布尔开关的局部变量连接到另一个 While 循环的条件接线端。这样只用一个布尔开关就可同时控制两个 While 循环。布尔开关的初始值设为真，程序运行中操作该开关，使其状态由真变为假时，循环结束。由于开关值与其局部变量值相同，因此退出循环后二者的状态值都是假，这时可以通过或非节点使其变为真，写入开关局部变量，从而使开关返回到初始真值。

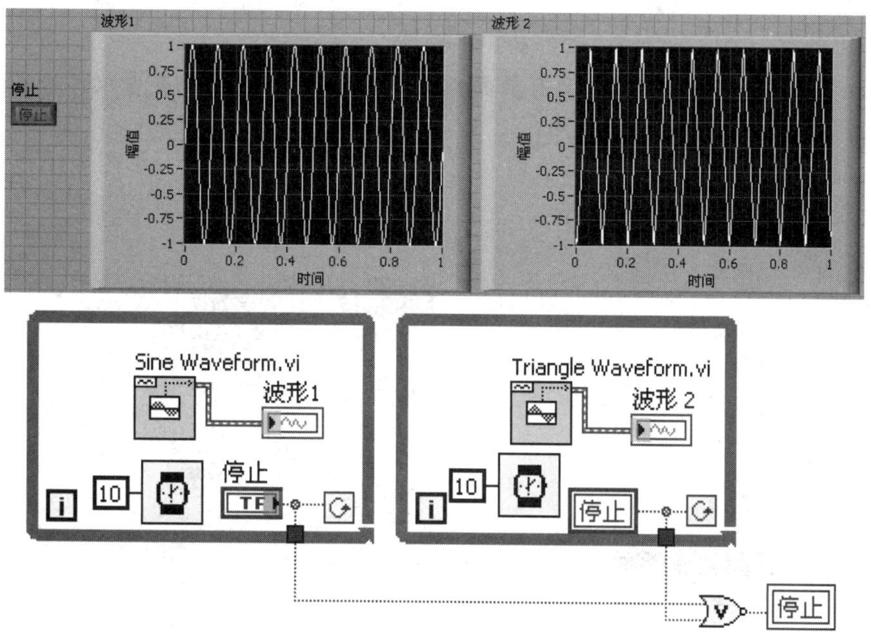

图 8.6　使用局部变量控制两个并行的 While 循环

说明： 不可在含有局部变量的对象中使用触发机械动作，因为第一个读取带有触发动作的布尔控件的本地变量将重设为其默认值。

8.1.2　全局变量

局部变量可以在一个 VI 范围内共享数据，而全局变量可在同时运行的多个 VI 之间访问和传递数据，这些 VI 可以是并行的，也可以是不便于通过接口传递数据的主程序和子程序。

例如，假设现有 2 个同时运行的 VI。每个 VI 含有一个 While 循环并将数据点写入一个波形图表。第一个 VI 含有一个布尔控件来终止这两个 VI。此时须用全局变量通过一个布尔控件将这两个循环终止。如这两个循环在同一个 VI 的同一张程序框图上，可用一个局部变量来终止这两个循环。

1. 创建全局变量

可创建多个仅含有一个前面板对象的全局 VI，也可创建一个含有多个前面板对象的全局 VI，从而将相似的变量归为一组，后者效率更高。

下面举例说明如何创建局部变量。

从函数选板上选择一个全局变量，将其放置在程序框图上，如图 8.7 所示。此时，程序框图出现一个带问号的全局变量节点，如图 8.8 所示。

图 8.7　创建全局变量

图 8.8　全局变量图标

用操作工具或定位工具双击该全局变量节点，或在全局变量节点上右击，弹出的快捷菜单中选择【打开前面板】，如图 8.9 所示，打开全局 VI 的前面板。该前面板与标准前面板一样，可放置一个或多个输入控件和显示控件。

说明： 全局变量 VI 很特殊，只有前面板而没有程序框图。全局变量仅作为前面板对象的存储器，存盘后才能在 VI 中使用。

在前面板窗口添加一个温度数值输入控件和一个停止布尔开关，如图 8.10 所示。每一个控件都是一个全局变量。

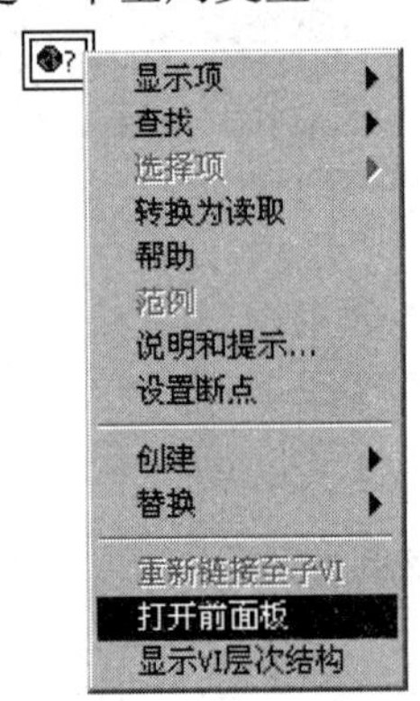

图 8.9　右击打开全局变量前面板

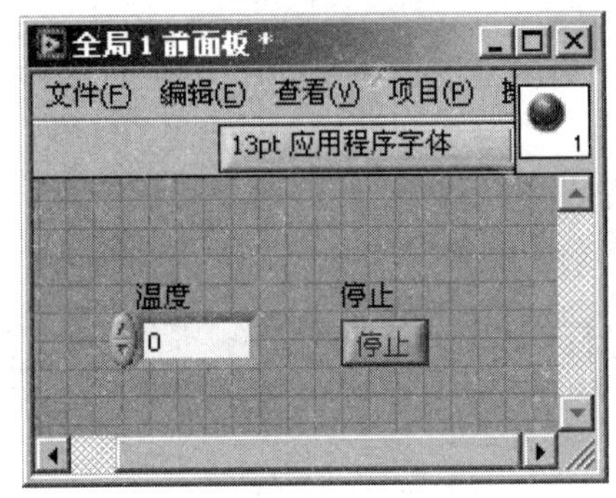

图 8.10　全局变量 VI 前面板

说明： LabVIEW 使用自带标签表示全局变量，因此应为前面板输入控件和显示控件使用描述性的自带标签进行标注。

保存全局 VI 并命名为“全局变量”。关闭全局 VI。

回到原 VI 的程序框图，右击该全局变量节点并从快捷菜单【选择项】中选择一个前面板对象。该快捷菜单列出了前面板上有自带标签的对象。也可用操作工具或标签工具单击全局变量节点，从快捷菜单中选择【前面板对象】来完成这一步，如图 8.11 所示。

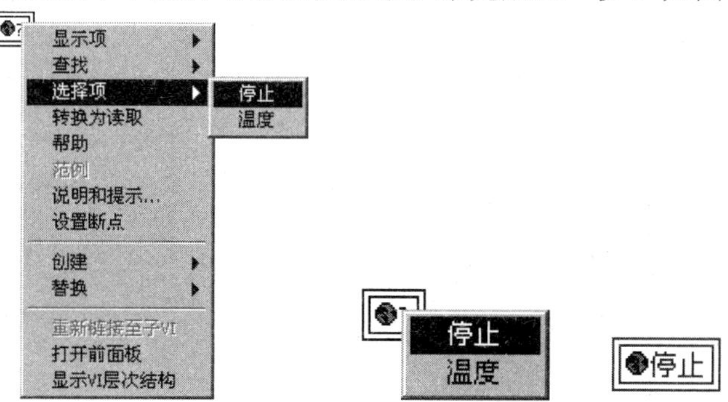

图 8.11　选择前面板停止布尔开关作为全局变量

2. 全局变量的属性

与局部变量一样，全局变量也具有读取、写入两种属性。默认状态下，全局变量是写入变量，其边框较细。可以通过右击全局变量，从快捷菜单中选择【转换为读取】，将该全局变量配置为输入控件。全局变量变为读取变量，边框较粗。再次右键单击全局变量节点，从快捷菜单中选择【转换为写入】，将该变量变为写入全局变量。

3. 全局变量的使用方法

在 VI 程序框图中单击【函数】→【选择 VI…】，在弹出的对话框中选择需要打开的全局 VI(如上文已存盘的“全局变量” VI)，在程序框图上放置一个全局变量，该全局变量与前面板对象相关，如图 8.12 所示。

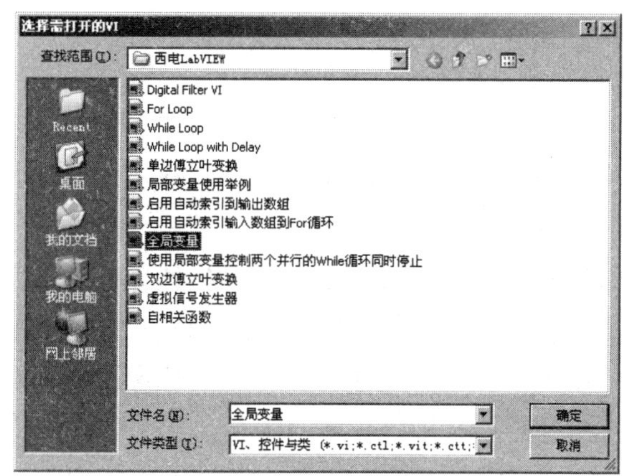

图 8.12　在程序框图中放置全局变量

单击全局变量节点，选择所需的前面板对象，如图 8.13 所示。

图 8.13　选择全局变量对应的前面板对象

【例 8-4】 使用全局变量传递波形数据。

创建一个全局变量和 2 个 VI。第 1 个 VI 产生正弦波数据(如图 8.14 所示)，并写入“正弦波形数据”全局变量(如图 8.15 所示)中。第 2 个 VI 从全局变量中将波形数据读出，并显示在前面板上，如图 8.16 所示。

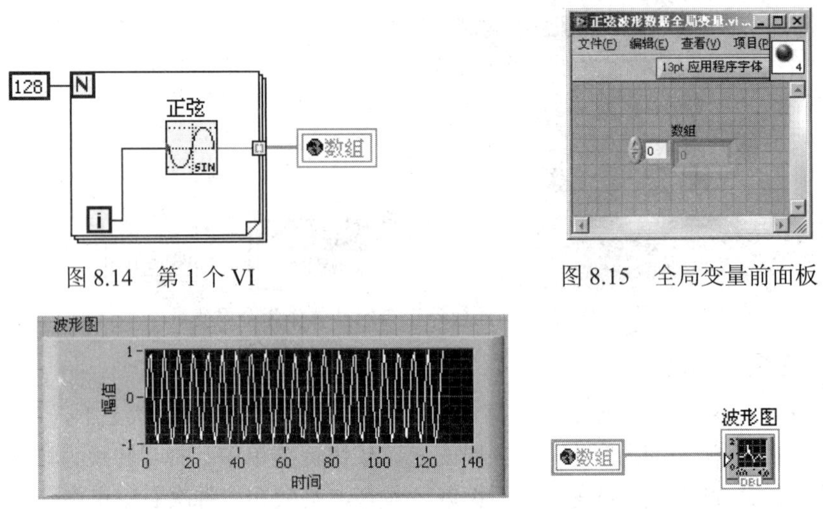

图 8.14　第 1 个 VI

图 8.15　全局变量前面板

图 8.16　第 2 个 VI 的前面板和程序框图

8.1.3　局部变量和全局变量的使用提示

局部变量和全局变量的使用是 LabVIEW 编程的难点。LabVIEW 程序最大的特点是数据流编程模式，而局部变量和全局变量不是数据流的组成部分。会使用局部变量和全局变量，使程序变得难以读懂，因此需谨慎使用。

1. 局部变量和全局变量的初始化

在使用局部变量和全局变量的 VI 运行前，局部变量和全局变量的值是相应的前面板对象的默认值。如果不能确保这些值符合 VI 运行的要求，就需要对它们进行初始化，否则变量可能导致 VI 运行错误。

2. 使用局部变量和全局变量应考虑计算机的内存

局部变量是其相应前面板对象拷贝的一个数据副本，要占用一定的内存。在程序中要控制局部变量的数量，特别是那些包含大量数据的数组，若在程序中使用很多，就会占用大量的内存，使程序的执行变得缓慢，从而降低程序运行的效率。

从一个全局变量读取数据时，LabVIEW 也创建一份该全局变量的数据副本。这样当操作大型数组和字符串时，将占用相当多的时间和内存来操作全局变量。从程序中几个不同的位置读取全局变量时，就会建立几个数据缓冲区，从而导致执行效率和性能降低。

8.2　属 性 节 点

LabVIEW 提供了各种样式的前面板对象，应用这些前面板对象，可以设计定制出仪表化的人机交互界面。但是，仅仅提供丰富的前面板对象还是不够的，在实际运用中，还经常需要实时地改变前面板对象的颜色、大小和是否可见等属性，达到最佳的人机交互功能。比如对一个实时监控系统画面，当出现参数差值和其他异常情况，需要提醒用户注意时，常常是通过改变对象的颜色来完成的，这一属性变化是在程序运行过程中由某一逻辑条件触发而非预先定义的。于是，LabVIEW 引入了属性节点这一概念，通过改变前面板对象属性节点中的属性值，可以在程序运行中动态地改变前面板对象的属性。本节主要介绍属性节点的创建与使用方法。

8.2.1 创建属性节点

右击前面板对象或其在程序框图的端口，单击快捷菜单中的【创建】→【属性节点】，在属性节点的下拉菜单中选择需要创建的属性，就可创建一个属性节点图标(位于程序框图窗口)。如图 8.17 所示为数值输入控件创建的【可见】属性节点。

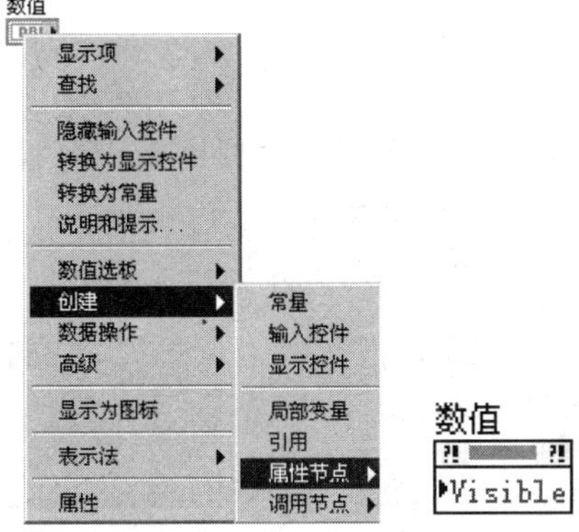

图 8.17　属性节点的创建

用操作工具单击属性节点的图标，或单击图标快捷菜单中的【属性】，会出现一个下拉菜单，其列出了前面板对象的所有属性，可以根据需要选择相应的属性。

若要同时改变前面板对象的多个属性，一种方法是创建多个属性节点，另外一种更加简捷的方法是在一个属性节点的图标上添加多个端口。添加的方法是用鼠标拖动属性节点图标下边缘(或上边缘)的尺寸控制点，或在属性节点图标的右键弹出选单中选择【添加元素】，然后再单击图标选择【属性】，比如选择值属性，如图 8.18 所示。

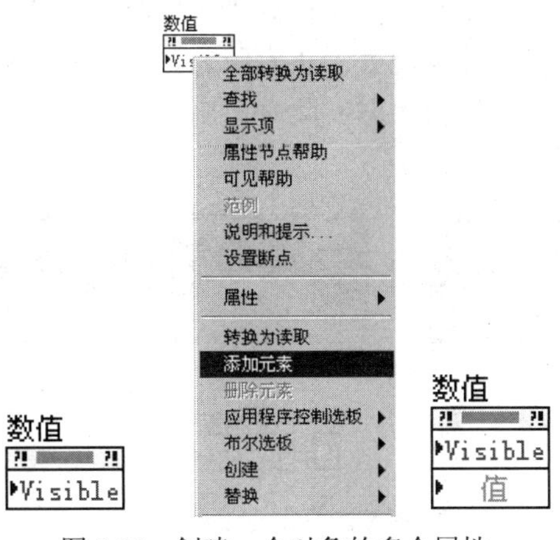

图 8.18　创建一个对象的多个属性

8.2.2　使用属性节点

如果属性的方向箭头在右侧，则为读取属性值；如果属性的方向箭头在左侧，则为写入属性值。单击快捷菜单中的【转换为写入】或【转换为读取】，可以修改其属性值的数据流向。如果单击【全部转换为读取】或【全部转换为写入】，可以一次修改所有属性节点的数据流向。

节点按从上到下的顺序执行各属性。如某个属性上发生错误，则节点将在该属性停止，返回一个错误并不再执行任何属性。右击节点并单击快捷菜单中的【忽略节点内部错误】，可忽略所有错误并继续执行其他属性。如果在设置【忽略节点内部错误】后发生错误，则属性节点仍返回该错误。错误输出簇则报告导致错误的具体属性。

由于不同类型的前面板对象的属性种类繁多，各不相同，因此本节主要介绍前面板对象共有的常用属性的用法。掌握了这些基本属性的用法之后，其他一些特殊属性的用法以此类推。

1. 可见属性

可见属性用来控制前面板对象在前面板窗口中是否可视，其数据类型为布尔型。当 Visible 值为 True 时，前面板对象在前面板上处于可视状态；当 Visible 值为 False 时，前面板对象在前面板上处于隐藏状态，如图 8.19 所示。

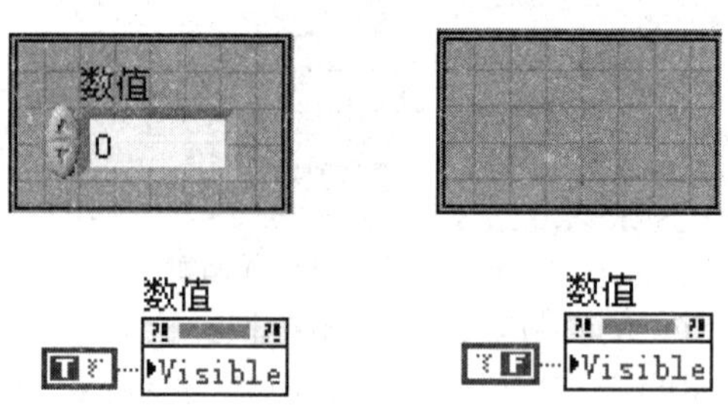

图 8.19　可见属性

2. 禁用属性

通过禁用属性，当 VI 处于运行状态时用于控制用户是否可以访问一个前面板对象，其数据类型为整型。当输入值为 0 时，前面板处于正常状态，用户可以访问该前面板对象；当输入值为 1 时，前面板对象的外观处于正常状态，但用户不能访问该前面板对象；当输入值为 2 时，前面板对象处于禁用状态，此时，用户不可访问这个前面板对象，如图 8.20 所示。

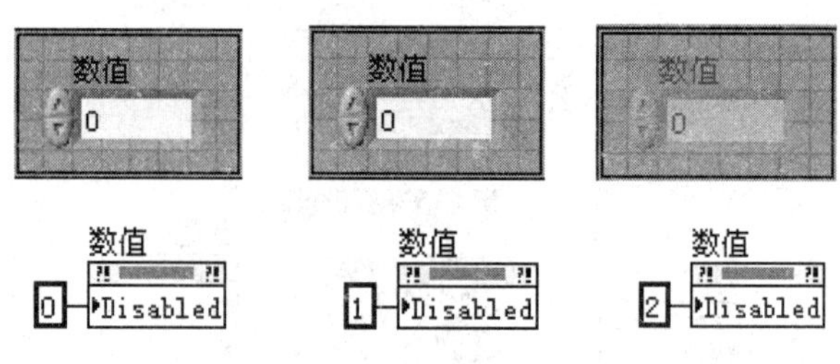

图 8.20　Disabled 属性

3. 键选中属性

键选中属性用于控制前面板对象是否处于键盘焦点状态，其数据类型为布尔型。当输入值为 True 时，前面板对象处于键盘焦点状态；当输入值为 False 时，前面板对象处于失去键盘焦点状态，如图 8.21 所示。

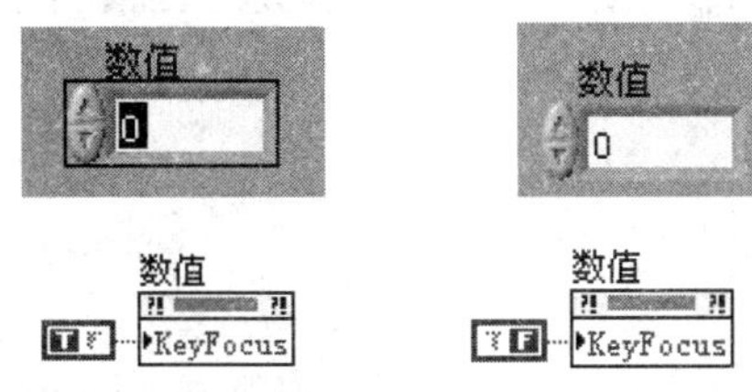

图 8.21　键选中属性

4. 闪烁属性

闪烁属性用于控制前面板对象是否闪烁，其数据类型为布尔型。当输入值为 True 时，前面板对象处于闪烁状态；当输入值为 False 时，前面板对象处于正常状态，如图 8.22 所示。

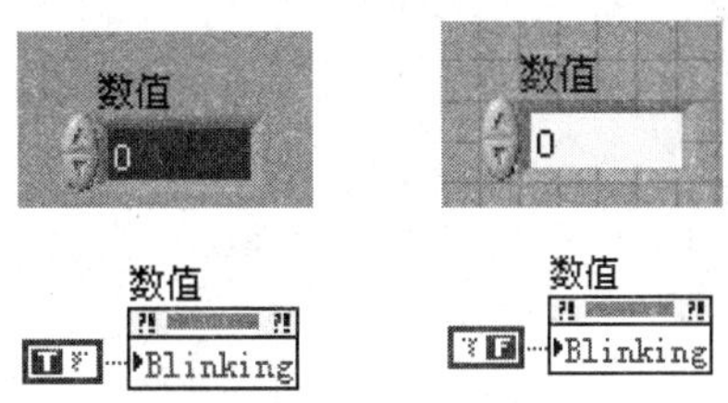

图 8.22　闪烁属性

前面板对象闪烁的速度和颜色是可以设置的，不过这两个属性不能由属性节点来设置，并且一旦设定了闪烁的速度和颜色，在 VI 处于运行状态时，这两种属性值就不能再改变。在 LabVIEW 主菜单工具中选择【选项...】，弹出一个名为选项的对话框，在对话框中可以设置闪烁的速度和颜色。在对话框左边类别中选择颜色，对话框中出现如图 8.23 所示的属性设定选项，选择闪烁前景和闪烁背景可以分别设置闪烁的前景色和背景色。

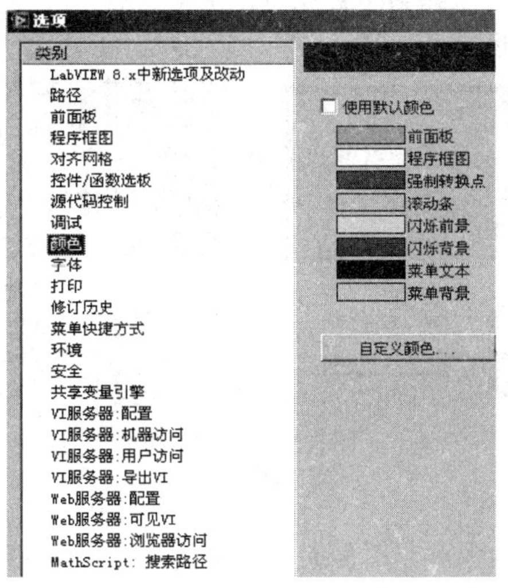

图 8.23　设置闪烁的前景色和背景色

在对话框左边的类别表框中选择前面板，对话框中会出现如图 8.24 所示的属性设定选项，可以在闪烁延迟中设置闪烁的速度(其默认值为 1000 毫秒)。

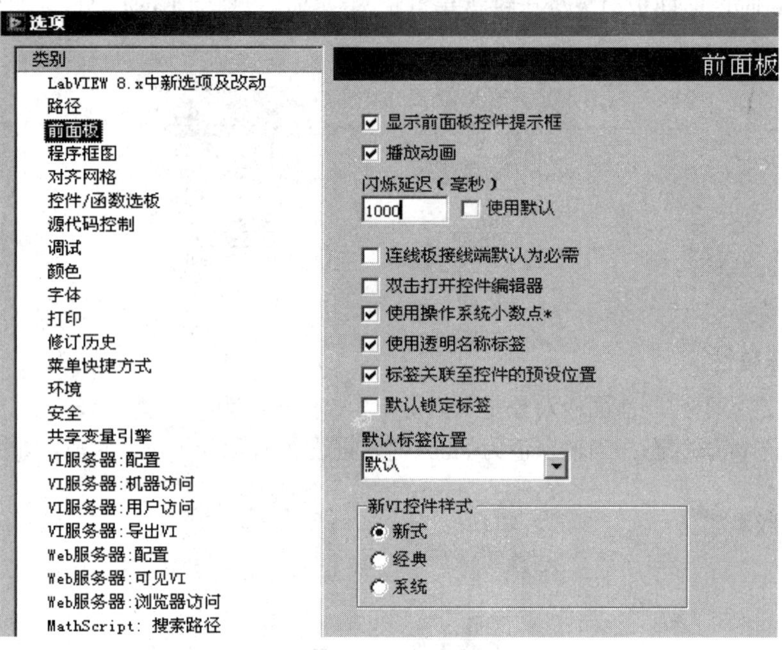

图 8.24　设置闪烁的速度

5. 位置属性

位置属性用于设置前面板对象在前面板窗口中的位置，其全部元素包括居左和置顶。居左属性设置前面板对象水平方向的位置；置顶属性设置前面板对象在前面板垂直方向的位置；当用户选择【位置】→【全部元素】时，其数据类型是簇，簇中包含两个元素，均为整数，一个是前面板对象图标左边缘的 x 坐标(即居左属性)，另一个是前面板对象图标上边缘的 y 坐标。窗口的左上角为坐标原点，水平向右为 x 轴，垂直向下为 y 轴。位置属性的应用示例如图 8.25 所示。

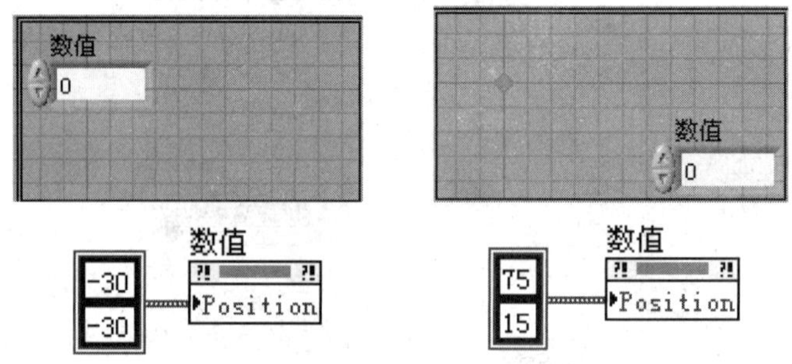

图 8.25　位置属性

6. 边界属性(只读)

边界属性用于获得前面板对象图标的大小，包括高度和宽度。其数据类型为簇，包含两个整型元素，一个为前面板对象图标的宽度，另一个为高度。该属性端口的属性为只读，不能赋值。边界属性的应用示例如图 8.26 所示。

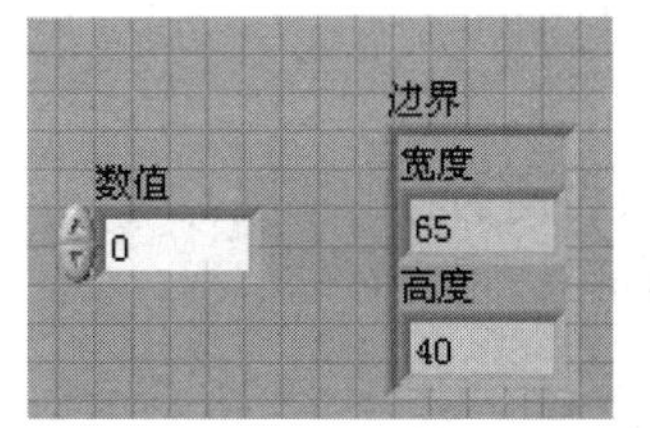

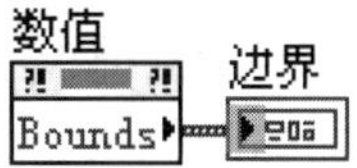

图 8.26　边界属性

8.2.3　设置 VI 属性

LabVIEW 提供了对程序 VI 的属性设置，用户可以通过 3 种方法打开 VI 属性对话框：按组合键 Ctrl+I，在文件菜单中选择【VI 属性…】，在程序图标的快捷菜单上选择【VI 属性】。利用上述操作打开 VI 的属性设置对话框如图 8.27 所示。

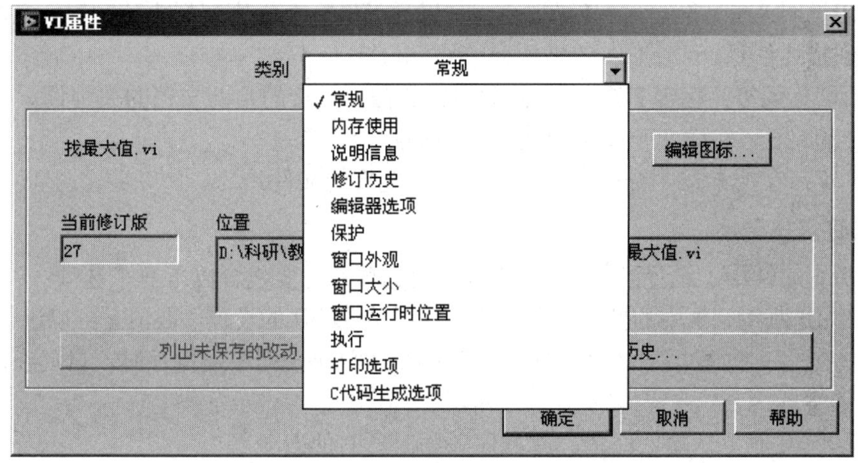

图 8.27　VI 属性设置对话框

在类别下拉菜单下，用户可以对程序的窗口大小、安全性、程序外观和打印属性等进行设置，下面将分别对它们进行说明。

1. 常规属性

在类别下拉菜单中选择【常规】后，进入常规属性设置页。

常规属性设置页包括以下几个部分：

(1) 编辑图标：弹出 VI 程序图标编辑窗口。

(2) 位置：显示程序保存的当前路径。

(3) 当前修订版：列出自上次保存后至今的程序修改记录。

(4) 列出未保存的改动：列出指定 VI 中的所有未保存的改动。

(5) 修改历史：可以保存或查看程序修改的信息。

2. 内存使用属性

内存使用属性主要用于显示当前程序使用系统内存以及占用磁盘容量的大小，它不包含程序中所用到的子 VI。在程序编辑和运行时，VI 占用内存容量特别大，特别是程序框图占用大量的内存，因此用户可以在不用时及时保存并且关闭程序框图界面，同样关闭子 VI 的前面板和程序框图也可以达到释放内存的目的。

内存使用属性页包含以下几个部分：

(1) 前面板对象：显示当前 VI 的前面板占用内存的情况。

(2) 程序框图对象：显示当前 VI 的流程图占用内存的情况。

(3) 代码：显示当前编译代码的大小。

(4) 数据：显示当前 VI 所占用的数据空间。

(5) 总计：显示当前 VI 占用的内存总和。

(6) 磁盘中 VI 大小总计：显示程序占用的磁盘空间。

3. 说明信息属性

说明信息属性用于对程序信息进行描述，将程序信息链接到 HTML 文档或者帮助文档，其主要包括以下几个内容：

(1) VI 说明：在这里输入 VI 描述信息，以后当鼠标在程序图标上移动时，在即时帮助窗口会出现描述信息。

(2) 帮助标识符：包含 HTML 文档的路径和需要链接的帮助文档的关键词。

(3) 帮助路径：包含上下文菜单窗口链接的路径。

(4) 浏览：在搜索文件对话框中选择一个需链接的文件。

4. 修订历史属性

修订历史属性用于设置当前 VI 的修改历史选项，主要包含以下几个选项：

(1) 使用选项对话框中的默认历史设置：使用系统默认的设置，取消它可以进行自定义。

(2) 每次保存 VI 时添加注释：选择此项将在用户改变程序或保存时，自动在历史窗口中产生记录信息。

(3) 关闭 VI 时提示输入注释：此程序关闭时所有的改变。

(4) 保存 VI 时提示输入注释：在程序保存时给出提示。

(5) 记录由 LabVIEW 生成的注释：当程序被改动后，自动在历史窗口里添加记录信息。

(6) 查看当前修订历史：显示当前程序的历史记录。

5. 编辑器选项属性

编辑器选项属性用于设置对齐网格大小和设置创建输入控件/显示控件的控件样式，其中对齐网格大小设置包括前面板和程序框图的设置，创建输入控件/显示控件的控件样式有新式、经典、系统 3 种供用户选择。

6. 保护属性

保护属性用于设置程序的安全性，包含以下几个选项：

(1) 未锁定(无密码)：允许任何用户查看和编辑 VI 的前面板和程序框图。

(2) 已锁定(无密码)：用户必须开启 VI 后才能编辑程序。

(3) 密码保护：对 VI 进行密码保护，用户只有在输入正确的密码之后才可以对 VI 进行编辑。

(4) 更改密码：更改程序密码。

7. 窗口外观属性

窗口外观属性用来设定程序运行时的窗口界面。用户可以将程序设置为对话框窗口，这样用户在 VI 运行时就不能打开其他的应用程序了。用户可以在程序运行时设置显示或隐藏滚动条和工具栏，也可以让窗口自动居中显示。自定义窗口外观的选项窗口如图 8.28 所示。

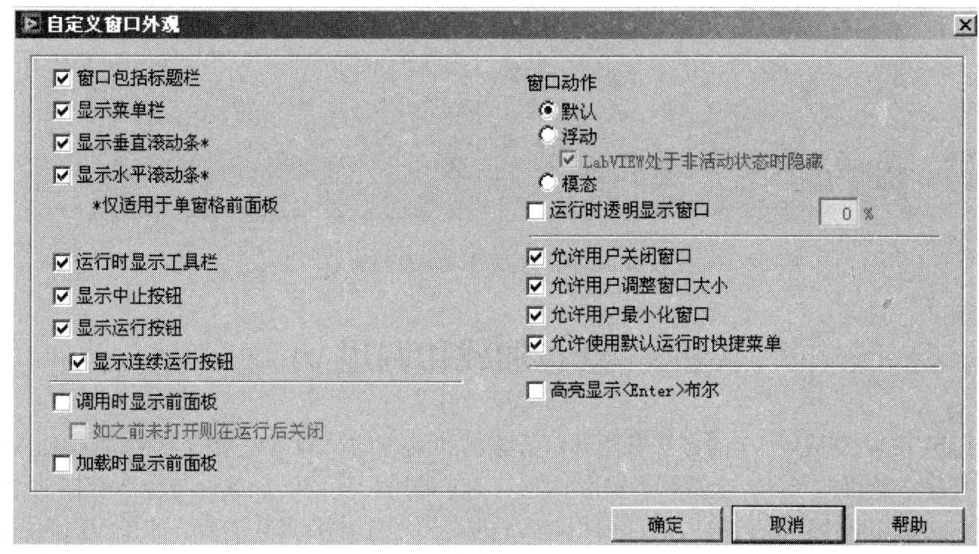

图 8.28　自定义窗口外观的选项窗口

8. 窗口大小属性

窗口大小属性用于设置前面板的尺寸(包括宽度和高度)，通过设置可以实现使用不同分辨率显示器时保持窗口比例以及调整窗口大小时缩放前面板上所有对象的功能。

9. 窗口运行时位置属性

窗口运行时位置属性的设置可以实现规定窗口运行时的位置状态，可以具体设置程序运行时前面板的大小及其在显示屏中的位置坐标。

10. 执行属性

执行属性用于设置程序运行的优先级以及首选的执行系统(共 6 个系统可选)。在 VI 编辑过程中不建议用户修改此处的设置，正常情况下使用默认设置，就可以使程序的运行效率达到最好。但是当程序调用的子 VI 数目非常大时，为了提高程序的运行效率，用户可以修改此页的设置。

11. 打印选项属性

打印选项属性主要用于定义打印相关的一些特性，如定义页边距离、打印页眉(名称、日期和页码)、缩放要打印的前面板以匹配页面、缩放要打印的程序框图以匹配页面等。

12. C 代码生成选项属性

C 代码生成选项属性是 LabVIEW 版本新增的属性，主要是对嵌入式、PDA 和触摸面板终端的设计中涉及到 C 代码时的一些特性设置。其属性设置窗口如图 8.29 所示。

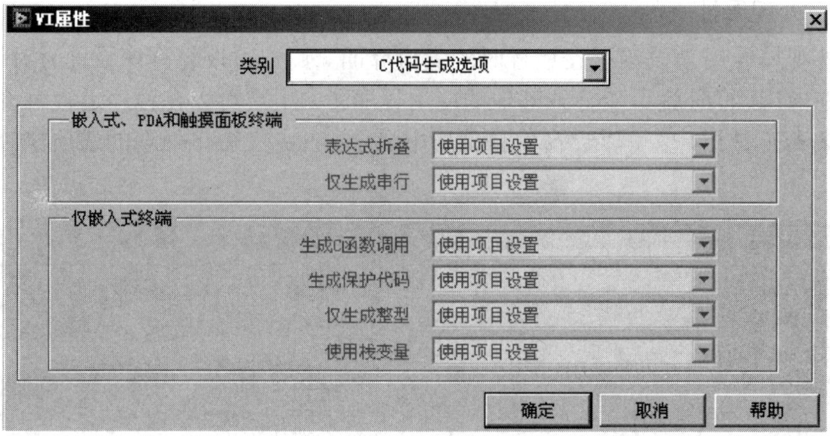

图 8.29　C 代码生成选项属性设置窗口

8.3　动态加载和调用 VI

LabVIEW 链接子 VI 的方法有两种：静态的和动态的。静态链接的子 VI 是指在 VI 打开后其静态链接的子 VI 全部调入内存，它与 VI 调用程序同时加载。与静态链接的子 VI 不同，动态加载 VI 只有在打开 VI 引用时 VI 的调用程序才会将其加载。如果 VI 调用程序较大，采用动态加载 VI 的方式可以节省加载时间和内存。这是因为在调用程序需要运行该 VI 时才将其加载，在操作结束后又可将其从内存中释放。

VI 服务器可以用来动态加载和调用 VI。动态加载 VI 的方法有两种：一种是使用【通过引用节点调用】函数，使用严格类型的 VI 引用句柄来动态加载 VI；另一种是通过使用非严格类型的 VI 引用句柄引用调用节点来动态加载 VI。两种方法都可以用来动态加载远程 VI。

1. 使用【通过引用节点调用】函数来动态加载 VI

下面通过一个练习来介绍使用【通过引用节点调用】函数来动态加载 VI 的方法。

【练习 8-1】 动态加载 VI 来计算两个数之和。

目标：学习使用【通过引用节点调用】函数动态加载 VI 的方法。

设计：Dynamically Load VI1.vi。

(1) 创建加法.vi，其前面板和程序框图如图 8.30 所示。

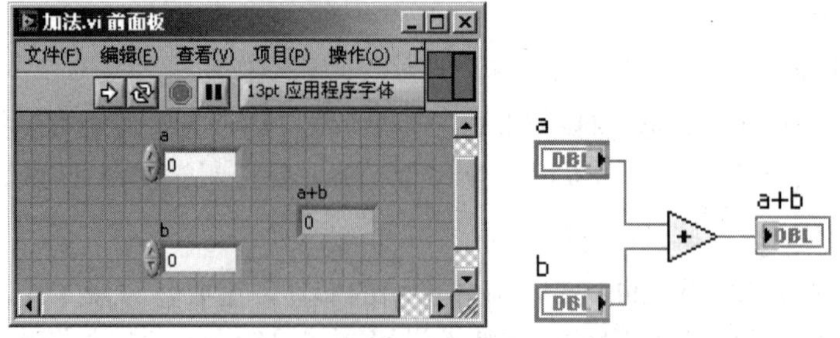

图 8.30　加法 .vi 的前面板和程序框图

说明：注意前面板右上角的连线板样式。

(2) 新建一个 VI。

(3) 在程序框图上放置【打开 VI 引用】函数。

① 右击程序框图空白处，弹出函数选板。

② 在函数选板上单击【编程】→【应用程序控制】→【打开 VI 引用】，将其拖放在程序框图中。

(4) 创建一个严格类型的 VI 引用句柄并将引用 VI 的路径连接至【打开 VI 引用】函数的【VI 路径】输入端。

① 右击前面板空白处，弹出控件选板。

② 在控件选板上单击【新式】→【引用句柄】→【VI 引用句柄】，将其拖放在前面板上。

③ 右击此引用句柄，在弹出的快捷菜单中选择【选择 VI 服务器类】→【浏览...】，弹出选择需打开的 VI 对话框，选择【加法.vi】，创建好的 VI 引用句柄如图 8.31 所示。

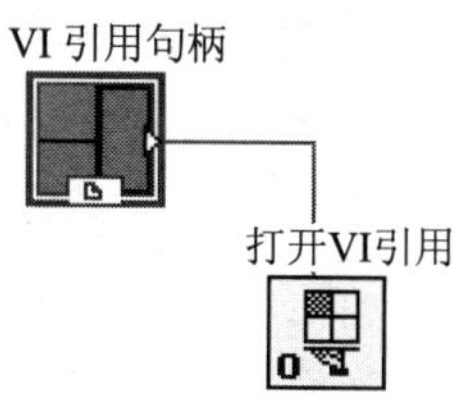

图 8.31　创建严格类型的 VI 引用句柄方法一

说明：严格类型的 VI 引用句柄可识别所需调用 VI 的连线板。但并不是和 VI 建立永久连接，也不包含如名称、位置等 VI 的其他信息。本练习中选择的“加法.vi”，仅仅是提供“加法.vi”连线板信息。

上述创建严格类型的 VI 引用句柄的方法也可以这样实现：

① 在程序框图中右击【打开 VI 引用】函数的【类型说明符 VI 引用句柄】输入端，从快捷菜单中选择【创建】→【常量】。

② 右击此常量，在弹出的快捷菜单中选择【选择 VI 服务器类】→【浏览...】，弹出【选择需打开的 VI】对话框，选择【加法.vi】。选中 VI 后，引用的左上角将出现一个内有斜线的圆圈，表示该引用为严格类型引用，如图 8.32 所示。

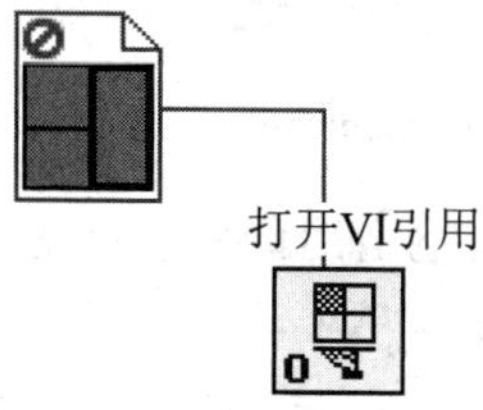

图 8.32　创建严格类型的 VI 引用句柄方法二

③ 在程序框图中右击【打开 VI 引用】函数的【VI 路径】输入端，从快捷菜单中选择【创建】→【输入控件】，输入引用的【加法.vi】路径。

说明：所选 VI 的连线板必须与连接到【打开 VI 引用】函数【VI 路径】输入端的 VI 的连线板相匹配。本练习中选中的 VI 就是连接至【VI 路径】输入端的同一个 VI。【VI 路径】输入端连接的是要加载的 VI。

(5) 在程序框图上放置一个【通过引用节点调用】函数和【关闭引用】函数。

① 在函数选板上单击【编程】→【应用程序控制】→【通过引用节点调用】，将其拖放在程序框图中。

② 将【打开 VI 引用】函数的【VI 引用】输出端连线至【通过引用节点调用】函数的【引用】输入端。

③ 在函数选板上单击【编程】→【应用程序控制】→【关闭引用】，将其拖放在程序框图中。

④ 将【通过引用节点调用】函数的【类型说明符 VI 引用句柄】输出端与【关闭引用】函数的【引用】输入端相连。

⑤ 在程序框图上连接所有错误输入和错误输出接线端。

说明：【通过引用节点调用】函数需要连接一个严格类型的 VI 引用句柄。

(6) 给【通过引用节点调用】函数的输入端赋值，创建输出端显示控件。

程序框图如图 8.33 所示。

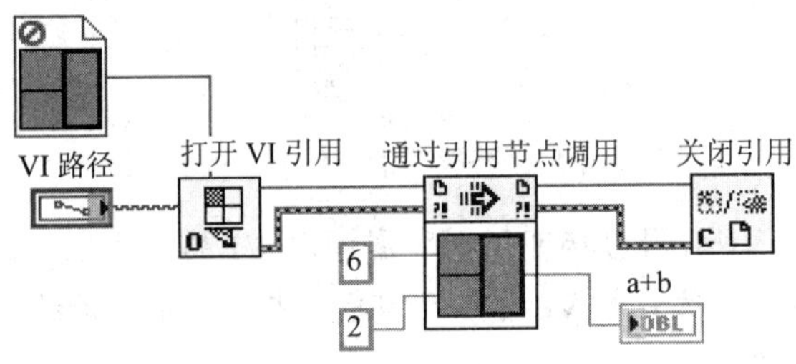

图 8.33　Dynamically Load VI1.vi 程序框图

(7) 保存 VI，并且命名为 Dynamically Load VI1。

(8) 返回前面板，运行 VI，结果如图 8.34 所示。

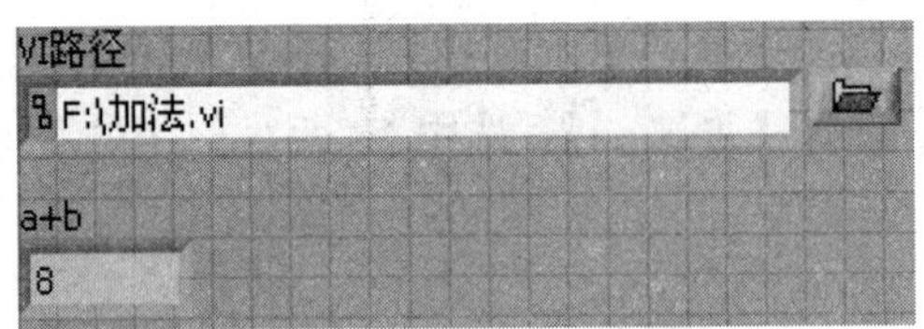

图 8.34　Dynamically Load VI1.vi 前面板

2. 使用非严格类型的 VI 引用句柄引用调用节点动态加载 VI

【例 8-5】 使用调用节点动态加载 VI。

本例同样完成了两数之和的计算，程序框图如图 8.35 所示。首先使用【打开 VI 引用】函数打开引用，然后通过使用调用节点设置 a 和 b 两个输入控件，紧接着通过【运行 VI】方法运行 VI，其中的【结束前等待】输入为真，意味着程序执行到此调用节点时需要等待加载的 VI 运行完成后才会继续执行，最后再通过一个调用节点输出两个数之和。

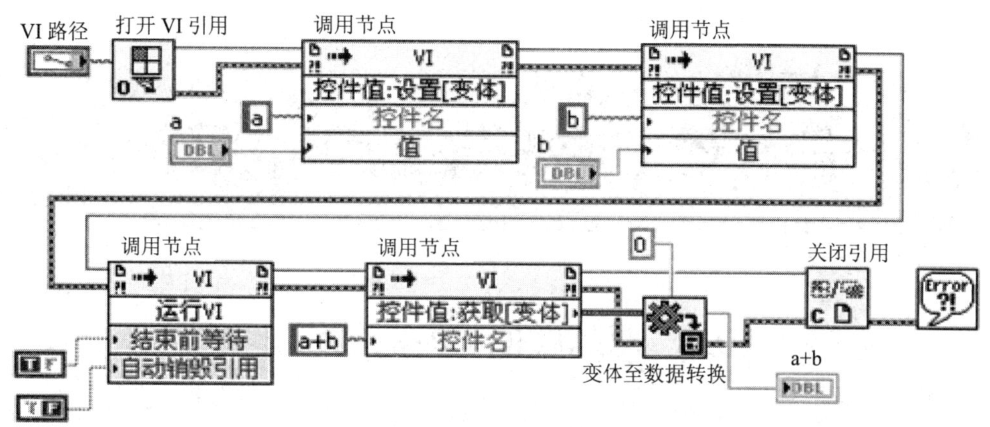

图 8.35　使用调用节点动态加载 VI

说明：使用调用节点，可以灵活地控制动态加载 VI 程序的运行情况。例如，可以设置动态加载的 VI 前面板是否打开，前面板是否要居中计算机屏幕等。

本 章 小 结

(1) 在 LabVIEW 中定义的局部变量和全局变量，如果使用稍有不慎，容易引起程序隐性逻辑错误，因此在使用中要谨慎。

(2) LabVIEW 中的局部变量必须依附于一个前面板对象，用于在同一个 VI 中的不同位置访问同一个控件，实现在一个程序内的数据传递。

(3) LabVIEW 中的全局变量声明在一个特殊的 VI 文件中，用于在不同 VI 间传递数据。

(4) 局部变量和全局变量都具有读、写两种属性，可在它们的节点上弹出菜单方便地进行读、写控制的转换。

(5) LabVIEW 链接子 VI 的方法有两种：静态的和动态的。

第 9 章　虚拟仪器应用设计

9.1　双踪虚拟示波器的设计

9.1.1　设计目的

(1) 了解并掌握虚拟仪器的设计方法，具备初步的独立设计能力。

(2) 初步掌握对图形化编程语言 LabVIEW 的编程、调试等基本技能。

(3) 通过整个设计过程大致领会并了解 LabVIEW 软件的其他虚拟仪器的设计方法，从而为将来在实际工程项目中使用 LabVIEW 打下良好的实践基础。

(4) 提高综合运用所学知识独立分析和解决问题的能力。

9.1.2　设计内容

使用提供的硬件(数据采集卡、信号发生器等设备)设计一个双踪虚拟示波器。

具体设计要求如下：

(1) 显示正弦波、方波、三角波等信号的波形。

(2) 测量信号的峰峰值、有效值、平均值。

(3) 测量信号的频率和周期。

(4) 采用数据采集卡 USB-6009

(5) 软件采用 LabVIEW。

设计的双踪虚拟示波器需完成以下模块的程序设计：

(1) 开始暂停程序模块——其功能是控制整个程序的开始和暂停。

(2) 模拟输入模块——提供示波器信号输入方法：正弦波、方波、三角波和白噪声等。

(3) 波形运算模块——其主要功能是完成对两个波形进行加法、减法或乘法等运算。

(4) 时基控制模块——其主要功能是通过直接控制每次进入显示波形的点数来控制扫描频率。

(5) 触发控制模块——其功能是通过设置触发方式来控制数据采集。

(6) 数据存储和回放模块——其主要功能是将测量采集到的信号波形通过单击“存盘”和“写盘”，有记忆性地保留和存储所需要的数据波形。这是常用数字示波器不具有的，即虚拟示波器可以完成对波形的保存，从而可随时读取到以前所测试的数据。

9.1.3　设计报告要求

除普通的设计报告的基本要求外，还要写以下内容：

(1) 设计方案选择。

设计方案包括具体的程序设计模块、方案的优缺点等。

(2) 软件设计。

① 前面板的设计：使用的控件和显示件名称，修改的属性和用途等；前面板的布局。

② 程序框图的设计：程序流程图，主要函数介绍，源程序。

(3) 软硬件调试。

软硬件调试的内容包括调试步骤、调试结果、调试中出现的问题，以及如何解决等。

(4) 使用说明。

简述设计的虚拟示波器，指导用户如何使用。

9.1.4　示波器测量理论

在时域信号测量中，示波器无疑是最具代表性的典型测量仪器，它可以精确复现作为时间函数的电压波形(横轴为时间轴，纵轴为幅度轴)。通过示波器不仅可以观察相对于时间的连续信号，还可以观察某一时刻的瞬间信号，这是电压表所做不到的。我们不仅可以从示波器上观察电压的波形，也可以读出电压信号的幅度、频率及相位等参数。电气、电子、仪表等工程和产品的设计过程当中，示波器的使用是非常普遍和必要的。

传统的示波器和虚拟数字示波器有着相同之处，同时也有着本质区别。传统示波器是由专门厂家设计生产出来的，如 HP 公司的双通道台式数字存储示波器 HP54603 系列，它们是由具体的各个电子、机械元器件组成的。而虚拟数字示波器则完全运用 LabVIEW 中的软件程序设计而成。这是常用数字示波器和虚拟数字示波器的本质区别。也就是说，虚拟数字示波器是完全通过软件程序设计出来仿真常用数字示波器的，它们在显示、测量、分析、存储和外部连接上有着非常相似的地方，甚至有时候虚拟数字示波器在某些方面要远远优于常用示波器。另外，通过 LabVIEW 设计出来的数字示波器能拥有很多常用示波器不具备的长处。总之，利用虚拟数字示波器，设计人员可以很灵活地满足所测试的信号的要求。

9.1.5　虚拟示波器的前面板

设计一个简单的示波器，其前面板如图 9.1 所示(供参考)。

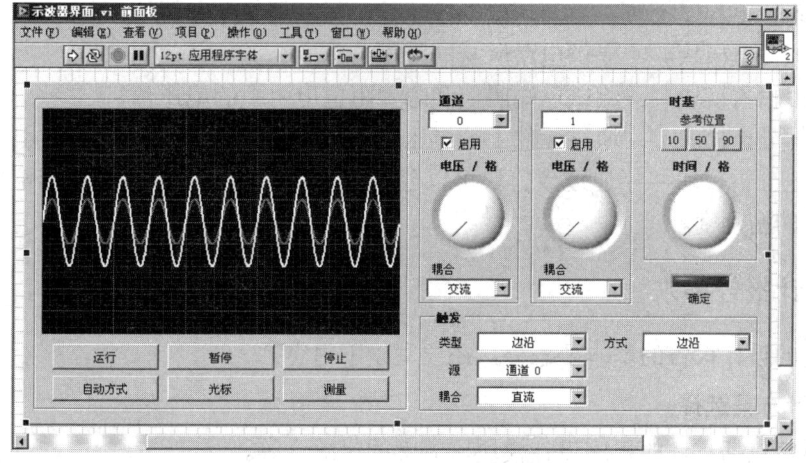

图 9.1　虚拟示波器的参考前面板

9.2　电压、电流、电阻测试仪的设计

9.2.1　设计目的

(1) 了解并掌握虚拟仪器的设计方法，具备初步的独立设计能力。

(2) 初步掌握对图形化编程语言 LabVIEW 的编程、调试等基本技能。

(3) 通过整个设计过程大致领会并了解 LabVIEW 软件的其他虚拟仪器的设计方法，从而为将来在实际工程项目中使用 LabVIEW 打下良好的实践基础。

(4) 了解数据采集设备的应用，掌握简单的虚拟仪器系统(基于 PCI 总线的 DAQ 系统)的组建方法。

(5) 提高综合运用所学知识独立分析和解决问题的能力。

9.2.2　设计内容

使用提供的硬件(数据采集卡、信号发生器等设备)设计一个电压、电流、电阻测试仪。

具体设计要求如下：

(1) 搭建一个实验电路，该电路由一个已知阻值的电阻和一个需要测试阻值的电阻串联。

(2) 利用采集卡的模拟输出功能在 0 通道产生一直流电压，并将 0 通道对应的接线端和地线分别连接到串联电路的两端。

(3) 采用差分测量方式，将模拟输入的 0 通道和 1 通道对应的接线端分别接到已知阻值和未知阻值的电阻两端。

(4) 调用硬件驱动软件中的库函数，编写模拟输出和模拟输入程序。

(5) 模拟输入软件中获得的数据通过分析软件获得该电路中的电流、各个电阻上的电压及未知阻值的电阻值，并将这些数据显示在前面板中。

设计的电压、电流、电阻测试仪需完成以下模块的程序设计：

(1) 开始暂停程序模块——其功能是控制整个程序的开始和暂停。

(2) 模拟输出模块——提供电路所需的电压。

(3) 模拟输入模块——测试已知阻值和未知阻值电阻上的电压值。

(4) 数据分析模块——通过元件上的电压值计算电路中的电流及未知电阻的阻值。

(5) 误差分析模块——通过改模块可以分析测试结果的误差，从而校准电压、电流、电阻测试仪的精确度。

9.2.3　设计报告要求

除普通的设计报告的基本要求外，还要写以下内容：

1. 设计方案选择

设计方案包括具体的程序设计模块、方案的优缺点等。

2. 软件设计

(1) 前面板的设计：使用的控件和显示件名称，修改的属性和用途等；前面板的布局。

(2) 程序框图的设计：程序流程图，主要函数介绍，源程序。

3. 软硬件调试

软硬件调试的内容包括调试步骤、调试结果、调试中出现的问题，以及如何解决等。

4. 使用说明

指导用户如何使用电压、电流、电阻测试仪。

9.2.4 电压、电流、电阻测试仪的理论

最经济的虚拟仪器系统就是一块数据采集卡+计算机+用户开发的应用软件。电压、电流、电阻测试仪的工作流程就是通过软件控制数据采集卡的模拟输出通道产生一激励信号(电压)，然后由模拟输入通道测试电路的输出电压，最后根据具体分析要求计算电路的电流及未知元器件的参数值。

将该测试仪的程序框图的分析部分作一些修改就可以用来实现电感、电容、三极管等电路元器件的特性或参数的测量。

电压、电流、电阻测试仪在高校的电路实验教学中应用非常多，传统电路的实验室，每张实验台上需要堆积大量的测试仪器，如万用表、示波器、函数发生器、扫频仪等。如果在每个实验台配备一台计算机和一块数据采集卡，利用计算机和采集卡编制一些软件就可以替代所有的传统测试设备，而且其还可以将所有的测试结果保存或打印实验报表，这是传统的测试设备所不具有的功能。

总之，利用虚拟仪器技术设计的测试仪器，其可以很灵活地满足几乎所有的测试要求。

9.2.5 电压、电流、电阻(VCR)特性测试仪的前面板

电压、电流、电阻(VCR)特性测试仪的前面板设计可参考图 9.2。

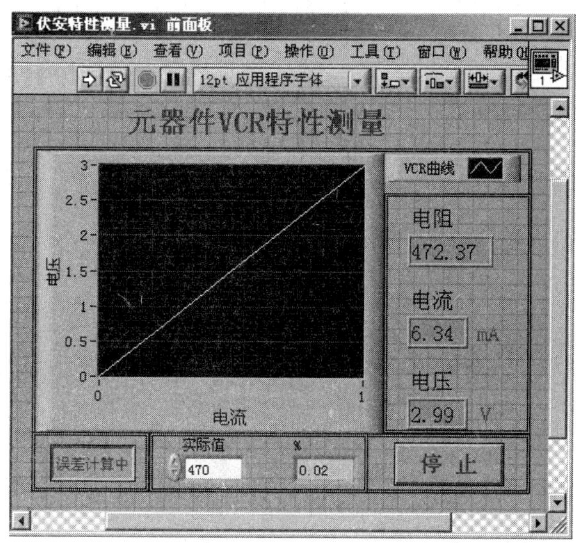

图 9.2　VCR 特性测试仪参考前面板

参 考 文 献

[1] 李刚，等. LabVIEW 易学易用的计算机图形化编程语言. 北京：北京航空航天大学出版社，2001

[2] LabVIEW User Manual.National Instrument，2003

[3] 杨乐平，等. LabVIEW 高级程序设计. 北京：清华大学出版社，2003

[4] 张爱平. LabVIEW 入门与虚拟仪器. 北京：电子工业出版社，2004

[5] Robert H.Bishop. Learning With LabVIEW 7 Express. 2004

[6] 候国屏，等. LabVIEW7.1 编程与虚拟仪器设计. 北京：清华大学出版社，2005